"十四五"普通高等教育本科部委级规划教材

环境艺术制图

HUANJING YISHU
ZHITU

范剑才 编著

中国纺织出版社有限公司

内 容 提 要

本书是高等院校环境设计、景观园林及建筑类专业课程的教材。全书内容包括：画法几何（投影基本知识，点、线、面、体的投影概念和轴测投影）、阴影透视（阴影、透视原理及建筑实例应用）、工程制图（建筑制图、室内制图、景观制图的内容、要求、绘制和识读）及习题集四大部分。本书力求做到理论与实践相结合，将工程案例与专业知识相融合，重点突出、简明扼要。

本书也可作为职业技术学院、继续教育学院等院校环境设计、土木工程建筑类专业相关课程的教材和参考用书。

图书在版编目（CIP）数据

环境艺术制图 / 范剑才编著. -- 北京：中国纺织出版社有限公司，2023.3

"十四五"普通高等教育本科部委级规划教材

ISBN 978-7-5229-0143-5

Ⅰ．①环… Ⅱ．①范… Ⅲ．①环境设计 – 建筑制图 – 高等学校 – 教材 Ⅳ．① TU204

中国版本图书馆 CIP 数据核字（2022）第 232440 号

责任编辑：郑冰雪　华长印　　责任校对：王蕙莹
责任印制：王艳丽

中国纺织出版社有限公司出版发行
地址：北京市朝阳区百子湾东里 A407 号楼　邮政编码：100124
销售电话：010—67004422　传真：010—87155801
http://www.c-textilep.com
中国纺织出版社天猫旗舰店
官方微博 http://weibo.com/2119887771
天津千鹤文化传播有限公司印刷　各地新华书店经销
2023 年 3 月第 1 版第 1 次印刷
开本：787×1092　1/16　印张：17.5
字数：312 千字　定价：69.80 元

　　《普通高等学校本科专业目录（2012年）》将原环境艺术方向专业调整为隶属于艺术学、设计学类的环境设计专业。作为该专业的基础课"环境设计制图"的相关教材多侧重于设计的原理性或实践性分析，缺乏全面系统的整合。因此，根据教学需求，本书的编写主要面向环境设计及相关专业的学生，在编写内容的选取上力求同教学紧密结合，凸显实用性，图文并茂。

　　本书主要包括以下几部分内容：

　　一、画法几何部分（第一~第五章节）：包括投影基本知识，点、线、面、体的投影概念和轴测投影。

　　二、阴影透视部分（第六~第十一章节）：包括阴影和透视原理，并结合建筑实例应用展开讨论。

　　三、制图部分（第十二~第十五章节）：包括建筑制图、室内制图、景观制图的识读与绘制要求。

　　四、习题集部分：与教学内容同步的配套练习题。

　　与本书相关的"工程制图""画法几何"和"阴影与透视"等课程，因计算机技术的发展和普及，在高校总教学课时不断减少的情况下，对教学内容和深度有所侧重，重点在原理和应用方面展开。在内容的选取和安排上时刻围绕一线教学的要求，做到既能满足教学需要，又能兼顾学生的理解。本书可作为环境设计、公共艺术、景观园林、建筑学、城乡规划等专业的通用教材，因其内容覆盖面广，也适合其他专业选用。因此，可根据教学要求对本书内容进行选取，不必全部贯通。

　　本书在编写过程中得到中国建筑图学专家刘克明教授的指导。第一章第三节"我国工程图学的发展"部分是刘克明教授专著和论文的缩编，在此对他表示感谢！

　　本书编写者虽尽所力，仍恐不够完善，错误之处难免，还请专家学者和读者批评指正。

编著者
2022年10月

目录
CONTENTS

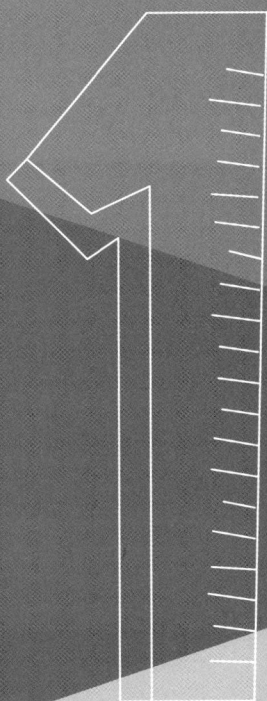

第一章

概　述

第一节　引言

　　工程制图是研究在平面上用投影法，由图形表示工程形体和运用工程作图解决空间问题的理论和方法的一门学科。

　　在工程建设和科学研究过程中，对于空间中的物体，如地面建筑物和机器等的形状、大小、位置等，很难用语言和文字准确表达，因而需要在平面上（如图纸上）利用图形形象地加以表现，方便人们的理解。这种在平面上表达空间工程物体的图，称为工程图。

　　在工程图中，除了有表达物体形状的线条以外，还应用国家制图标准所规定的表达方法和符号，注以必要的尺寸数字和文字说明，使得工程图能完整、明确、清晰地表达出物体的形状、大小和位置，以及其他必需的信息，例如，物体的名称、材料的种类和规格以及施工方法等。这种研究表达工程物体和绘制工程图方法的学科，称为工程制图。环境艺术制图是将工程制图的基本理论运用到具体的建筑设计、室内设计和景观设计方面的应用学科。

　　环境艺术制图是在工程实践和科学研究的需要下应运而生的，现已广泛地应用在各类建设领域中。凡是从事生产建设的每个工程技术人员，都必须掌握制图的相关知识并具备一定的制图能力。高等学校要求相关专业的学生，无论在专业课的学习、设计和生产实习中，抑或是毕业后在工作岗位上，都必须具备一定的工程制图的能力。目前，所有高等学校工程专业的教学计划里，都把制图课列为必修的基础技术课，以培养学生具有图示空间形体和图解几何问题的能力，培养学生手工绘图和操作计算机绘图的能力，以及识读工程图的能力。在学习本课程的过程中，要注意培养和发展学生的空间想象能力和逻辑思维能力，培养其耐心细致的工作作风和认真负责的工作态度。学习完本课程后学生们应该在之后的相关课程的学习和生产实践中，结合专业内容和生产实际继续巩固和提高自己的能力和水平。

第二节　投影的基本概念

一、投影的形成及分类

　　在我们的日常生活中，当光（太阳光或人工光）照射到物体时，就会在地面、墙面上形成影子，这种影子产生的过程就是投影概念的原始出发点。在研究这种现象时，可将光

环境艺术制图

002

线、物体及墙面进行抽象处理并分别命名为投射线、物体和投影面，这三者也共称为投影三要素。

为了科学研究更系统，这里按投射线之间的关系，将投影分为中心投影和平行投影。

1. 中心投影

如图1-1所示，投射线均从一点S射出，S点为投影中心。

2. 平行投影

投影线互相平行（太阳光线即可认为是平行光线）。平行投影中又根据投射线与投影面之间的相对位置关系分为斜投影和正投影（图1-2）。

（1）斜投影：投射线与投影面之间不垂直时，称为斜投影。

（2）正投影：投射线与投影面之间垂直时，称为正投影。

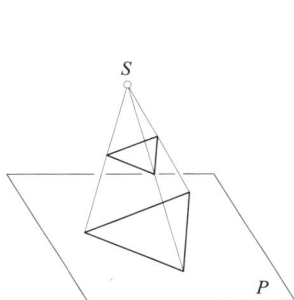

图1-1　中心投影

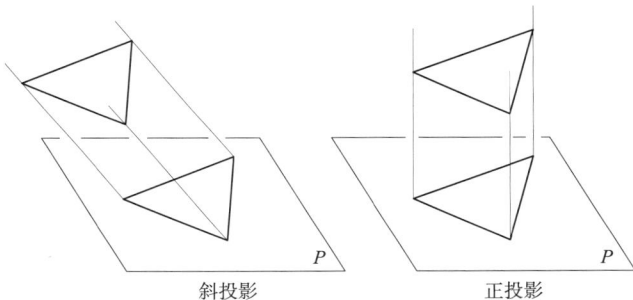

图1-2　平行投影

二、常用工程图

在投影基本概念的基础上，建筑专业为了工程上的使用进一步形成以下四种常用的工程图。

1. 正投影图

正投影图无法直接反映建筑物的立体感，但其每个方向的投影都能反映物体在该方向的实际尺寸和大小，是施工时的主要图纸，如图1-3所示，为某建筑的立面图和平面图。

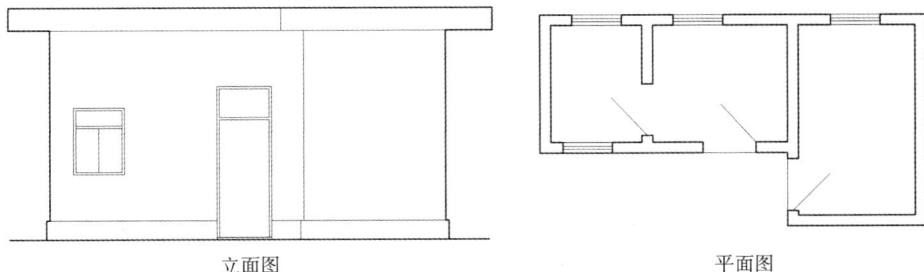

立面图

平面图

图1-3　建筑正投影图

2．轴测投影图

轴测投影图属于平行投影，具有一定的立体感，在某些方面能反映出建筑物的真实形状和尺寸，但反映不完全。因其作图比透视图简单，所以也常作为一种立体表现图出现，如图1-4所示，为商务中心建筑群轴测图。

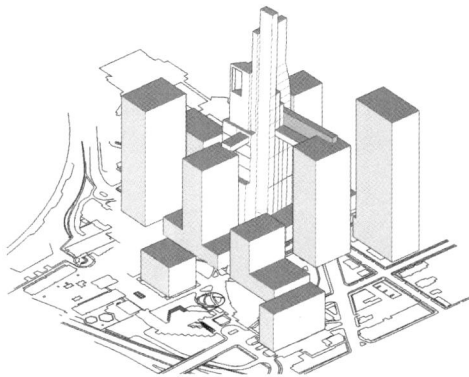

图1-4　建筑轴测投影图

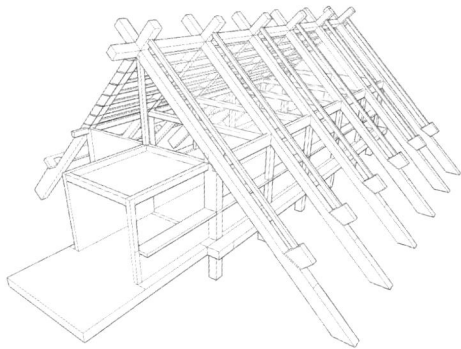

图1-5　建筑透视图

3．透视图

透视图为中心投影图，是以人的眼睛为投影中心，使物体在一个假定的投影面（画面）上形成的图形。这种图立体表现性较好，具有一定的真实感，但它无法反映物体真实的大小，仅作为建筑表现图使用，如图1-5所示为某建筑的展示中心透视图。

4．标高投影

标高投影是将地面的等高线正投影在水平投影面上，并用数字标出高度值，此类图像主要用于表示地形、道路的场景等。

第三节　我国工程图学的发展 [1]

一、中国古代建筑图学的科学成就

我国历史悠久，先民们创造了大量灿烂的文化，图学方面亦然。图样作为人类文化知识的载体，是信息传播的重要工具。以图解法和图示法为基础的工程制图是人类科学思维主要的表达形式之一，也是指导工程技术发展的理论要义。在人类社会和科学技术的发展

[1] 刘克明．中国建筑图学文化源流 [M]．武汉：湖北教育出版社，2006：387-412.

历程中，工程图学是一门应用相当广泛的基础学科，图或图样发挥了语言文字所不能替代的巨大作用，没有图或图样，许多科学技术活动无法顺利开展。回顾历史，人们可以看到中国工程图学的发展轨迹，遵循人类科学技术的发展规律，历经从绘制粗略的示意图时期进入到能精确地按一定的投影关系绘制工程图样的时期。在中国文化生生不息的历史长河中，历代图学家为后人留下了极为丰富的图学遗产，这些古代的图学著作和文献资料是学者们研究古代科学技术发展的重要线索。

工程图学作为一门科学学科，有着系统的理论基础和研究方法。这些理论的形成和发展可以追溯到古代时期。从河北平山县战国中山王墓出土的"兆域图"、《周髀算经》中的"七衡图"、隋代宇文恺的"明堂议表"、唐代虞世南的"方丈图"到宋代李诚的《营造法式》中"举折"之说均体现了图学中的比例关系；《诗经·大雅》中的"即景乃岗，相其阴阳"、《周礼·考工记》均记载了早期的投影理论，南朝宗炳在《画山水序》中提出了传统山水画的透视方式，以上种种足可说明我国历史上在图学方面创造了辉煌成就并取得了应有的科学价值和历史地位。与此同时，我国古代建筑图学也取得了一定的成绩，其发展来自三个方面。

其一，历代的图学家们在艰苦的探索中，逐步取得了以数学为基础的古代建筑图学的发展和成就。中国古代建筑制图理论体系中如对比例的应用、投影方法的应用，以及对组合视图的认识与应用，涉及数学知识的诸多方面，这些理论和现代工程制图学理论相去不远。它体现着中国古代建筑制图的科学内涵。

其二，中国古代制图的理论自成系统，独具特色，表现出一以贯之的科学原则与科学精神，它为近代中国图学加速赶上世界科学技术的发展奠定了理论基础。

其三，中国古代建筑制图的丰硕成果是古代图学家和画家共同努力的结果，古代画论中大量关于比例、投影方法的记载，就说明了这一事实。历代画家参与工程图样的绘制，才能让古代的各类工程图得以留存。中国古代图学家与艺术家合力为科学技术与艺术相结合提供了可能性，同时，图样绘制技术也能进一步保证图样精度和质量，也是表现图样科学性的重要标志。

二、中国建筑图学的文化内涵

中国建筑图学取得的成就在世界图学史上都是仅见的，它不仅体现在建筑制图的应用、理论研究、图形绘制、图学教育等诸多方面，而且在工程制图的技术标准上也形成了一定的规范，产生了大量有图谱的科学文献。这些文献是中国建筑科学领域赖以发展的理论和技术支撑，起着促进我国古代建筑工程制图标准化和规范化的作用，它是科学技术及工程图学发展到一定阶段的产物。

1. 图学家应具有的人文素养

中国古代的图学家无不综贯经史、学识渊博，不仅具有深厚的知识素养，以专业特长而见称，而且具有全面的文化素养和艺术才能，有的甚至是科学技术研究的组织者和管理者。这些坚实的基础知识和极高的文化素质，是创造各类优异成果的前提。在中国图学发展史上，西晋张华是第一位在历史文献中有明确记载的绘制建筑图样的图学家，他有着丰厚的人文素养。

2. 科学技术与艺术的结合

中国古代的图学家气象博大、学术途径至广、治学方法严谨，举凡工程图样，无不治艺术为一炉。宋代"画学"以培养具备数学和建筑学知识的人才为教育目标，为中国古代工程制图从绘画中的分离起到了桥梁作用。

《清明上河图》长卷堪称绘画史上极具文献价值和艺术价值的作品，北宋张择端以极其深厚的笔墨描绘了丰富的宋代社会生活场景，使11、12世纪时北宋都城汴京（即今开封）的面貌跃然纸上，至今栩栩如生，打破了时间和空间的局限。现如今，《清明上河图》成为现代城市园林设计时的依据，其本身也体现了中国古代绘画精湛的艺术水平和求真求实的精神实质。总而言之科学技术与艺术的有机统一是中国建筑图学的精髓所在。

3. 科学精神与人文精神的融合

科学成就离不开人文精神的支持。中国古代的图学家们，在从事他们的科学研究之前，已经具备了很高的人文修养。人文涵养出人文精神，人文精神塑造人的性灵。中国的人文精神是中华民族、中华文化的灵魂。中华文化所具有的科学精神和人文精神是促进中国建筑图学发展的强大动力，也是中国科学技术及图学发展的力量源泉。中国建筑图学的发展是中华文化中所具有的科学精神和人文精神共同作用下的必然结果，也是中华民族艰苦奋斗的结果。中国建筑图学发展的历程表明，科学技术的进步与中国建筑图学是相辅相成、相生相长的。

图学是一门古老而富有生命力的科学学科，它的理论与思想是人类社会共同享有的巨大财富，人类不能离开图学，科学技术更离不开图学。建筑图学是建筑设计与施工的先导，是建筑文化的基础。中国先进的建筑图学研究成果，为中国的建筑发展提供着强大的技术支撑。中国古代建筑图学取得不少举世瞩目的科学成就，特别是古代图学家们所具有的文化素质和人文精神，以及中国建筑图学中所表现出的科学技术与艺术的完美结合的事例，都为未来计算机图学的发展作出了标榜。同时，中国图学所体现的科学精神与人文精神的融合也鼓励着人们以良好的精神面貌迎接未来严峻的科技挑战，实现中华文化的复兴。

第二章

点、直线、面的投影

第一节　点的投影

一、点的投影

如图2-1所示，过空间中 A 点作 H 面的垂线，即投射线，交 H 面于 a 点，即 A 点在 H 面上的投影。

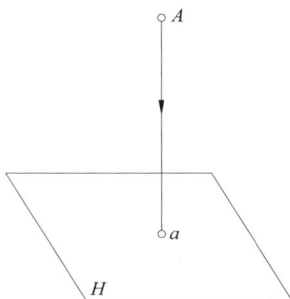

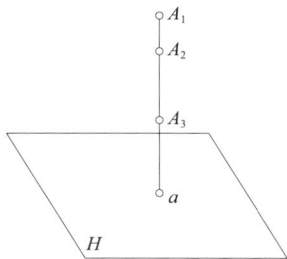

图2-1　点的正投影图　　　　　　图2-2　同一投射线上点的投影

一点在一个投影面上有唯一一个正投影，相反，根据一点在一个投影面上的正投影，却无法确定该点在空间中的位置（本书后面的投影均指正投影）。如图2-2所示，空间中的点 A_1、A_2、A_3……均位于一条垂直于 H 投影面的直线上，这些点在该投影面上的投影均为 a 点，所以无法通过投影 a 确定空间 A 点的位置。

由于仅凭点在一个投影面上的投影，无法确定该点在空间中的位置，故取两个互相垂直的投影面，组成两个投影面体系，分别为水平投影面，简称 H 面，另一个与它垂直的正立投影面，简称 V 面，它们之间的交线为一条水平直线，称为 OX 轴，简称 X 轴。

如图2-3（a）所示，过 A 点分别向 H 面和 V 面作投影，与 H 面和 V 面分别相交于 a、a'，即为 A 点在 H 面和 V 面上的投影，分别称为 A 点的水平投影和正面投影。空间中的点用大写字母（例 A）表示，其在 H 面上的投影用对应的小写字母（例 a）表示，在 V 面上投影用对应的小写字母加一撇（例 a'）表示。

由投射线 Aa、Aa' 组成的一个矩形平面 Aaa_xa' 与 H 面和 V 面垂直，且 H 面与 V 面是互相垂直的，所以该三个平面互相垂直，aa_x、$a'a_x$ 与 OX 垂直，交 OX 于点 a_x。

于是可得出结论：A 点到 H 面的距离 Aa 等于 a' 到 OX 的距离 $a'a_x$；A 点到 V 面的距离 Aa' 等于 a 到 OX 的距离 aa_x。由于该图作为一个立体图无法在二维图纸上准确表达，故将 H 面绕 OX 轴顺时针旋转90°，将两个投影面展开于同一平面上，可得出 $aa' \perp OX$，如图2-3（b）所示。在绘制投影图时，投影面的外框线一般不用绘出，如图2-3（c）所示。

通过以上分析可以得出，通过一点在两个互相垂直的投影面上的投影，可以确定该点在空间中的位置，如图2-3（a）所示，即通过a、a'分别引H面和V面的垂线，必相交于A点，即为其在空间中的位置。

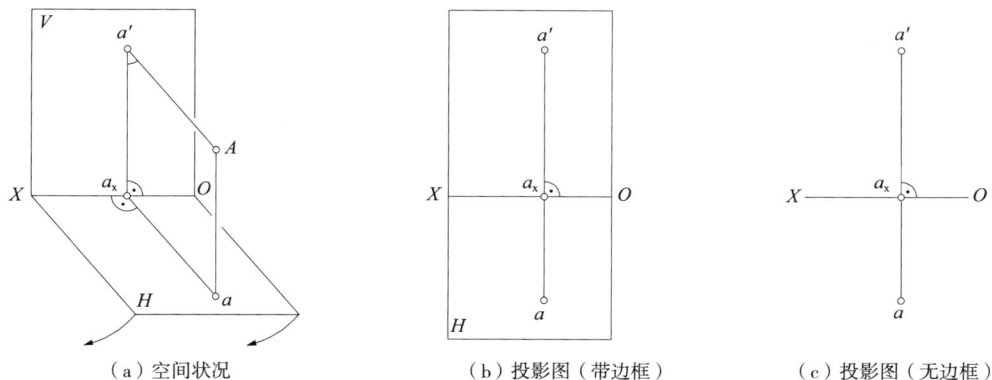

|（a）空间状况|（b）投影图（带边框）|（c）投影图（无边框）|

图2-3　点的两面投影

二、点的三面投影

对于如何确定一个点在空间中的位置，用两面投影就可以解决。但对于空间物体而言，则常需要三面投影方可确定其在空间中的形状和大小。

这时在二面投影体系的基础上，再增加一个与水平投影面（H面）和正立投影面（V面）均垂直的第三投影面，称为侧立投影面，简称W面。H面和W面的交线称为OY轴，简称Y轴，V面和W面的交线称为OZ轴，简称Z轴，那么OX、OY、OZ三轴互相垂直且相交于O点。

如图2-4（a）所示，过A点向W面作垂直投射线交W面于a''，a''即为A点在W面上的投影，用相应的小写字母加两撇（例a''）表示。在将H面绕OX轴顺时针旋转90°的基础上，W面沿OZ轴逆时针旋转90°，这时H、V、W三面位于同一平面，投影图上Y轴分为两条，为了区别在H面上的用Y_H表示，在W面上的用Y_W表示，这两条轴实为一条。

如图2-4（b）所示，A点在H、V、W面上投影a、a'、a''之间的连线aa'、aa''、$a'a''$分别垂直于OX、OY、OZ轴（证明过程同点的两面投影），分别与三投影轴相交于a_x、a_y、a_z，即$aa' \perp X$轴，垂足为a_x，$a'a'' \perp Z$轴，垂足为a_z，$aa'' \perp Y$轴，垂足为a_y（此时，aa_y、$a''a_{y1}$延长交于一条过O点的45°方向的斜线上，aa''的连线经由一条45°辅助线转折）。可进一步推出：

（1）A点到H面距离等于a'到X轴距离，同样等于a''到Y轴距离，即$Aa=a'a_x=a''a_{y1}$；

（2）A点到V面距离等于a到X轴距离，同样等于a''到Z轴距离，即$Aa'=aa_x=a''a_z$；

（3）A点到W面距离等于a'到Y轴距离，同样等于a'到Z轴距离，即$Aa''=aa_y=a'a_z$。

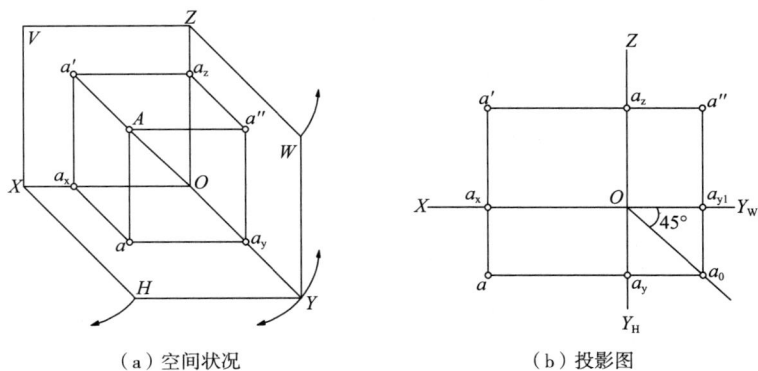

（a）空间状况　　　　　　　　　　（b）投影图

图2-4　点的三面投影

例2-1　如图2-5所示，已知B点的H面投影b和W面投影b″，作V面投影b′。

作图步骤：

（1）由于bb′⊥OX，所以过b作OX垂线；

（2）又因为b′b″⊥OZ，所以过b″作OZ垂线；

（3）以上两垂直线的交点就是B点的V面投影b′。

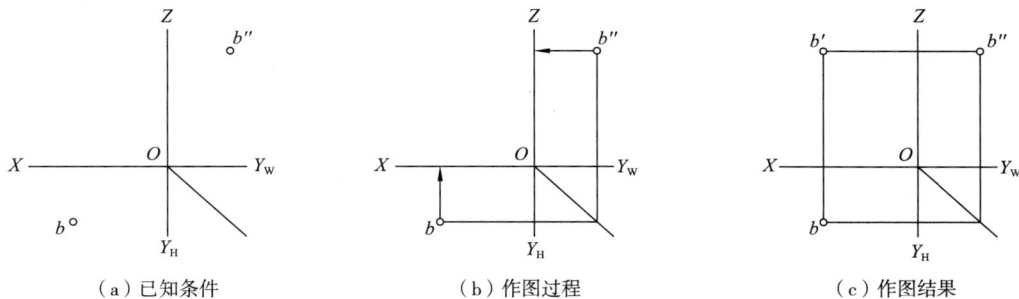

（a）已知条件　　　　　　　（b）作图过程　　　　　　　（c）作图结果

图2-5　由已知点的两个投影作第三投影

三、重影点

当空间中的两个点位于投影面同一条投射线上时，两点在该投影面上的投影即重合，该重合的投影称为重影点。对重影点来说，离投影面远的点可见、近的点不可见。如表2-1所示，A、B两点在H面上的投影重合，A点离H面距离比B点远，那么A点在H面上的投影为可见，B点为不可见。为了在投影图上加以区分，将不可见点的投影标在可见点后面，并可加上括号，即a（b）。

再如C、D两点在V面上的投影重合，C点离V面距离比D点远，那么C点在V面上的投影可见，D点不可见，投影标注为c′（d′）。

E、F两点在W面上的投影重合，E点离W面距离比F点远，那么E点在W面上的投影可见，F点不可见，投影标注为e''（f''）。

表2-1　重影点及其可见性

	H面上重影点	V面上重影点	W面上重影点
空间状况	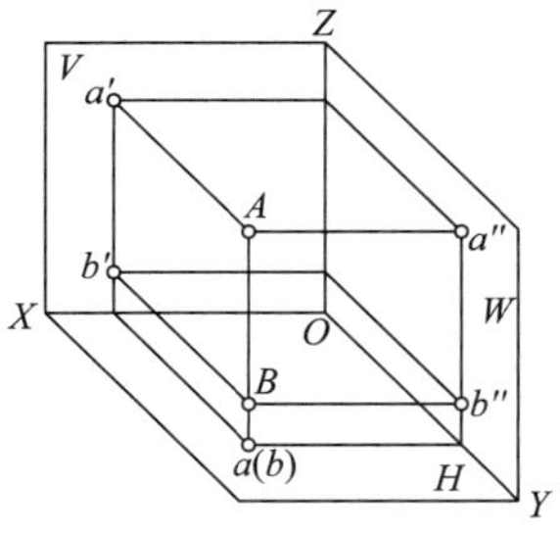	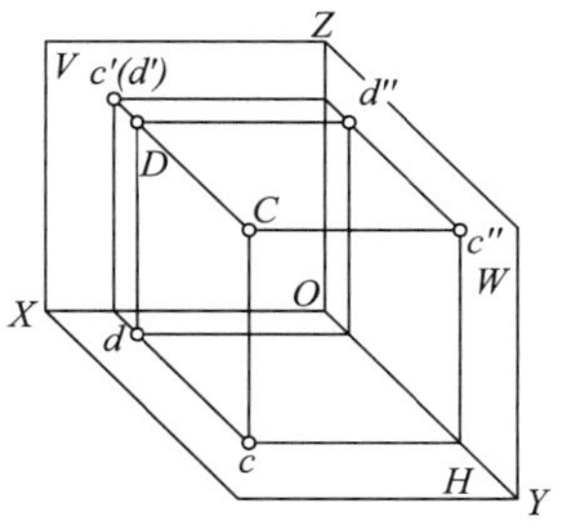	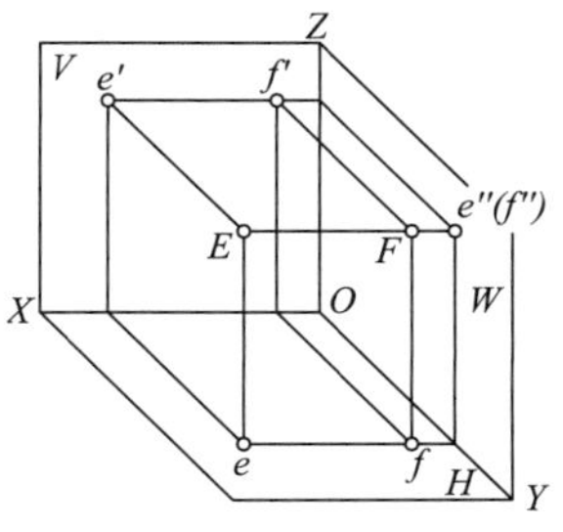
投影图	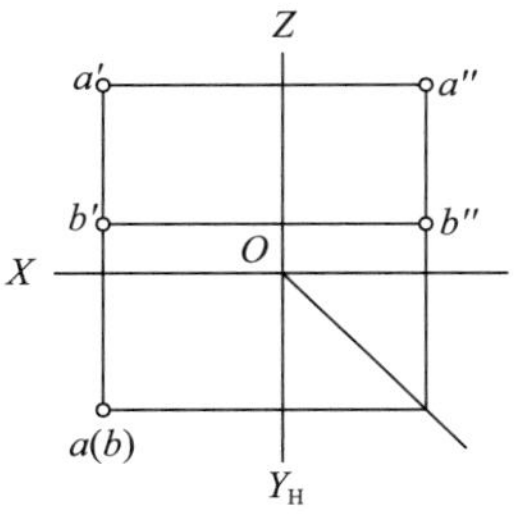	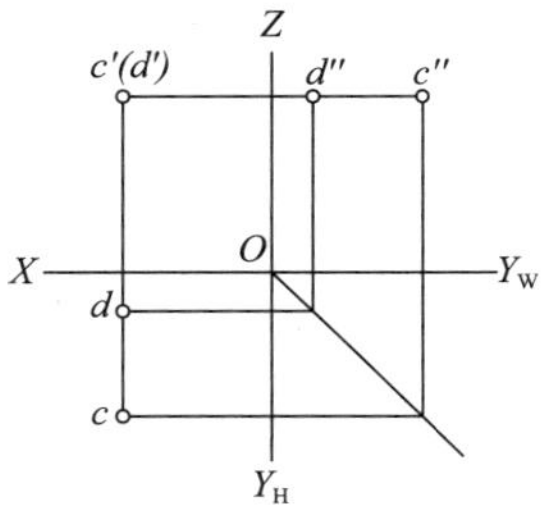	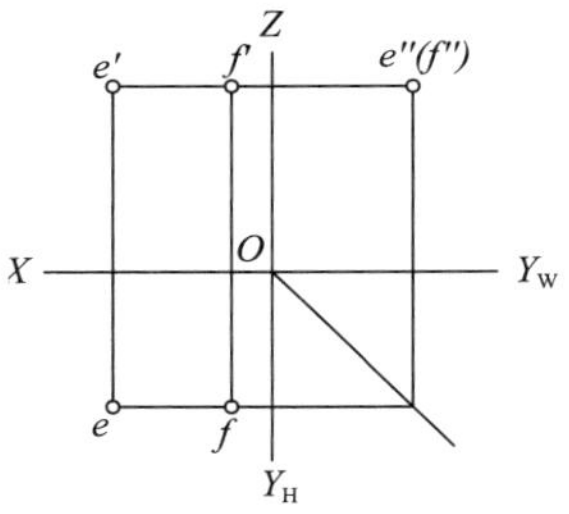

第二节　直线的投影

一、基本概念

直线的投影在一般情况下仍为直线。如图2-6所示，直线AB为一般位置直线，在H面上投影ab仍为一直线；当直线垂直于投影面时，则在该投影面上投影积聚为一点，直线CD垂直于H面，在H面上投影c（d）积聚为一点；当直线平行于投影面时，则在该投影面上的投影与其本身平行且等长，直线EF平行于H面，在H面上投影ef与其本身平行且等长。

确定一条直线的投影是通过直线上两端点的投影来确定。分别作出直线上两端点在各投影面上的投影，再分别连接两点的同名投影（即为在同一个投影面上的投影）。

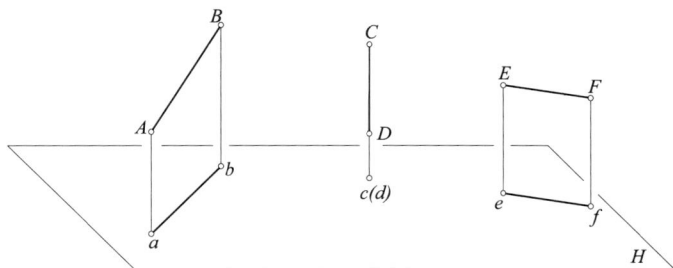

图2-6　直线的投影

如图2-7所示，在投影图中，直线用粗实线表示，直线名称可由其两个端点的字母表示，如直线AB，其投影也用端点的投影来表示，H面投影为ab，V面投影为$a'b'$，W面投影为$a''b''$。直线也可用一个大写字母表示，如直线L，它在三个投影面上的投影即为l、l'、l''。

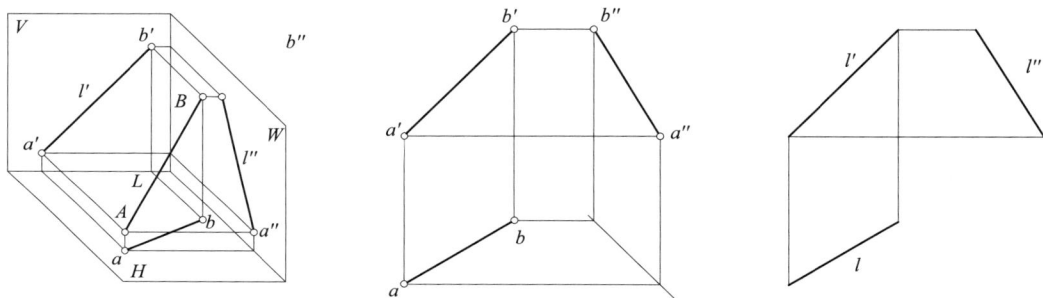

（a）空间状况　　　　　　　　（b）投影图—用端点标注　　　　　　（c）投影图—用一个字母标注

图2-7　直线的三面投影

二、直线对投影面的相对位置关系

根据直线与投影面之间位置关系的不同，分为一般位置直线和特殊位置直线。特殊位置直线又分为投影面平行线和投影面垂直线。

1. 一般位置直线

一般位置直线或延长线与投影面形成的夹角称为直线的倾角，与H、V、W面的倾角分别为α角、β角、γ角。一般位置直线在各投影面上的投影均为倾斜方向，均不反映直线实长和倾角。

如图2-8所示，直线AB为一般位置直线，如何作出该直线的实长、α角和β角？

如图2-8（a）所示，过A点作$AB_1 /\!/ ab$交Bb于B_1，$\triangle ABB_1$为直角三角形，AB为斜边即AB的实长，AB_1和BB_1为直角边，$AB_1=ab$，BB_1等于A、B两点高度差ΔZ。因为$AB_1 /\!/ ab$，所以AB_1与AB之间的夹角等于直线AB的H面倾角α；过B作$BA_1 /\!/ a'b'$交Aa'于A_1，$\triangle ABA_1$

为直角三角形，AB为斜边即实长，AA_1和BA_1为直角边，其中$BA_1=a'b'$，AA_1等于A、B两点宽度差ΔY。因为$BA_1 /\!/ a'b'$，所以BA_1与AB之间的夹角等于直线AB的V面倾角β。

如图2-8（b）所示，以ab和A、B两点的高度差（可以从A、B两点的V面投影a'、b'上获得）为两直角边作直角三角形，那么斜边即AB是实长，斜边与ab的夹角即为直线AB的H面倾角α。以$a'b'$和A、B两点的宽度差ΔY（可以从A、B两点的H面投影a、b上获得）为两直角边作直角三角形，那么斜边即AB是实长，斜边与$a'b'$的夹角即为直线AB的V面倾角β。

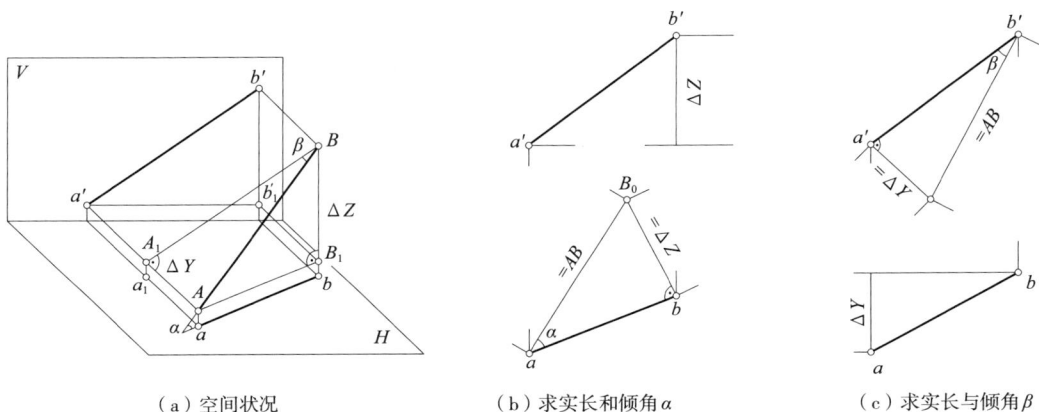

（a）空间状况　　　　　　（b）求实长和倾角α　　　　　　（c）求实长与倾角β

图2-8　直线AB的实角和倾角α、β

2. 投影面平行线

根据直线平行投影面的不同分为水平线、正平线和侧平线，如表2-2所示。

水平线：平行于水平投影面（H面）的直线，如表中直线AB。

正平线：平行于正立投影面（V面）的直线，如表中直线CD。

侧平线：平行于侧立投影面（W面）的直线，如表中直线EF。

投影面平行线投影特性归纳如下：

（1）投影面平行线在其所平行的投影面上的投影反映实长，且该投影与水平线、竖直线夹角分别反映直线与投影面的倾角；

（2）直线在它所不平行的投影面上的两个投影共同垂直于相应的投影轴，且位于同一条连系线上。

表2-2 投影面平行线

	H面平行线（水平线）	V面平行线（正平线）	W面平行线（侧平线）
空间状况			
投影图			
投影特性	①水平投影 ab 反映直线实长，ab 与水平线、竖直线夹角分别反映 β 和 γ 角 ②正面投影 a'b'、侧面投影 a"b" 共同垂直于 Z 轴	①正面投影 c'd' 反映直线实长，c'd' 与水平线、竖直线夹角分别反映 α 角和 γ 角 ②水平投影 cd、侧面投影 c"d" 共同垂直于 Y 轴	①侧面投影 e"f" 反映直线实长，e"f" 与水平线、竖直线夹角分别反映 α 角和 β 角 ②水平投影 ef、正面投影 e'f' 共同垂直于 X 轴

3. 投影面垂直线

根据直线所垂直投影面的不同分为铅垂线、正垂线和侧垂线，如表2-3所示。

铅垂线：垂直于水平投影面（H面）的直线，如表中直线 AB。

正垂线：垂直于正立投影面（V面）的直线，如表中直线 CD。

侧垂线：垂直于侧立投影面（W面）的直线，如表中直线 EF。

投影面垂直线投影特性归纳如下：

（1）投影面垂直线在它所垂直的投影面上的投影积聚为一点；

（2）投影面垂直线在另外两个投影面上的投影反映直线实长，且共同平行于相应的投影轴。

表2-3 投影面垂直线

	H面垂直线（铅垂线）	V面垂直线（正垂线）	W面垂直线（侧垂线）
空间状况	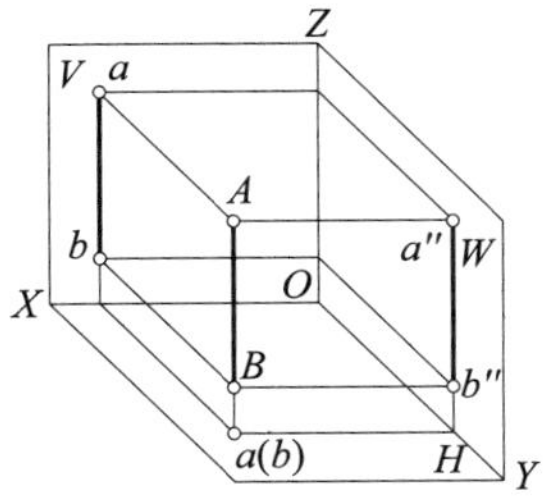	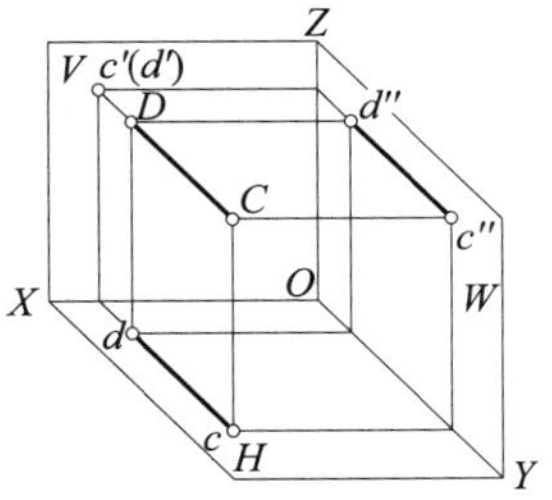	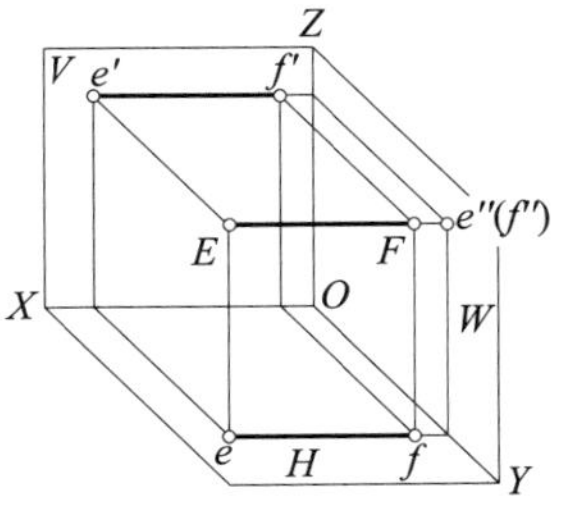
投影图	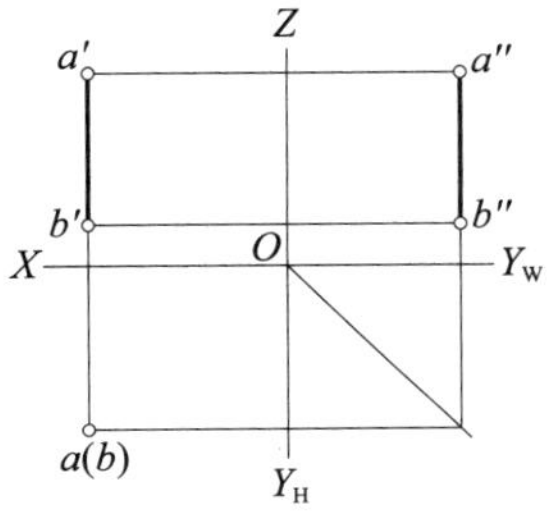	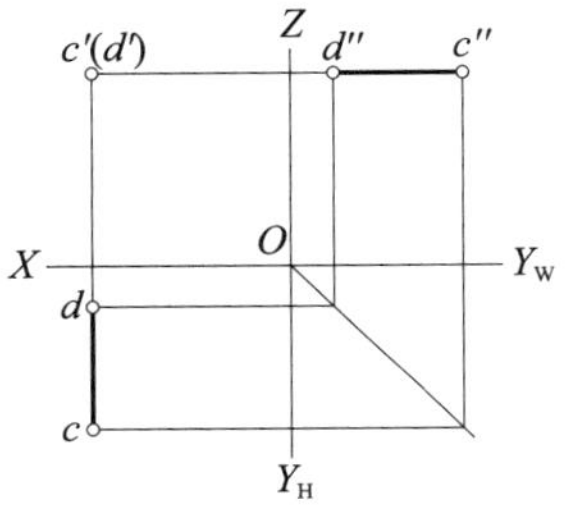	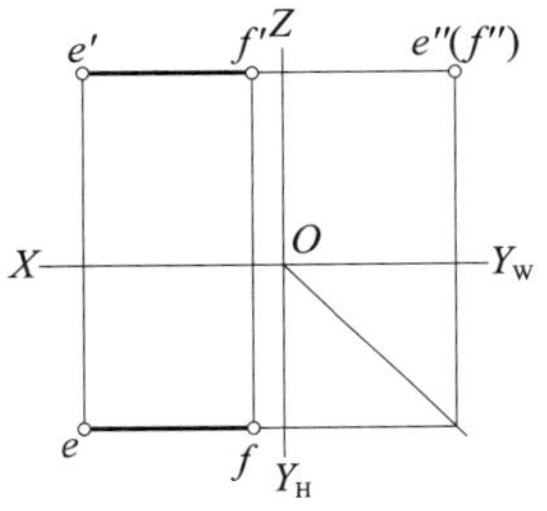
投影特性	①水平投影 a（b）积聚为一点 ②正面投影 a'b'、侧面投影 a"b" 均反映直线实长，且共同平行于 Z 轴	①正面投影 a'（b'）积聚为一点 ②水平投影 cd、侧面投影 c"d" 均反映直线实长，且共同平行于 Y 轴	①侧面投影 e"（f"）积聚为一点 ②水平投影 ef、正面投影 e'f' 均反映直线实长，且共同平行于 X 轴

三、直线上的点

1. 点与直线的关系判定

点与直线的关系判定依据：如果一点是直线上一点，那么该点的投影必在该直线的同名投影上；反之，如果一点的各投影均在直线的同名投影上，且每两个投影位于一条连系线上，则该点属于直线上一点。

对于一般位置直线，判定点与直线的关系，仅从任意两个投影即可判定。如图2-9所示，AB 为一般位置直线，那么其上 C 点的判定仅需通过 H 面和 V 面两个投影即可判定。如图2-10所示，对于投影面平行线，则需通过直线所平行的投影面上点的投影是否在该直线的同名投影上来判定。对于投影面的垂直线，则可通过积聚投影直接判定。

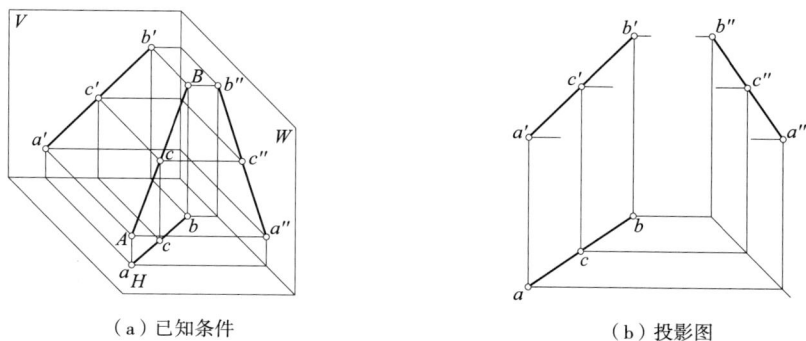

（a）已知条件　　　　　　　　　　　（b）投影图

图2-9　直线AB上C点的投影

例2-2　如图2-10所示，已知W面平行线AB的投影及E、F点的H、V面投影e、e′、f、f′，判定E、F是否是直线AB上的点。

作图步骤：

（1）分别过ab、a′b′的两端点作连系线，作出W面投影a″b″；

（2）再过e、e′、f、f′作连系线，作出两点的W面投影e″、f″；

（3）通过投影判断，E点为直线AB上一点，F点则不是。

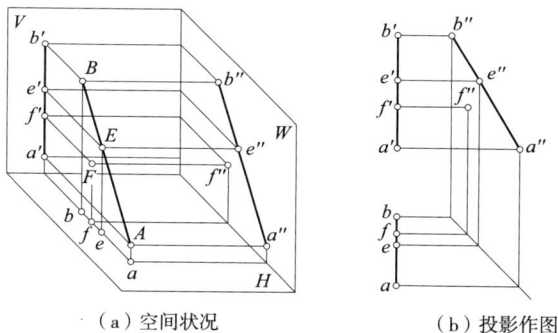

（a）空间状况　　　　　　　　　　　（b）投影作图

图2-10　W面平行线AB上点的判定

2. 直线上各线段之比

直线上一点将直线分成一定比例的两段，那么该点的投影同样也将该直线的同名投影分成相同比例。如图2-11所示，$AC:CB=ac:cb=a'c':c'b'$。

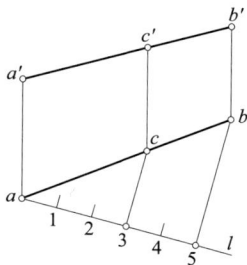

图2-11　作直线AB上点C的投影

例2-3 如图2-11所示，已知直线 AB 的投影，并知其上一点 C 将直线 AB 分为 $AC:CB=3:2$，试完成 C 点的投影。

作图步骤：

（1）过 a 作任意直线 $a1$，以任意长度单位由 a 点连续量取5个单位点1、2、3、4、5，连接 $5b$，过点3作 $3c$ // $5b$ 交 ab 于 c；

（2）过 c 向上作连系线交 $a'b'$ 于 c'。

c、c' 就是将直线 AB 分为 $AC:CB=3:2$ 的 C 点的投影。

3. 迹点

如图2-12所示，直线 AB 的延长线与投影面相交，交点就叫作直线在该投影面上的迹点，其中与 H 面的交点叫作水平迹点（H 面迹点），与 V 面的交点叫作正面迹点（V 面迹点），与 W 面的交点叫作侧面迹点（W 面迹点）。

迹点作为直线与投影面的共同点，投影特性如下：

（1）迹点在该投影面上的投影与其本身重合，在其他两个投影面的投影必在相应的投影轴上；

（2）直线的延长线在投影面上的投影，必过该投影面迹点。

如图2-12（a）所示，直线 AB 在 H 面上的迹点是 M，其 H 面的投影 m 与 M 点重合，V 面投影 m' 必在 X 轴上，W 面投影 m'' 必在 Y 轴上；直线 AB 在 V 面上的迹点是 N，其 V 面的投影 n' 与 N 点重合，H 面投影 n 必在 X 轴上，W 面投影 n'' 必在 Z 轴上。

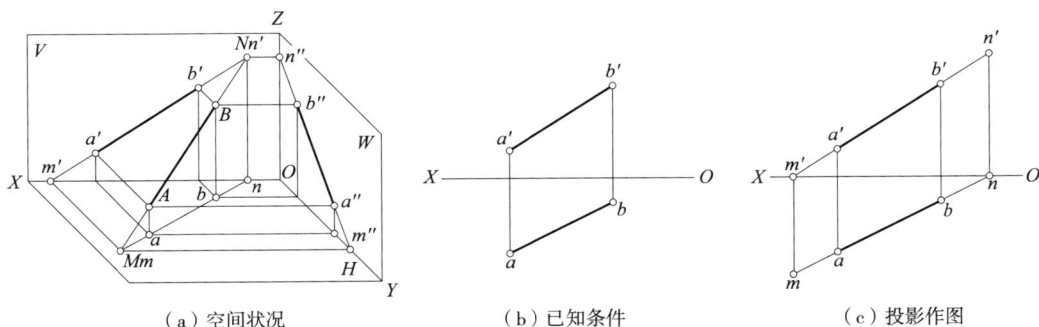

（a）空间状况　（b）已知条件　（c）投影作图

图2-12　直线的迹点

例2-4 如图2-12所示，作直线 AB 的水平迹点 M 和正面迹点 N。

作图步骤：

（1）根据迹点的投影特性，延长 $a'b'$ 与 X 轴相交于 m'，即为 AB 的 H 面迹点的 V 面投影；

（2）过 m' 向下作连系线与 ab 延长线相交于 m，即为 AB 的 H 面迹点的 H 面投影 m；

（3）同理，延长 ab 与 X 轴相交于 n，即为 AB 的 V 面迹点的 H 面投影；

（4）过 n 向上作连系线与 $a'b'$ 延长线相交于 n'，即为 AB 的 V 面迹点的 V 面投影 n'。

四、两直线的相对位置关系

根据两直线在空间中的相对位置关系分为相交、平行、交叉（异面），特殊情况存在垂直关系，垂直又分为相交垂直和交叉垂直。

1. 相交两直线

如果两直线在空间中是相交的，那么它们的同名投影必相交，且空间中交点的投影必是投影的交点；反之，若两直线的投影相交，且投影的交点位于一条连系线上，则两直线在空间中必相交。

（1）判定两直线是否相交的方法：如果两直线均为一般位置直线，那么通过任意两组投影的交点是否在一条连系线上，即可判定是否相交。如图2-13所示，直线 AB、CD 均为一般位置直线，只要判断两投影（如 H、V 面）的交点位于一条连系线上，即可确定两直线相交，交点为 K。

（2）如果两直线中有一条为投影面平行线，则需通过两直线在该投影面上的投影才能判定。如图2-14（a）所示，CD 为 W 面平行线，通过 AB、CD 的 W 面投影的交点，与 H 面（或 V 面）的交点位于同一连系线上，确定该两直线相交；如图2-14（b）所示，AB、CD 用同样方法来判定并未相交。

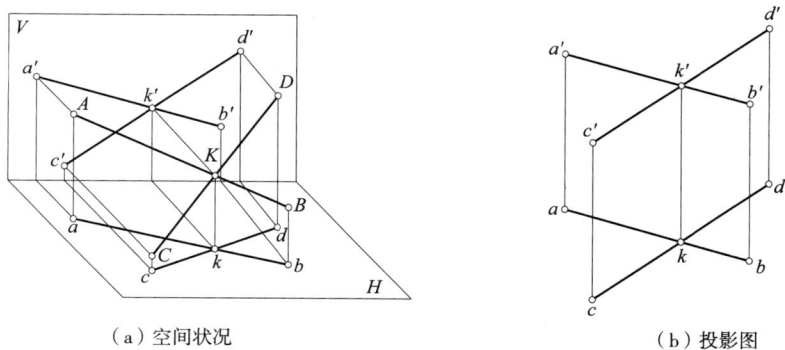

（a）空间状况　　　　　　　　　　　　（b）投影图

图2-13　两相交直线的投影

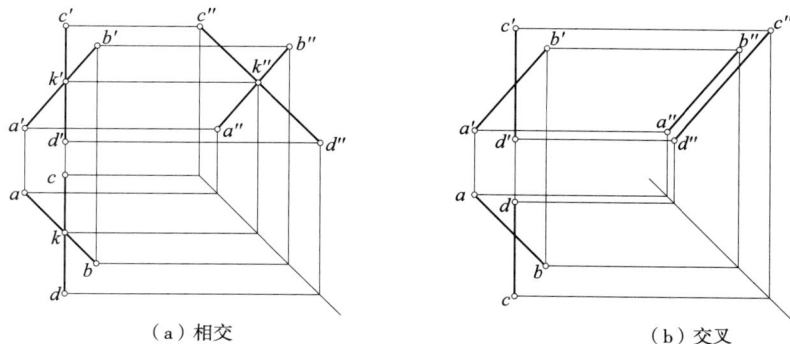

（a）相交　　　　　　　　　　　　（b）交叉

图2-14　其中一条是 W 面平行线时两直线相对位置判定

2. 平行两直线

如图 2-15 所示，如果两直线在空间中是互相平行的，那么它们的同名投影也必互相平行，两直线长度之比与同名投影的长度之比相同，且指向相同。

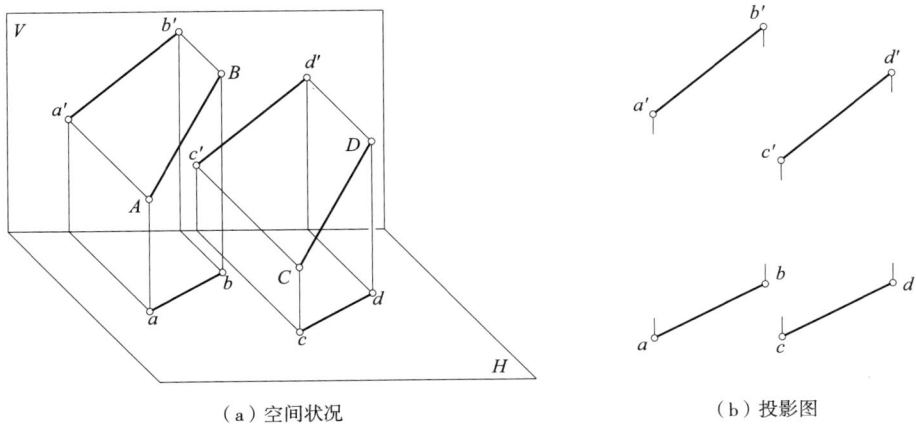

（a）空间状况　　　　　　　（b）投影图

图 2-15　两平行直线的投影

判定两直线是否平行的办法：

（1）如果两直线均为一般位置直线，那么通过任意两组同名投影是否平行即可判定。如图 2-15 所示，*AB*、*CD* 均为一般位置直线，那么通过任意两组同名投影（如 *H*、*V* 面）即可确定该两直线互相平行。

（2）如果两直线均为某投影面的平行线，则需通过其所平行的投影面上的投影是否平行来判定。如图 2-16（a）所示，*AB*、*CD* 均为 *W* 面的平行线，通过其 *W* 面投影可确定该两直线互相平行，相反如图 2-16（b）所示，*AB*、*CD* 并不平行。

（3）如果两直线均为某投影面垂直线，则在该投影面上的积聚投影直接反映它们的平行关系和真实距离。如图 2-17 所示，*AB*、*CD* 均为铅垂线，通过它们的 *H* 面积聚投影即可获知其平行关系和真实距离。

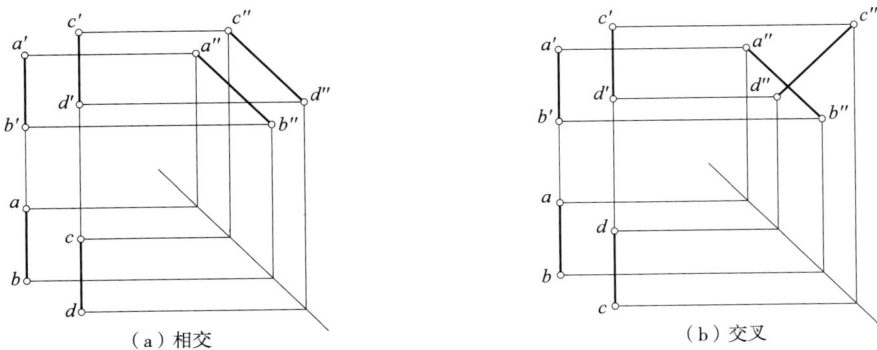

（a）相交　　　　　　　　　　（b）交叉

图 2-16　两 *W* 面平行线的相对位置关系的判定

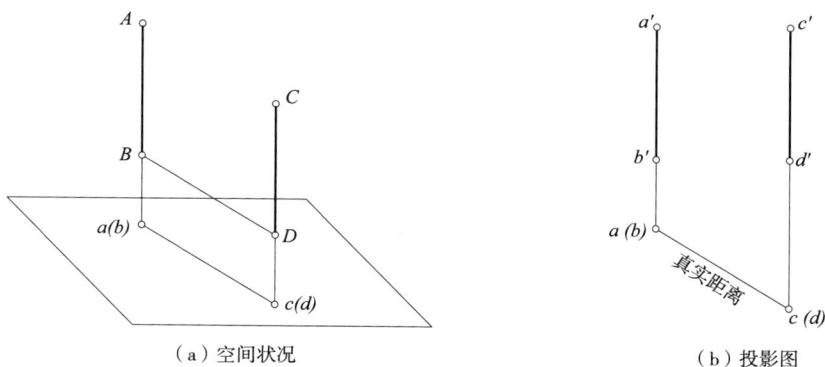

（a）空间状况　　　　　　　　　　（b）投影图

图2-17　两铅垂线在H面上反映真实距离

例2-5　如图2-18所示，已知直线A、B、C的投影，其中A为正垂线，作一直线DE平行于C，且与A、B相交。

分析：C为一般位置直线，如果DE平行于C，那么它们在任意投影面上的投影都互相平行。A为正垂线，该直线上所有点的V面投影均积聚于一点。

作图步骤：

（1）过a'作c'的平行线，交b'于e'；

（2）过e'向下作连系线交b于e；

（3）过e作c的平行线，交a于d。

直线DE就是所求直线。

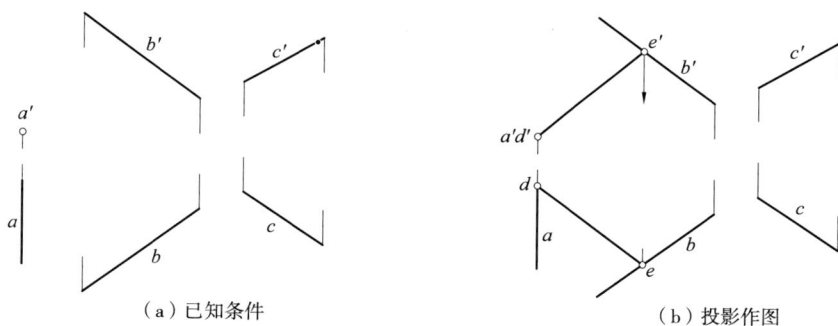

（a）已知条件　　　　　　　　　　（b）投影作图

图2-18　作直线DE∥直线C且与A、B相交

3. 交叉两直线

如果两直线在空间中既不平行也不相交，那么该两直线即为交叉直线（异面直线）。两交叉直线不会有交点，如果投影相交，则交点必为两直线在该投影面上的重影。如图2-19所示，直线AB、CD为交叉直线，H面投影交点k（l）是AB上K点和CD上L点在H面重影点，V面投影交点m'（n'）是CD上M点和AB上N点的V面重影点。

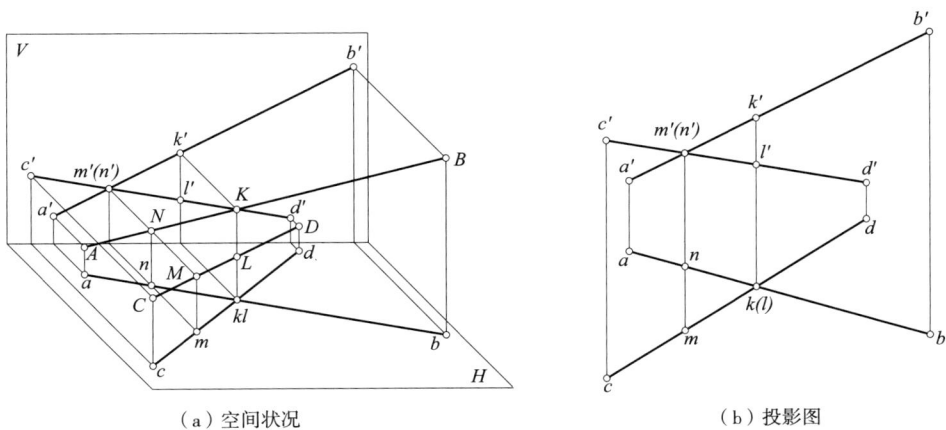

（a）空间状况 　　　　　　　　　（b）投影图

图2-19　交叉两直线的投影

4. 垂直两直线

如果两直线在空间中夹角为90°，则该两直线为垂直关系。根据两直线是否相交，又分为相交垂直和交叉垂直。如果垂直两直线中有一条是投影面的平行线，那么它们的直角关系在该投影面上反映出来。

判定两直线是否垂直办法比较复杂，在此仅讲授两直线中至少有一条为投影面平行线的情况：

（1）若两直线在某投影面上的投影反映直角关系，同时其中一条为该投影面的平行线，则可判定两直线在空间中互相垂直。如图2-20所示，直线 AB、CD 的 H 面投影互相垂直，且 AB 为 H 面平行线，那么两直线在空间中必然垂直。

（2）若两直线中有一条为投影面平行线，另一条在该投影面上投影积聚为一点（投影面垂直线），则即可判定两直线在空间中互相垂直。

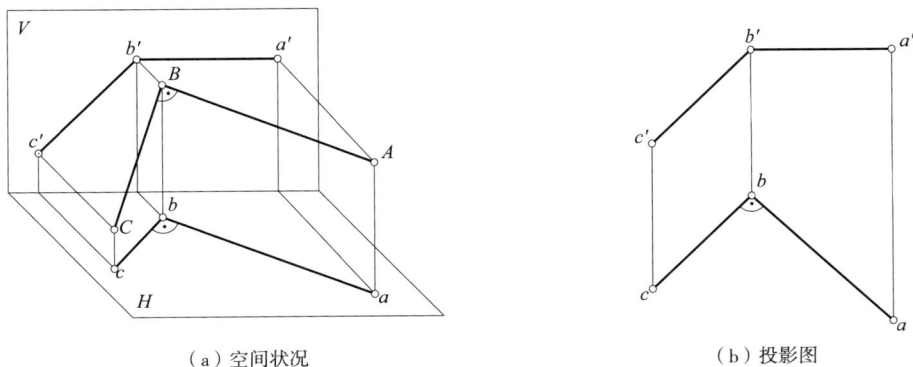

（a）空间状况 　　　　　　　　　（b）投影图

图2-20　一边平行于投影面的直角投影

第三节　平面的投影

一、基本概念

平面的表示方法：平面可由一系列几何元素表示，如图2-21所示。

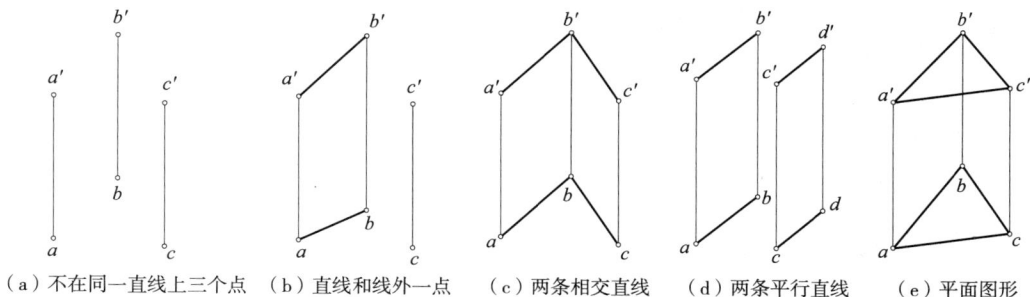

（a）不在同一直线上三个点　（b）直线和线外一点　（c）两条相交直线　（d）两条平行直线　（e）平面图形

图2-21　几何元素的投影表示平面

如图2-22所示，平面 $ABCD$ 为一般位置平面，其投影 $abcd$ 为一类似图形；平面 P 为投影面垂直面，投影积聚为一直线；平面 $EFKG$ 为投影面平行面，投影 $efkg$ 与其本身平行，且反映空间中的真实形状。

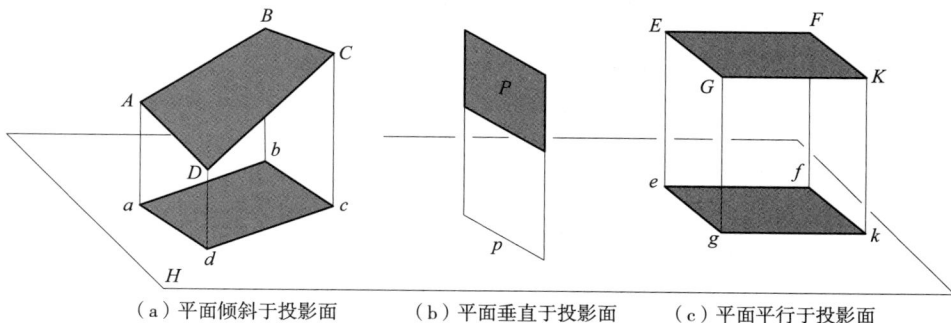

（a）平面倾斜于投影面　　　　（b）平面垂直于投影面　　　（c）平面平行于投影面

图2-22　各种位置平面的投影

二、平面与投影面的位置关系

根据平面与投影面的位置关系，分为一般位置平面和特殊位置平面。

1. 一般位置平面

一般位置平面在各投影面上的投影与其本身有类似性，但既不反映实形也无积聚性，所以，一般位置平面的投影也就是用组成它的边线的投影来表示。如图2-23所示，平面 ABC 为一般位置平面，其 H、V 面的投影 abc、$a'b'c'$ 与其空间形状有类似性。

（a）空间状况　　　　　　　　　　　　（b）投影图

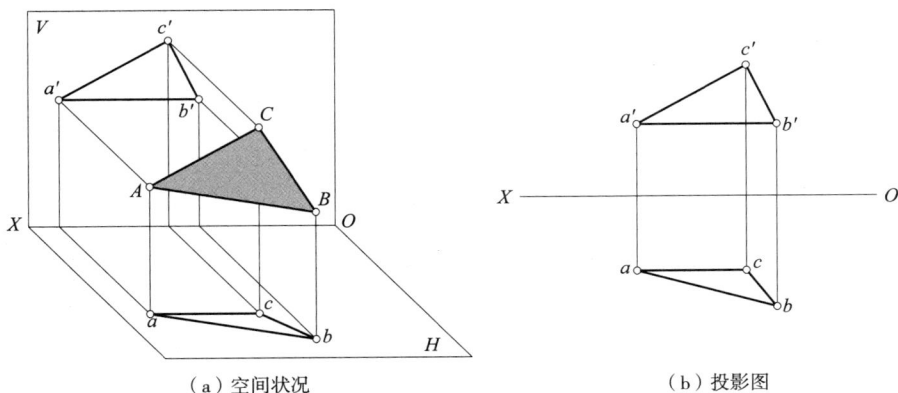

图2-23　平面的投影

2. 特殊位置平面

特殊位置平面又分为投影面平行面和投影面垂直面。

（1）投影面平行面：根据平面平行投影面的不同分为水平面、正平面和侧平面，如表2-4所示。

水平面：平行于水平投影面（H面）的平面，如表中平面P。

正平面：平行于正立投影面（V面）的平面，如表中平面Q。

侧平面：平行于侧立投影面（W面）的平面，如表中平面R。

投影面平行面的投影特性归纳如下：

①投影面平行面在它所平行的投影面上的投影反映真实的形状；

②该平面在其他两个投影面上投影积聚为一直线，并位于一条垂直于投影轴的直线上。

表2-4　投影面平行面

	H面平行面（水平面）	V面平行面（正平面）	W面平行面（侧平面）
空间状况			

	H面平行面（水平面）	V面平行面（正平面）	W面平行面（侧平面）
投影图			
投影特性	①水平投影 p 反映实形 ②正面投影 p′、侧面投影 p″ 积聚成直线，且共同垂直于 Z 轴	①正面投影 q′ 反映实形 ②水平投影 q、侧面投影 q″ 积聚成直线，且共同垂直于 Y 轴	①侧面投影 r″ 反映实形 ②水平投影 r、正面投影 r′ 积聚成直线，且共同垂直于 X 轴

例2-6 如图2-24所示，已知水平等边三角形 ABC 的顶点 A 的两面投影，顶点 B 的 H 面投影 b，作全该三角形的投影。

分析：该水平三角形在 H 面上的投影反映真实形状，为一等边三角形。又知其一边投影 ab，故可先在 H 面上作出该三角形的投影，再根据水平面投影特性，作 V 面投影。

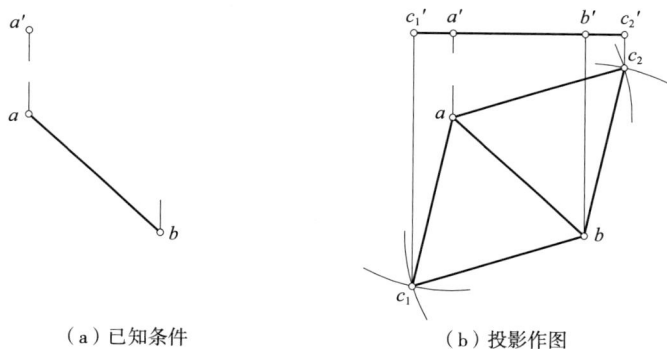

（a）已知条件　　　　　（b）投影作图

图2-24　作水平三角形的投影

作图步骤：

（1）分别以点 a 和 b 为圆心，ab 为半径作圆弧交于 c_1、c_2；

（2）分别过 b、c_1、c_2 向上作连系线交过 $a′$ 的水平直线于 $b′$、$c_1′$、$c_2′$；

（3）连接 ac_1、ac_2、bc_1、bc_2、$a′b′$、$a′c_1′$、$a′c_2′$。

三角形 ABC_1、ABC_2 均满足条件，故有两个答案。

（2）投影面垂直面：根据平面所垂直投影面的不同分为铅垂面、正垂面、侧垂面，如表2-5所示。

铅垂面：垂直于水平投影面（H面）的平面，如表中平面P。

正垂面：垂直于正立投影面（V面）的平面，如表中平面Q。

侧垂面：垂直于侧立投影面（W面）的平面，如表中平面R。

投影面垂直面的投影特性归纳如下：

①投影面垂直面在它所垂直的投影面上的投影积聚为一直线；

②该平面在其他两个投影面上投影为类似图形。

表2-5　投影面垂直面

	H面垂直面（铅垂面）	V面垂直面（正垂面）	W面垂直面（侧垂面）
空间状况	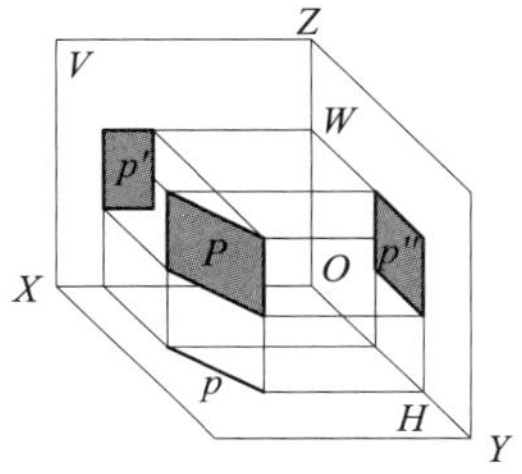	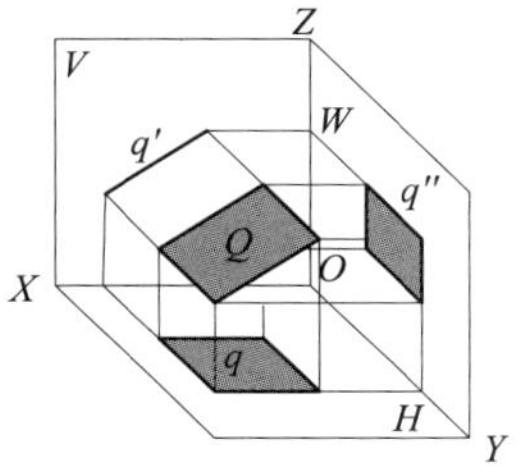	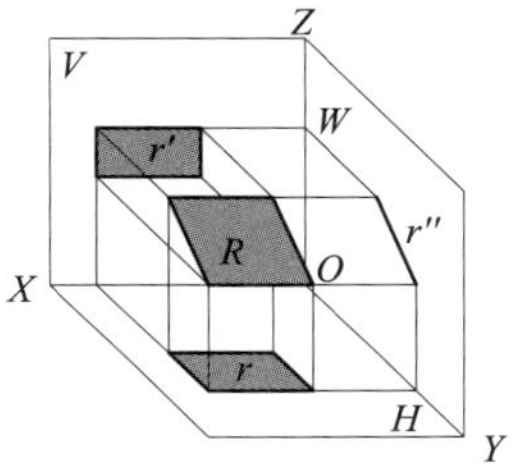
投影图	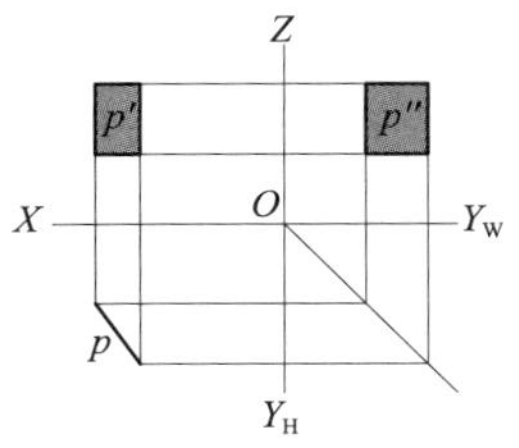	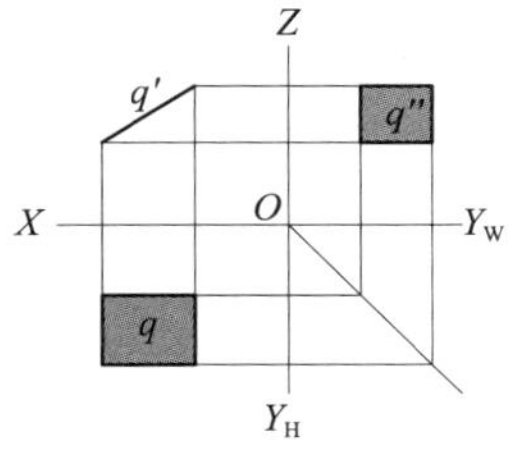	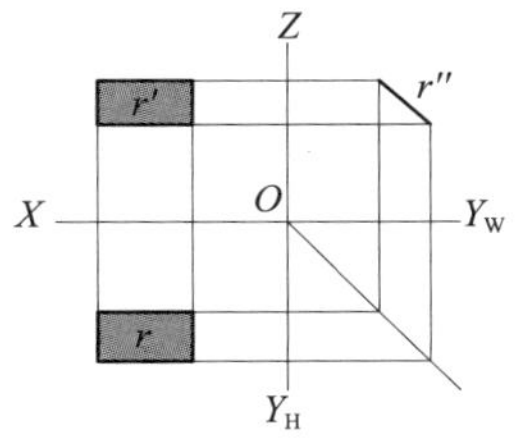
投影特性	①水平投影p积聚成一直线 ②正面投影p'、侧面投影p''为类似图形	①正面投影q'积聚成一直线 ②水平投影q、侧面投影q''为类似图形	①侧面投影r''积聚成一直线 ②水平投影r、正面投影r'为类似图形

例2-7　如图2-25所示，正方形$ABCD$为一铅垂面，已知对角线AC的投影，补全该正方形投影。

分析：该正方形为铅垂面，H面投影积聚为一直线，根据已知条件可以看出，对角线AC为一条水平线，故ac反映实长，那么另一对角线BD必为铅垂线，且$b'd'$反映实长。

作图步骤：

（1）BD的H面投影bd积聚在ac的中点，过该中点向上作连系线，对角线$b'd'$、$a'c'$均分，且$b'd'=BD=AC=ac$；

（2）确定BD的V面投影$b'd'$，连接$a'b'$、$b'c'$、$c'd'$、$d'a'$。

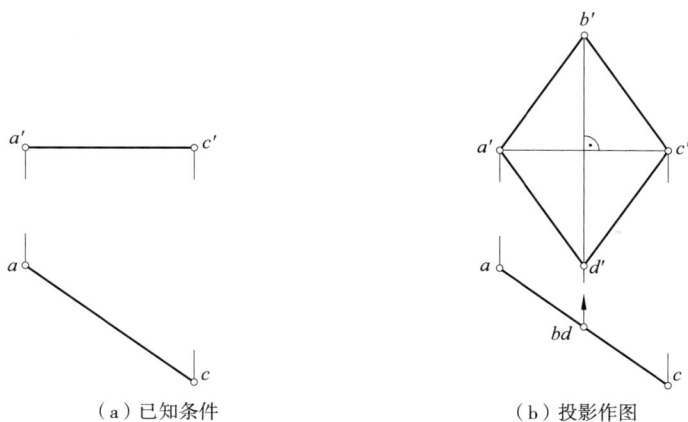

（a）已知条件　　　　　　　　　（b）投影作图

图2-25　投影面垂直正方形的投影

三、平面内的点和直线

如果一点在平面内的一条直线上，就可以确定该点属于该平面；如果直线通过平面内两个点或通过平面内一点且平行于该平面内另一条直线，则直线属于该平面。

如图2-26（a）所示，M、N为平面ABC的边线AB、BC上两点，由于M、N为平面内直线上两点，所以MN必为平面内直线。直线MN上有一点D，由于D点属于MN，MN又属于平面ABC，那么D点必属于平面ABC。

如图2-26（b）所示，在平面ABC的边线AB上取一点M，过M作一直线ME平行于直线BC，那么该直线就是平面内一直线。

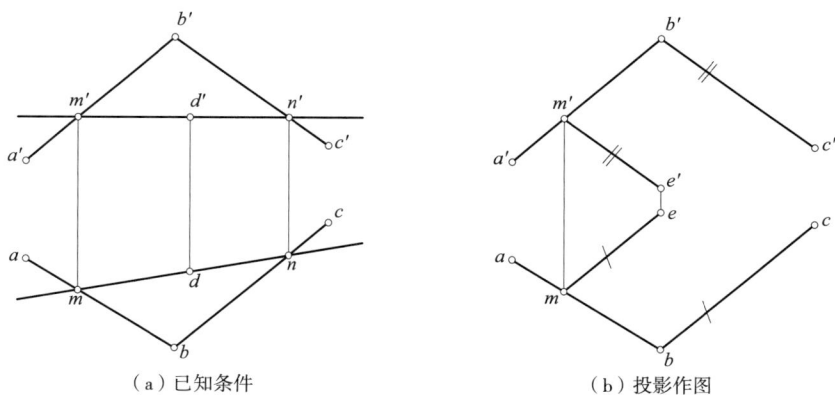

（a）已知条件　　　　　　　　　（b）投影作图

图2-26　平面内点和直线的投影

例2-8　如图2-27所示，判定点D是否在平面ABC上。

分析：如果点D在平面ABC内的一条直线上，则点D就在平面ABC上，否则不在。

作图步骤：

（1）连接a'd'，交b'c'于e'；

（2）过e'向下作连系线交bc于e，连接ae；

（3）如果d在ae上，那么点D就在平面内一条直线上，也就在平面上，通过判断可以看出，d不在ae上，故点D不在平面ABC上。

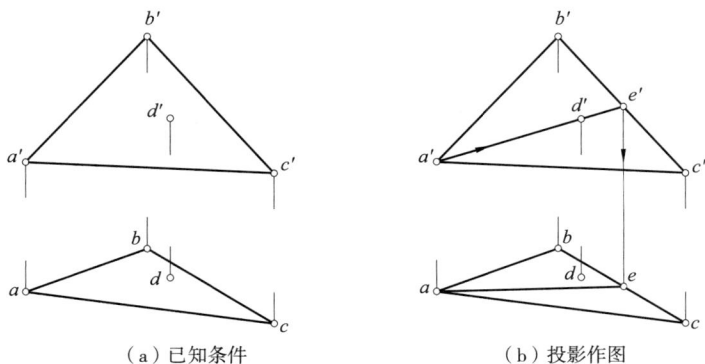

（a）已知条件　　　　　　　　　（b）投影作图

图2-27　判断点是否在平面内

例2-9　如图2-28所示，已知四边形ABCD的H面投影和两条边AB、AC的V面投影a'b'、a'c'，补齐ABCD其余投影。

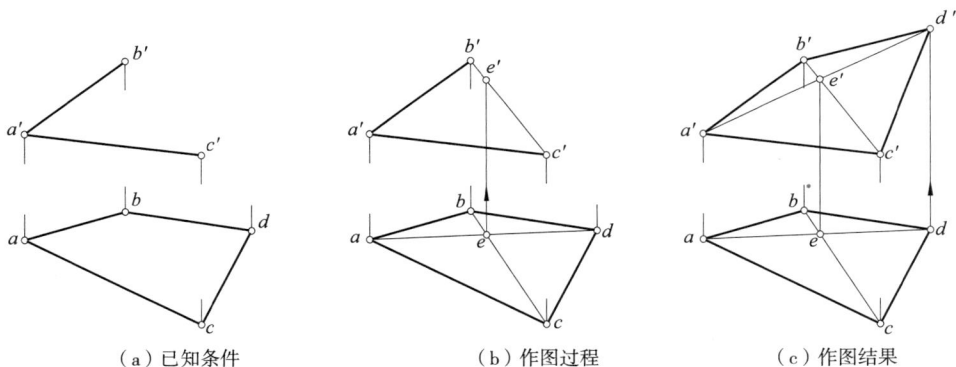

（a）已知条件　　　　　　　（b）作图过程　　　　　　　（c）作图结果

图2-28　完成四边形投影

分析：可以通过该四边形对角线的交点E来作出顶点D的V面投影，再连接即可。

作图步骤：

（1）连接bc、ad，两对角线交于点e，再连接b'c'；

（2）过e向上作连系线交b'c'于e'；

（3）连接a'e'与过d向上作的连系线交于点d'，连接c'd'、b'd'。

例2-10　如图2-29所示，已知平面ABC的投影，在该平面内作点D，使点D距H面28mm，距V面12mm。

分析：距 V 面为12mm的点的集合，为一条 H 面投影平行 OX 轴且距离为12mm的直线；距 H 面28mm的点的集合，为一条 V 面投影平行于 OX 轴且距离为28mm的直线，那么 D 点即为该两直线交点。

作图步骤：

（1）首先在平面 ABC 的 H 投影上找出一条平行于 OX 轴且距离为12mm的平行线，交 ab、bc 于 e、f；

（2）分别过 e、f 向上作连系线交 $a'b'$、$b'c'$ 于 e'、f'，连接 $e'f'$；

（3）再在平面 ABC 的 V 投影上找出一条平行于 OX 轴且距离为28mm的平行线，交 $a'b'$、$b'c'$ 于 g'、h'；

（4）$g'h'$ 与 $e'f'$ 相交于 d'，过 d' 向下作连系线交 ef 于 d。

D 点就是所求点。

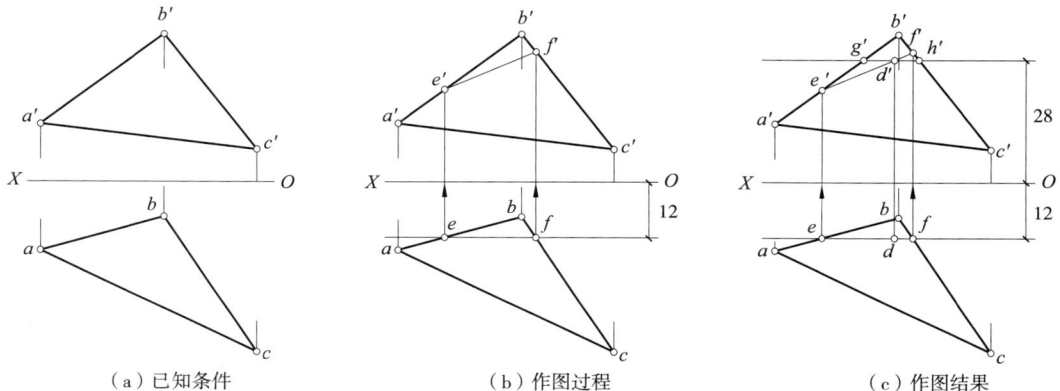

（a）已知条件　　　　　　　（b）作图过程　　　　　　　（c）作图结果

图2-29　在平面内作点 D

第四节　直线与平面、平面与平面的相对位置关系

根据直线与平面、平面与平面的相对位置关系分为平行和相交两种。其中平行分直线与平面平行、平面与平面平行；相交分直线与平面相交、平面与平面相交。

一、直线与平面平行

若一直线平行于平面上一直线，则该直线平行于平面。如图2-30所示，直线 MN 平行于平面 P 上直线 AB，那么直线 MN 平行于平面 P。

该条件可以成为作与平面相平行直线的依据，也可以用来判定直线与平面是否平行。

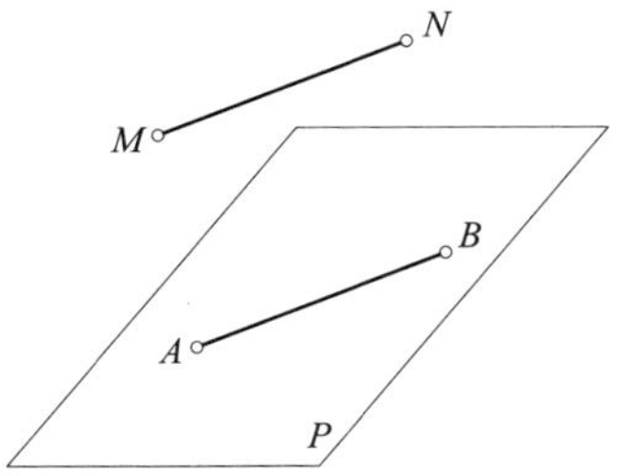

图2-30　直线与平面平行图

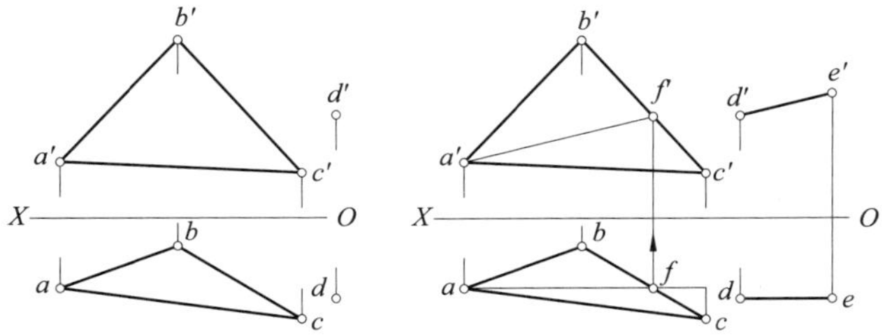

（a）已知条件　　　（b）投影作图

图2-31　过点作直线平行于已知平面

例2-11　如图2-31所示，已知平面ABC和平面外一点D，过D点作一正平线DE平行于平面ABC。

分析：若要过D点作$DE /\!/ ABC$，那么DE必平行于平面内一条直线。DE又是一条正平线，那么它所平行的平面内直线也必然是正平线。

作图步骤：

（1）在平面内作一条正平线AF，过a作$af /\!/ OX$交bc于f，过f向上作连系线交$b'c'$于f'，连接$a'f'$；

（2）过d作$de /\!/ af$，过d'作$d'e' /\!/ a'f'$，DF就是所求直线。

当平面或直线为特殊位置时，它们之间是否平行可以通过它们的积聚投影来判定。

与铅垂线（正垂线、侧垂线）平行的平面必为铅垂面（正垂面、侧垂面），它们的H面投影（V面投影、W面投影）有积聚性，可以通过H面投影（V面投影、W面投影）来判定。

与铅垂面（正垂面、侧垂面）平行的直线的H面投影（V面投影、W面投影）必与该平面的同名投影相平行，可通过它们的H面投影（V面的投影、W面的投影）来判定。

二、平面与平面平行

若一平面内有两条相交直线分别平行于另一平面内的两条相交直线，那么该两平面互相平行，由此可以判定两平面是否平行。

例2-12　如图2-32所示，已知平面ABC和点D的投影，过D点作平面DEF平行于ABC。

分析：如果平面DEF内有两条相交直线分别平行于平面ABC内的两条相交直线，那么两平面平行。

作图步骤：

（1）过点d分别作de∥ab、df∥ac；

（2）同样过d'分别作d'e'∥a'b'、d'f'∥a'c'。

平面DEF就是所求平面。

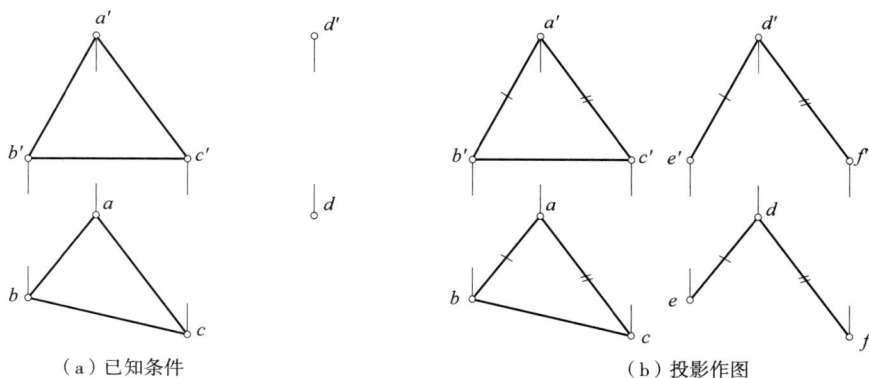

（a）已知条件　　　　　　　　　　　　　　（b）投影作图

图2-32　过D点作平面平行于平面ABC

例2-13　如图2-33所示，判定两平面ABC和DEFG是否平行。

分析：如果平面ABC和DEFG平行，那么平面DEFG内必有两条相交直线分别平行于平面ABC内的两条相交直线，否则不平行。

作图步骤：

（1）过e作em∥ac、en∥ab，分别交dg、fg于m、n；

（2）分别过m、n向上作连系线交d'g'、f'g'于m'、n'。

通过判定可以看出e'm'∥a'c'、e'n'∥a'b'，由此可以得出EM、EN分别平行AC、AB，进而判定平面ABC和DEFG互相平行。

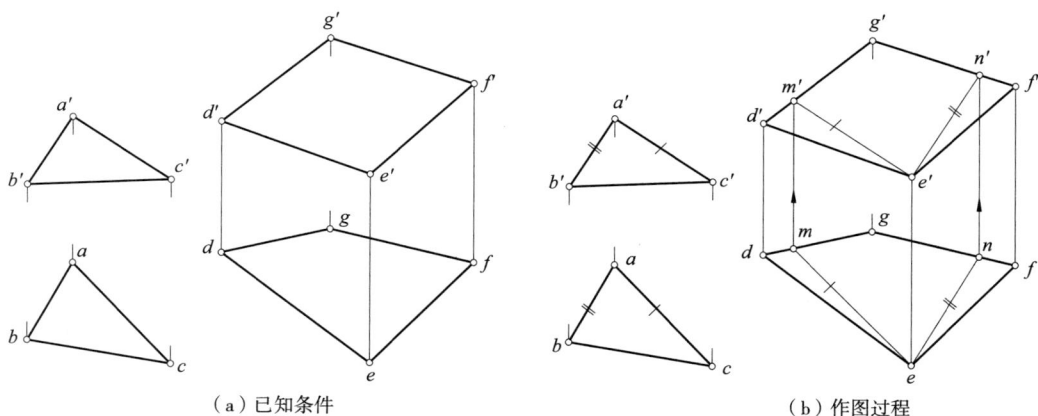

（a）已知条件　　　　　　　　　　　　　　（b）作图过程

图2-33　判断两平面是否平行

三、直线与平面相交、平面与平面相交

直线与平面相交于一点，称为交点。平面与平面相交于一线，称为交线。

下面分六种情况讨论直线与平面、平面与平面相交问题。

1. 一般位置直线和特殊位置平面相交

如图2-34所示，直线AB和铅垂面P相交于点K，由于P面在H面投影有积聚性且K点既是平面上一点又是直线上一点，故它们在H面投影面上的投影必相交于k，即ab与p交于k。

交点求作步骤：

（1）过p与ab的交点k向上作连系线交$a'b'$于k'，K点就是AB与P的交点；

（2）通过图2-34（a）可以看出，AB与P面相交时，它们的V面投影存在遮挡问题，故自然就存在可见性问题，可见部分用实线绘制，不可见部分用虚线绘制。那么，如何判定遮挡部分的可见性？

A.直接观察法：如上题，因P面的H面投影有积聚性，故由H面投影可以看出，ck位于p的前方，即空间中CK位于P面前方，故由前向后垂直V面投影时，CK是可见的，因而把其投影$c'k'$画成实线；$k'd'$位于p的后方，即KD被P面遮挡不可见，故$k'd'$画成虚线；虚实线分界点为k'，CA和BD位于平面P之外，故均可见。

B.重影点法：H面重影的可见性，需要通过V面投影的高低判定，谁高谁可见。V面重影的可见性，需要通过H面投影的前后来判定，谁前谁可见。

通过AB与P面边线的V面重影点c'（e'）的H面投影c、e判定，c点位于e的前方，故由前向后V面投影时，c'点是可见的。因而它所在的线段$c'k'$也为可见，画成实线。而另一段$k'd'$不可见，画成虚线，虚实线分界点为k'。同样，也可以通过另一重影点f'（d'）来判定。

直线AB和平面P的H面投影上除K点外，不存在遮挡问题，故无须判定。

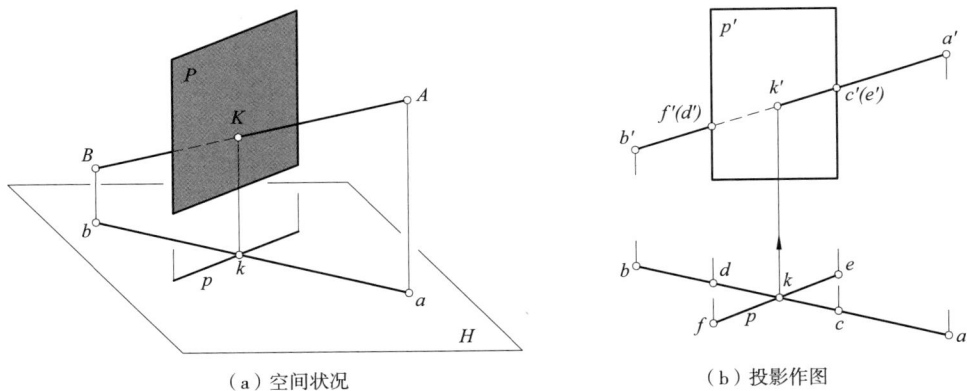

（a）空间状况 （b）投影作图

图2-34 一般位置直线与铅垂面交点的求作

2. 投影面垂直线和一般位置平面相交

投影面垂直线和一般位置平面的交点，可利用直线的积聚投影来完成。

如图2-35所示，直线 L 为铅垂线，平面 ABC 为一般位置平面，那么 L 在 H 面上的投影积聚为一点 l。

分析：由于 L 在 H 面上的投影积聚为一点 l，该点也是直线 L 与平面 ABC 的交点 K 的 H 面投影 k。

交点求作步骤：

（1）在 ABC 上确定交点 K 的位置，连接 ak 交 bc 于 f；

（2）过 f 向上作连系线交 b'c' 于 f'，连接 a'、f'；

（3）a'f' 交 l' 于 k'，K 点就是铅垂线 L 与一般位置平面 ABC 的交点；

（4）判定可见性：该直线与平面的 V 面投影存在可见性的问题，用重影点法判定。通过直线 L 与平面 ABC 边线的 V 面重影点 e'（d'）的 H 面投影 e、d 判定，e 点位于 d 的前方，故由前向后垂直投影时，e' 点是可见的，因而它所在的线段 e'k' 也为可见，画成实线。而另一段则不可见，画成虚线，虚实线分界点为 k'。

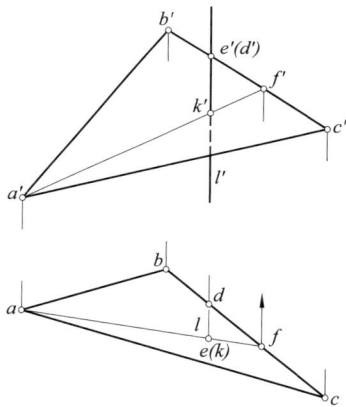

图2-35 铅垂线与平面的交点

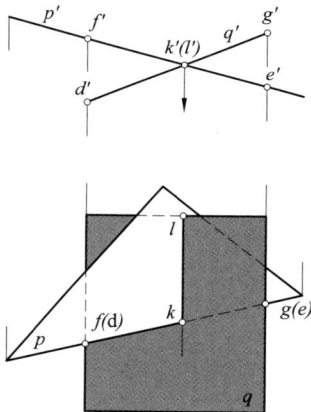

图2-36 两正垂面的交线

3. 两特殊位置平面相交

这里的两特殊位置平面是指相对于同一个投影面有特殊性，若仅有一个平面对某投影面有特殊性，而另一个不具有特殊性，将归为一般位置平面和特殊位置平面讨论。

特殊位置平面在投影面上的投影具有积聚性，可利用其积聚性求交线。

如图2-36所示，平面 P 和 Q 均为正垂面，那么它们的 V 面投影具有积聚性。

交线求作步骤：

（1）由于平面 P 和 Q 的 V 面投影均积聚为一条直线，所以 V 面投影的交点即为交线的 V 面投影，且交线必为正垂线 KL；

（2）过 p' 与 q' 交点 k'（ l' ）向下作连系线，交 p' 和 q' 的重影部分于 k、l，KL 就是 P 和 Q 的交线；

（3）判定可见性：该两平面 H 面投影存在可见性的问题，通过直接观察法判定。从 P、Q 面的 V 面积聚投影可以看出：以 $k'l'$ 为界，$k'l'$ 左边 P 面位于 Q 面之上，故 kl 左边 p 面轮廓线画成实线，q 面轮廓线画成虚线；kl 右侧正相反，虚实线分界为 kl。同样可以利用重影点判定，方法同上，此处不再赘述。

4. 一般位置平面和特殊位置平面相交

一般位置平面和特殊位置平面相交可利用特殊位置平面的积聚投影求交线。

如图 2-37 所示，平面 ABC 为一般位置平面，平面 P 为铅垂面，故在 H 面投影上，平面 P 具有积聚性。

交线求作步骤：

（1）P 面的 H 面投影积聚为一直线，故两平面交线的 H 面投影必在该积聚直线上，abc 与 p 的交线 kl 就是交线的 H 面投影；

（2）过 k、l 向上作连系线，分别与 $a'b'$ 和 $a'c'$ 相交于 k'、l'，$k'l'$ 就是两平面交线的 V 面投影；

（3）判定可见性：该两平面 V 面投影存在可见性的问题，采用重影点法判定。通过平面 P 和平面 ABC 边线上 D、E 点的 V 面重影点 d'（ e' ）的 H 面投影 d、e 判定。d 点位于 e 的前方，d 点是可见的，因而 p' 位于 $k'l'$ 左边的这半部分可见，轮廓线画成实线，$a'b'c'$ 这部分不可见，轮廓线画成虚线。$k'l'$ 右边部分正好相反。

5. 一般位置直线和一般位置平面相交

由于直线和平面均为一般位置，投影均无积聚性，所以要采取辅助平面法作交线。

如图 2-38 所示，AB 为一般位置直线，CDE 为一般位置平面，可以过 AB 作一辅助铅垂面 P，故 AB 在 H 面上的投影就是铅垂面在 H 面上的积聚投影。这时，就转化为一般位置平面和特殊位置平面的交线问题，最后再求出该交线与 AB 的交点，即为直线 AB 与平面 CDE 的交点。

交线求作步骤：

（1）由于 ab 为辅助铅垂面 P 的 H 面的积聚投影，求作出 ab 与 ed、cd 的交点 k、l；

（2）过 k、l 向上作连系线交 $e'd'$、$c'd'$ 于 k'、l'，连接 $k'l'$；

（3）作 KL 与 AB 的交点：过 $k'l'$ 与 $a'b'$ 的交点 m' 向下作连系线交 kl 于 m，M 点就是 AB 和 CDE 的交点；

（4）判定可见性：在此用重影点法判定。利用 AB 上 S 点和 CDE 的边线 ED 上 K 点的 H 面重影点 s（ k ）的 V 面投影 s'、k' 判定 H 面投影的可见性。s' 点位于 k' 的上方，s 点是可见的，因而它所在的线段 sm 也为可见，画成实线。另一段 ml 不可见，画成虚线，虚实线分界点为 m。同样，通过另一重影点 N、J 判定直线 AB 的 V 面的可见性：利用 AB 上 J 点和 CDE 的边线 ED 上 N 点的 V 面重影点 n'（j'）的 H 面投影 n、j 判定 V 面投影的可见性。n 点位于 j 的前方，j' 点是不可见的，因而它所在的线段 m'j' 为不可见，画成虚线。而另一段可见，画成实线，虚实线分界点为 m'。

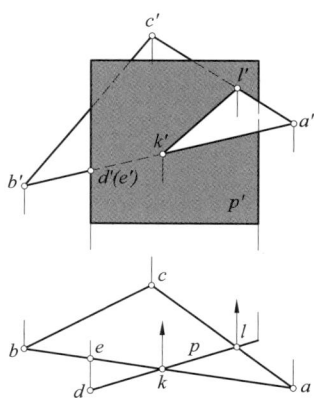 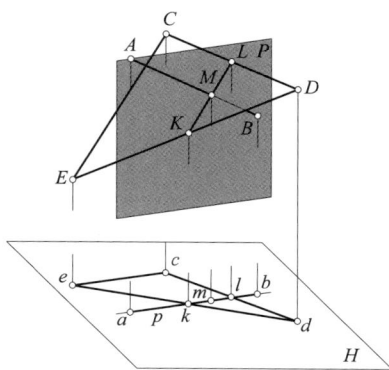 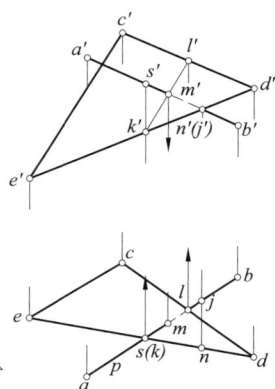

图2-37　一般位置平面与铅垂面的交点　　　图2-38　一般位置直线和一般位置平面的交点

（a）空间状况　　　（b）投影作图

6. 两一般位置平面相交

两个一般位置平面由于其在任何投影面上的投影均无积聚性，所以求它们交线的方法可采用在一平面内选两条直线，分别作出这两条直线与另一平面的交点，再将两交点相连，即为两平面交线。

如图2-39所示，平面 ABC 和 DEFG 均为一般位置平面，求作两平面交线时需要首先在平面 DEFG 内选两直线 DE、FG 与平面 ABC 的交点 M、N（方法同一般位置直线和一般位置平面的交点作法），再将两交点相连，即为两平面交线。

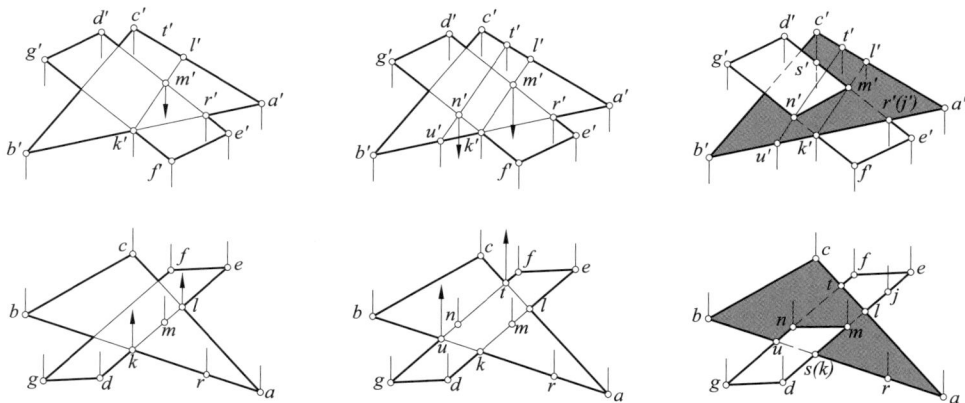

图2-39　两平面交线的求作（全交）

交线求作步骤：

（1）作 DE 与 ABC 的交点 M，过 DE 作辅助铅垂面，ed 为辅助铅垂面的积聚投影。过 ed 与 ab、ac 的交点为 k、l 向上作连系线交 a'b'、a'c'于 k'、l'，连接 k'l'。作 KL 与 ED 的交点 M，过 k'l'与 e'd'的交点 m'向下作连系线交 ed 于 m；

（2）作 FG 与 ABC 的交点 N，过 FG 作辅助铅垂面，gf 为辅助铅垂面的积聚投影，过 gf 与 ab、ac 的交点为 u、t 向上作连系线交 a'b'、a'c'于 u'、t'，连接 u't'。作 UT 与 GF 的交点 N，过 u't'与 g'f'的交点 n'向下作连系线交 gf 于 n；

（3）连接 mn、m'n'，MN 即为两平面交线；

（4）判定可见性：在此用重影点法判定。利用 AB 上 K 点和 ED 上 S 点的 H 面重影点 s（k）的 V 面投影 s'、k'判定 H 面投影的可见性。s'点位于 k'的上方，s 点是可见的，因而它所在的 defg 这半部分为可见，轮廓线画成实线。mn 的另一半不可见，画成虚线，虚实线分界点为 mn。abc 则正好相反，在 mn 下侧部分不可见，上侧则可见。

利用 AB 上 R 点和 ED 上 J 点的 V 面重影点 r'（j'）的 H 面投影 r、j 判定 V 面投影的可见性，r 点位于 j 的前方，r'点是可见的，因而它所在平面 a'b'c'在这半部分可见，轮廓线画成实线。交线 m'n'的另一半不可见，画成虚线，虚实线分界点为 m'n'。d'e'f'g'则正好相反，在 m'n'下侧部分不可见，上侧则可见。

例2-14　如图2-40所示，已知一般位置平面 AB 和 CD 的投影，求作该两平面的交线。

分析：平面 AB 是用两平行直线 A 和 B 表示的，平面 CD 是用两相交直线 C 和 D 表示的，作两个辅助水平面 T_1、T_2，分别求出这两个辅助平面与平面 AB 和平面 CD 的两组交线，再分别求出两组交线的交点，最后连接两交点就是两平面交线。

作图步骤：

（1）作两个辅助水平面 T_1、T_2，在 V 面投影面上，作辅助面的 V 面投影 t_1'、t_2'；

（2）作 T_1 与 AB 和 CD 的交线 EF、GJ，过 t_1'与 a'、b'、c'、d'交线 e'f'、g'j'向下作连系线交 a、b、c、d 于 e、f、g、j；

（3）同理，作 T_2 与 AB 和 CD 的交线 MN、RS，过 t_2'与 a'、b'、c'、d'交线 m'n'、r's'向下作连系线交 a、b、c、d 于 m、n、r、s；

（4）连接 ef、gj 交于 k，连接 mn、rs 交于 l，分别过 k、l 向上作连系线，交 t_1'、t_2'于 k'、l'。KL 就是 AB 和 CD 的交线，由于两平面在投影图上没有重合，故无须判定可见性。

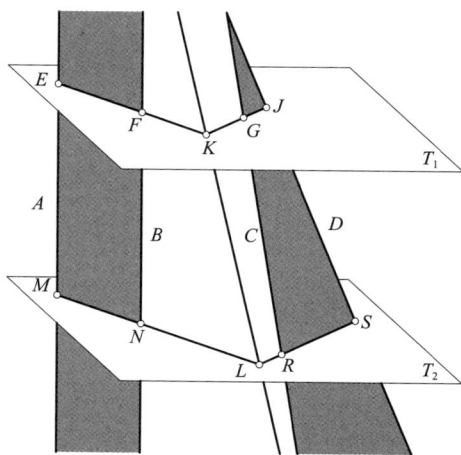

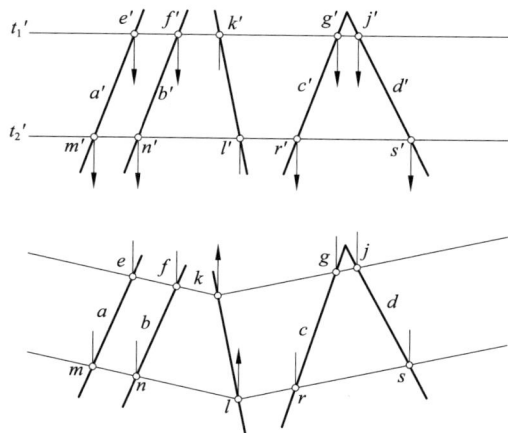

（a）空间状况 　　　　　　　　　　　　　　（b）投影作图

图2-40　辅助平面法求两平面交线

四、直线与平面垂直、平面与平面垂直

1. 直线与平面垂直

如果一条直线垂直于平面内两条相交直线，那么直线就垂直于该平面。如果直线垂直于平面，那么该直线必垂直于平面内所有直线。

直线与特殊位置平面的垂直关系，可以通过平面的积聚投影与直线同名投影之间是否垂直判定。垂直于铅垂面的直线一定是水平线，垂直于正垂面的直线一定是正平线，垂直于侧垂面的直线必是侧平线。简而言之，投影面垂直面的垂线一定是该投影面的平行线。

如图2-41所示，若直线 A 垂直于平面 P 内两相交直线 B、E，则直线 A 垂直于平面 P，那么直线 A 就垂直于平面内所有直线，包括直线 C、D。

如何判定直线是否垂直于平面呢？

如图2-42所示，假设直线 L 垂直于平面 ABC，那么它必垂直于平面内所有直线，包括平面内水平线 AB、正平线 BC，故 L 与 AB、BC 的直角关系分别在 H 面、V 面投影上反映出来（参见上节垂直两直线关系部分）。反之，如果一直线垂直于平面内两相交的水平线、正平线，故该直线必垂直于该平面，所以可以通过平面内两相交的水平线和正平线判定。

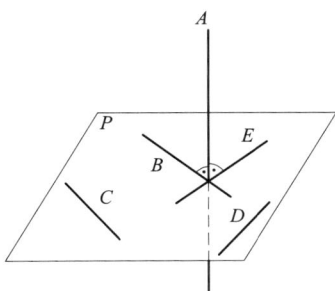

图2-41 直线与平面垂直

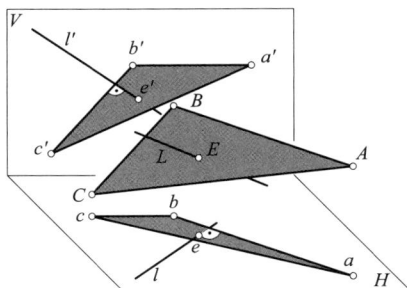

图2-42 直线与平面垂直的几何条件

例2-15 如图2-43所示，过D点作一直线垂直于平面ABC。

分析：若直线垂直于该平面，那么直线垂直于平面内所有直线，包括平面内水平线和正平线。若直线垂直于水平线，那么它们的直角关系在H面投影上反映出来。若直线垂直于正平线，那么它们的直角关系在V面投影上反映出来。

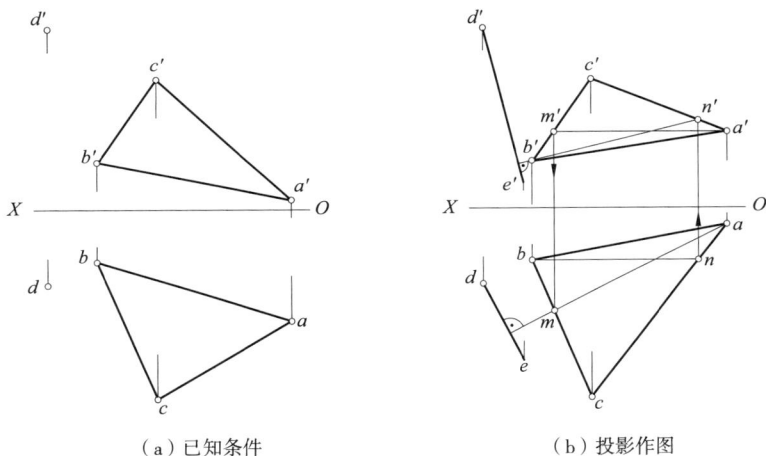

（a）已知条件　　　　（b）投影作图

图2-43 作已知平面的垂线

作图步骤：

（1）在平面ABC内作一条水平线AM，过a'作$a'm'$∥OX交$b'c'$于m'，过m'向下作连系线交bc于m；

（2）过d作直线$de \perp am$；

（3）在平面ABC内作一条正平线BN，过b作bn∥OX交ac于n，过n向上作连系线交$a'c'$于n'；

（4）过d'作直线$d'e' \perp b'n'$，DE就是所求直线。

2.两平面垂直

如果一平面内有一直线垂直于另一平面，那么该两平面互相垂直。

同一投影面的垂直面与平行面互相垂直，如铅垂面与水平面必定互相垂直，正垂面与正平面必定互相垂直，侧垂面与侧平面必定互相垂直。

如图2-44所示，若两个同一投影面的垂直面互相垂直，则两者积聚投影互相垂直，交线为该投影面的垂直线。

当直线与平面均为一般位置时，只能通过平面内的辅助水平线和正平线作图。

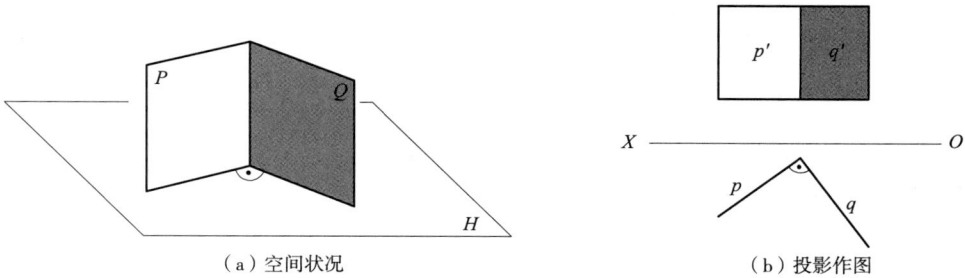

（a）空间状况 　　　　　　　　　　　　　（b）投影作图

图2-44　投影面垂直面互相垂直

例2-16　如图2-45所示，已知一直线AB和平面CDE，过AB作平面垂直于平面CDE。

分析：若过直线AB上一点作一直线垂直于平面ABC，那么该垂线与直线AB所组成的平面就垂直于平面ABC。

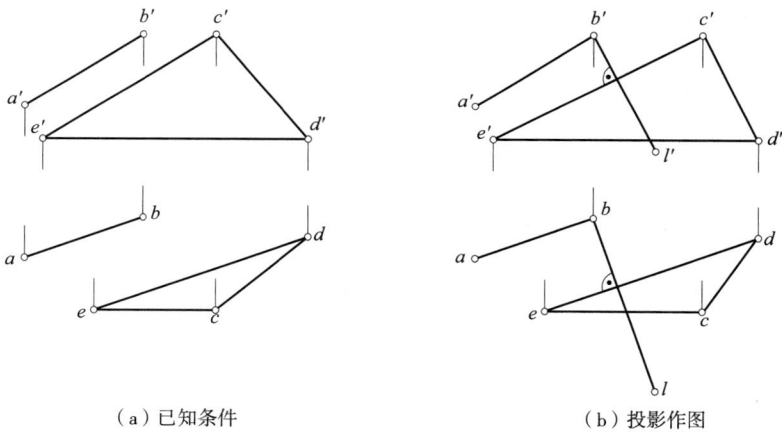

（a）已知条件 　　　　　　　　　　　　　（b）投影作图

图2-45　过已知直线作已知平面的垂线

作图步骤：

（1）过b作CDE内水平线DE的H面投影ed的垂线bl；

（2）过b'作CDE内正平线CE的V面投影$c'e'$的垂线$b'l'$。

平面ABL就是垂直于平面CDE的平面。

第三章

平面立体

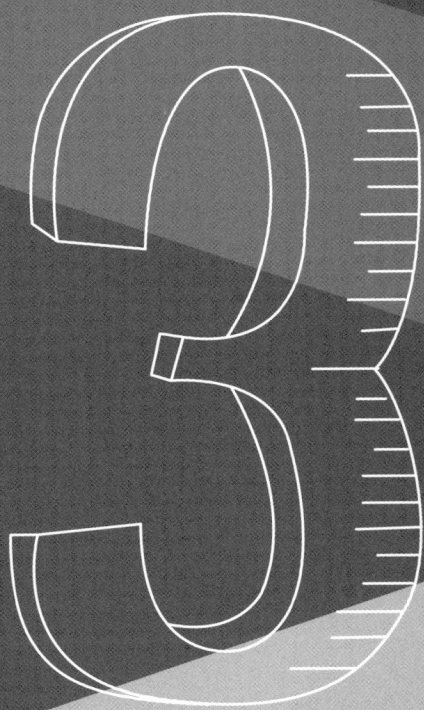

第一节　基本概念

　　立体的表面均为平面的称为平面立体。平面立体表面称为棱面，棱面与棱面的交线称为棱线或棱，棱线与棱线的交点称为顶点。

　　平面立体表面的点和线的可见性判定依据其所在棱面的可见与否，可见棱面上的点和线可见（积聚投影上的点和线视为可见），不可见棱面上的点和线不可见。

　　平面立体的投影实际上是平面立体上点、线和面投影的集合。由于其组合性，其上的点、线、面不是单独存在的，所以投影图上的点既可能表示一个顶点的投影，也可能表示一条棱线的积聚投影。投影图上的线既可能表示一条棱线的投影，也可能表示一个棱面的积聚投影。

一、棱柱体

　　如图3-1所示，该四棱柱六个棱面分别两两平行于投影面，在H面上的投影为一矩形，为四棱柱上、下两个底面的重影，并反映实形，其中上底面可见，下底面不可见。矩形的四条边线为其四个侧棱面的积聚投影，又为上下底面八条棱线的重影，且反映实长。矩形的四个顶点反映四条垂直于H面的棱线的积聚投影，也是上、下八个顶点的重影。V面和W面上的投影类似，此处不再赘述。

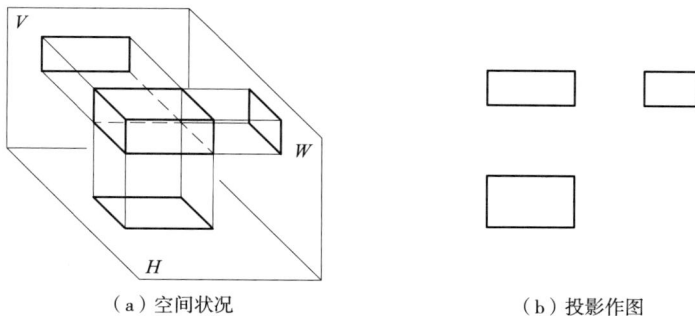

（a）空间状况　　　　　　　　　　（b）投影作图

图3-1　四棱柱投影

　　例3-1　如图3-2所示，已知正五棱柱表面上A点的V面投影a'和直线BC的W面投影$b''c''$，完成它们的其余投影。

　　作图步骤：

　　（1）由于a'为可见，所以A点位于正五棱柱前右侧棱面上，过a'向下作连系线交正五棱柱前右侧棱面的H面投影于a，再利用点的投影规律作出a''，a''位于不可见棱面上，故不可见；

（2）由于$b''c''$为可见，所以直线BC位于正五棱柱左后侧棱面上，过b''、c''向下作连系线经45°辅助线交左后侧棱面的H面积聚投影于b（c），再利用点的投影规律作出$b'c'$，且$b'c'$位于不可见棱面上，故不可见。

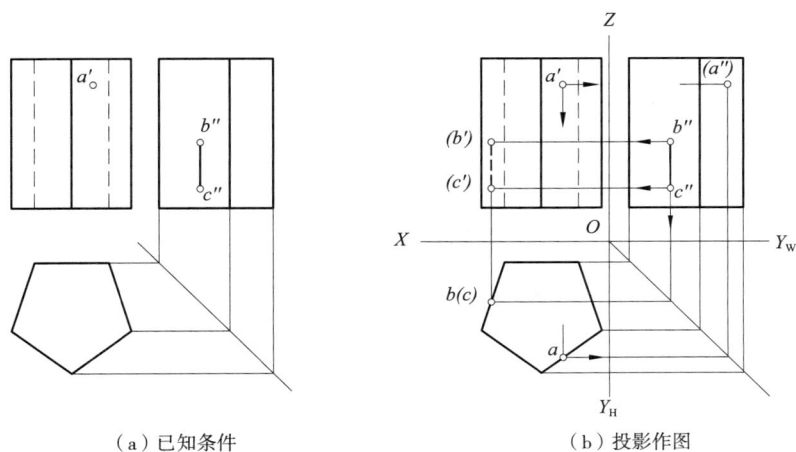

（a）已知条件   （b）投影作图

图3-2　正五棱柱表面上定点和线

二、棱锥体

如图3-3所示，正五棱锥$SABCDE$的底面$ABCDE$平行于H面，侧棱面SCD垂直于W面。

从棱面角度分析：正五棱锥的H面投影反映了底面$ABCDE$的实形，同时也是五个侧棱面的投影，两者重合，五个侧棱面可见，底面不可见。正五棱锥的V面投影为一等腰三角形，为五个侧棱面的重合投影，侧棱面SAB、SAE可见，其余三个侧棱面不可见，底边为底面$ABCDE$的积聚投影。正五棱锥的W面投影为一三角形，其中底边为底面$ABCDE$的积聚投影，侧棱面SCD垂直于W面，在W面上投影积聚为一直线，侧棱面SAB与SAE、SBC与SDE重合，其中SAB和SBC可见，SAE和SDE不可见。

从棱线角度分析：底面$ABCDE$的五条棱为水平线，它们的H面投影与其平行且等长，V面和W面的投影重合为一直线，$a''b''$与$a''e''$、$b''c''$与$d''e''$重合，其中$a''b''$和$b''c''$可见，$a''e''$和$d''e''$不可见。棱CD为侧垂线，cd、$c'd'$与CD平行且等长，c''（d''）积聚为一点，五条侧棱SA、SB、SC、SD、SE在H上投影无特殊性，在V面上存在遮挡问题。$s'a'$、$s'b'$、$s'e'$可见，$s'c'$、$s'd'$不可见，在W面上存在重影问题，$s''b''$与$s''e''$、$s''c''$与$s''d''$重影，其中$s''b''$和$s''c''$可见，$s''d''$和$s''e''$不可见。SA是侧平线，其$s''a''$与其本身平行且等长。

在作投影图时，只需作出该正五棱锥的六个顶点的H、V、W面投影，再顺次连接即可。

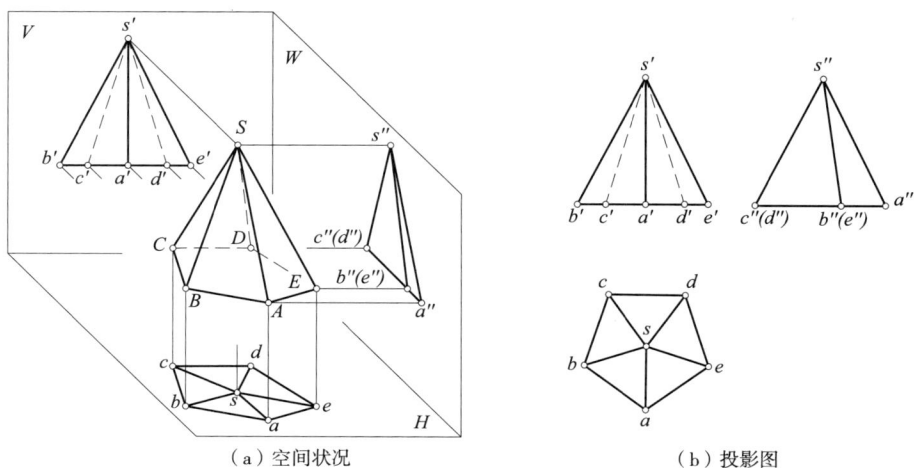

（a）空间状况　　　　　　　（b）投影图

图3-3　五棱锥投影

例3-2　如图3-4所示，已知正五棱锥表面上G点的V面投影g'，棱SA上K点的H面投影k和直线MN的V面投影m'n'，完成它们的三面投影。

作图步骤：

（1）由于g'可见，所以G点位于正五棱锥侧棱面SAB上，过g'作底边a'b'的平行线交s'b'于f'，过f'向下作连系线交sb于f，再过f作底边ab的平行线与过g'向下连系线交于g，最后利用点的投影规律作出g"，并判断出g、g'均位于可见棱面上，故均可见；

（2）由于K点位于侧棱SA上，过k作水平连系线，经45°辅助线垂直向上交侧棱s"a"于k"，再利用点的投影规律作出k'，由于其所在的棱线可见，故k'、k"均可见；

（3）由于m'n'不可见，所以直线MN位于侧棱面SCD上，SCD为侧垂面，W面的投影积聚为一直线，过m'、n'向右作连系线交s"c"d"于m"、n"，过m"、n"作向下连系线，经45°辅助线水平向左与过m'、n'向下连系线交于m、n并连接，mn可见。

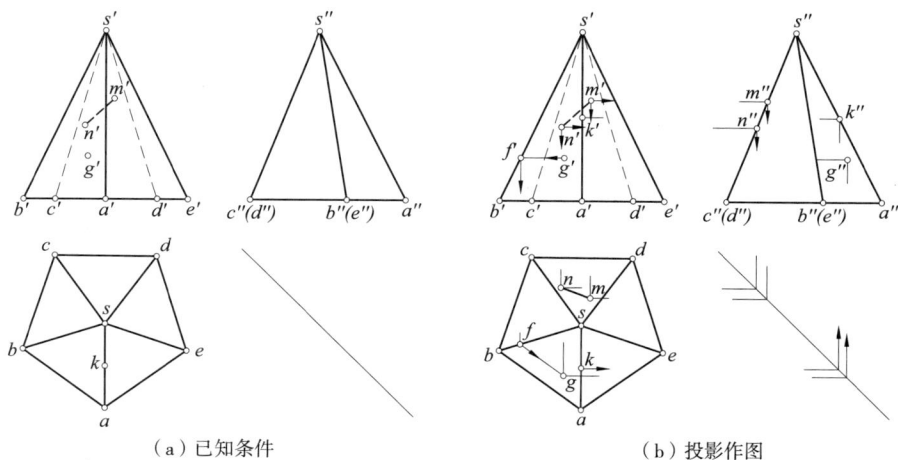

（a）已知条件　　　　　　　（b）投影作图

图3-4　正五棱锥表面上定点和线

第二节　直线与平面立体相交

直线与平面立体相交时在平面立体表面形成交点，称为贯穿点。一般情况下，直线与平面立体有两个贯穿点，但当直线与平面立体顶点或棱线相交时，则只有一个交点。

求贯穿点的方法有以下两种：

方法一：积聚投影法，即利用平面立体表面或直线垂直某投影面的积聚性作出贯穿点。

方法二：辅助平面法，即利用过直线作一辅助垂面与平面立体的截交线，再求出该截交线与直线的交点，即为贯穿点。

可见性的判定：直线在平面立体内的部分与立体重合，可不用表达。对于直线在平面立体外的部分可通过重影法判定，被立体遮挡的部分不可见，用虚线表达，未被遮挡的部分用粗实线表达。贯穿点位于可见棱面上的可见，不可见棱面上的不可见。

例3-3　如图3-5所示，作直线L与四棱柱的贯穿点。

解：该四棱柱的六个面分别在H、V面上有积聚投影，可根据积聚投影特性作交点。

作图步骤：

（1）通过H面的投影可以看出，直线l与四棱柱的前、后侧面p、q面相交。过积聚投影与l的交点a、b向上作连系线交l'于a'、b'，可以看出b'不在q'之上，故B点不是直线L与四棱柱的交点；

（2）通过V面投影可以看出，l'与四棱柱的顶面r'面相交，从其积聚投影与直线l'的交点c'向下作连系线交l于c。

A、C两点为直线L与四棱柱的交点，A、C两点之间贯穿四棱柱，不用表达，其余部分均可见，用粗实线表达。

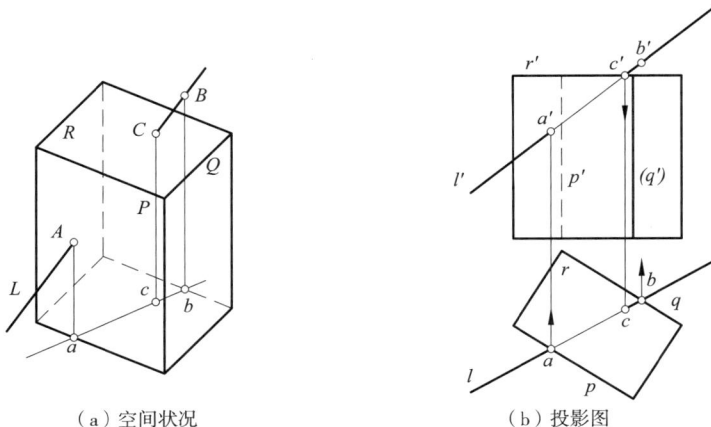

（a）空间状况　　　　　　（b）投影图

图3-5　直线贯穿四棱柱

例3-4 如图3-6所示，作直线L与三棱锥的贯穿点。

分析：对于该题来说，直线和三棱锥的相交面均无积聚性，所以要利用辅助平面法求作。

作图步骤：

（1）过直线L作铅垂面，该面在H面上的积聚投影l与三棱锥三条棱交于a、b、c三点，分别过a、b、c向上作连系线与相应的棱交于a'、b'、c'；

（2）连接$a'b'$、$b'c'$交l'于l_1'、l_2'，再过l_1'、l_2'向下作连系线交l于l_1、l_2，L_1、L_2就是直线L与三棱锥的贯穿点。

在V面投影上，l_2'与直线在三棱锥边界的交点d'之间的部分由于被前侧棱面遮挡不可见，用虚线表达，d'右边和l_1'左侧部分均可见，H面投影均可见。

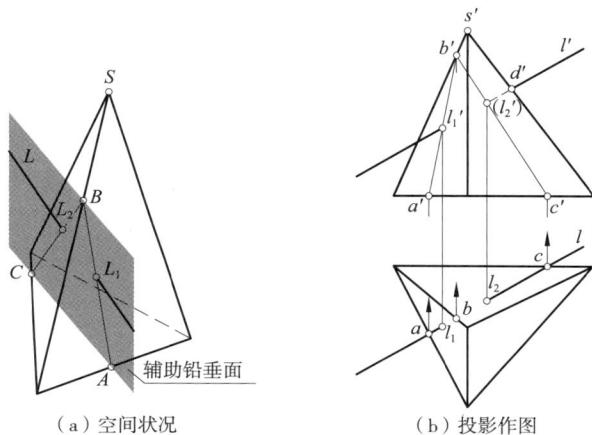

（a）空间状况　　　　（b）投影作图

图3-6　直线贯穿三棱锥

第三节　平面与平面立体相交

平面与平面立体相交所形成的交线称为截交线，截交线所围成的平面图形称为截断面。

如图3-7所示，由于截断面是一个平面多边形，该多边形的各顶点是平面立体的棱线和平面的交点，截交线为平面与平面立体表面的交线，也为平面与平面立体棱线交点的连线。

作平面与平面立体截交线常用的方法有两种：

方法一：积聚投影法，即当平面立体棱面或平面垂直于某投影面时，则利用截交点及截交线在该投影面上的积聚性得出，其余投影可借助有关棱面或截平面上的直线作出。

方法二：辅助平面法，即利用过平面作一辅助垂面，使该平面的投影具有积聚性，再求该积聚投影与立体的交线。

对于截交线可见性判定仍是处于可见棱面上的截交线可见，处于不可见棱面上的截交线不可见。

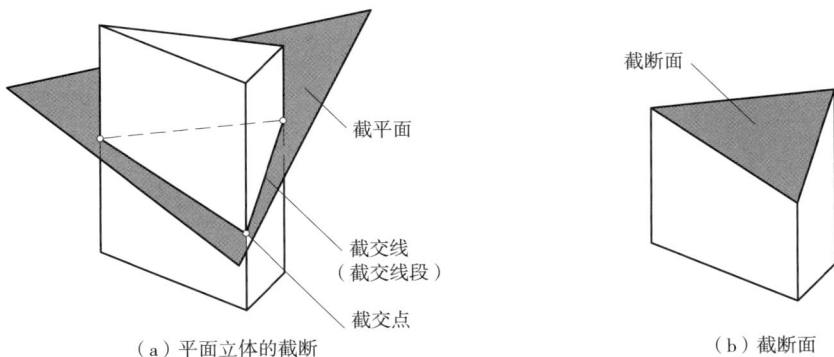

（a）平面立体的截断　　　　　　　　（b）截断面

图3-7　平面与平面立体相交

例3-5　如图3-8所示，作正垂面 P 与三棱锥 $SABC$ 的截交线。

分析：本题可采用积聚投影法，依次作出正垂面 P 与三棱锥 $SABC$ 的三条侧棱 SA、SB、SC 的交点，再顺次连接各点，即为截交线。

作图步骤：

（1）由于 P 面的 V 面投影有积聚性，P_V 与三条侧棱 $s'a'$、$s'b'$、$s'c'$ 分别相交于 $1'$、$2'$、$3'$，即截交线的 V 面投影；

（2）分别过 $1'$、$2'$、$3'$ 向右作连系线交 $s''a''$（$s''c''$）、$s''b''$ 于 $1''$、$3''$、$2''$。再根据点的投影规律作出 H 面的投影 1、3、2，且截交线 12、13、23、$1''2''$、$1''3''$ 均位于可见棱面上，故可见，$2''3''$ 位于不可见棱面上，故不可见。

例3-6　如图3-9所示，作一般位置平面 $DEFG$ 与三棱柱 ABC 的截交线。

分析：由于该截平面为一般位置平面，投影无积聚性，但三棱柱的三个侧棱面均垂直 H 面，所以应从三棱柱的 H 面积聚投影分析。由于截平面与三棱柱的三条侧棱的交点 I、II、III 在 H 面投影落于三个侧棱的积聚投影 a、b、c 上，故可采用在平面上定线，再在线上定点的方法。

作图步骤：

（1）过 a 作 de 的平行线交 dg 于 k，过 k 向上作连系线交 $d'g'$ 于 k'，再过 k' 作底边 $d'e'$ 的平行线交 a' 于 $1'$；

（2）延长 bc 与 de、fg 交于点 m、n，过 m、n 向上作连系线交 $d'e'$、$f'g'$ 于 m'、n'，连接 $m'n'$ 分别交 b'、c' 于 $2'$、$3'$，顺次连接 $1'$、$2'$、$3'$，其中 $1'3'$ 位于不可见棱面上，故不可见，

其余截交线位于可见棱面上，故可见。

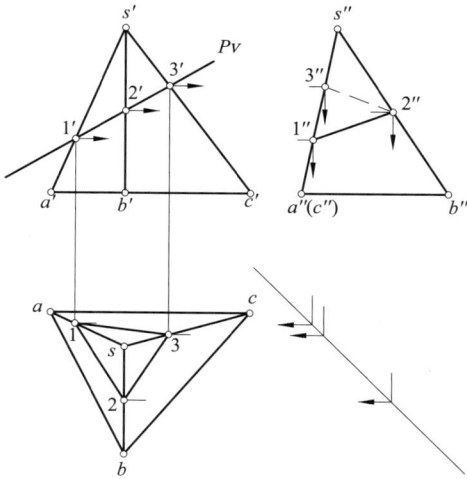

图3-8　三棱锥的截交线

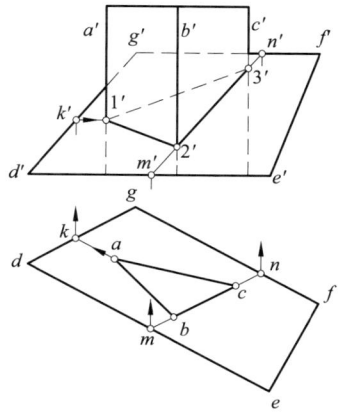

图3-9　三棱柱的截交线

第四节　两平面立体相交

两平面立体相交称为相贯，相交两立体表面的交线称为相贯线，在一般情况下，两平面立体相贯线是封闭的空间折线。其中，一个平面立体从另一个平面立体中全部穿过称为全贯，如图3-10（a）所示，这时相贯线是两组封闭的空间折线；如果两立体只有部分参与相交，称为互贯，如图3-10（b）所示，这时相贯线为一组封闭的空间折线。

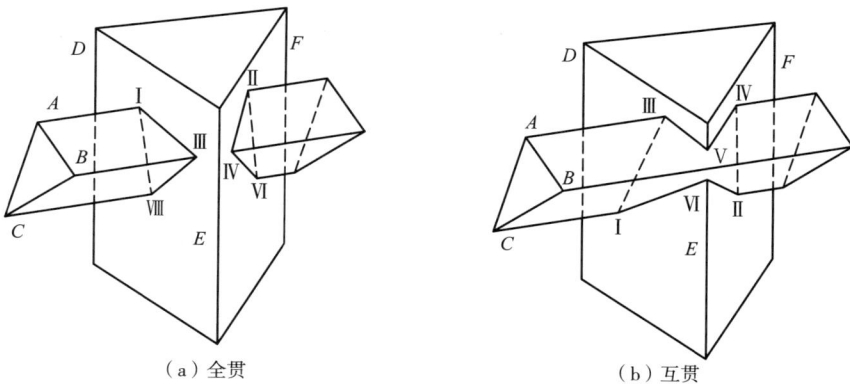

（a）全贯

（b）互贯

图3-10　两立体相交

如图3-10所示，组成相贯线的每一线段均为两平面立体表面的交线，相贯线的每一个折点必为一个平面立体棱线与另一个平面立体棱面的交点。

作平面立体相贯线的方法有以下两种：

方法一：交点法，先求出平面立体相交棱线与另一平面立体棱面的交点，再将所有交点顺次连接即可。两个交点对于两个平面立体均属于同一个棱面上时方可连接，相贯线所在的两个棱面均可见，方可见，否则不可见，用虚线表达。因为相贯线在一般情况下是封闭的，所以每个交点应当和相邻的两个交点连接。

方法二：交线法，求出两平面立体相交棱面的交线，即组成相贯线。

求作平面立体相贯线实际上是作直线与平面的交点或两平面的交线，可根据具体情况选择合适的方法，有时并非一种方法而是两种方法结合起来使用。具体每段相贯线的作法可参考平面与立体交线的积聚投影法或辅助平面法。

例3-7 如图3-11所示，作两三棱柱 ABC 和 DEF 的相贯线。

分析：通过 W 面投影可以看出，水平三棱柱 ABC 从垂直三棱柱 DEF 内穿过，所以两三棱柱为全贯，相贯线为两组，ABC 的三条侧棱 A、B、C 为侧垂线，DEF 的三条侧棱 D、E、F 为铅垂线，所以相贯线的 H、W 面投影均由于积聚性而已知，无须作出，在此作 V 面投影即可。

作图步骤：

（1）首先作出 ABC 的三条侧棱 A、B、C 与 DEF 的交点。侧棱 A、B、C 与侧棱面 DE、EF、DF 的交点为依次为点 I、II、III、IV、V、VI。由于侧棱面 DE、EF、FD 均是铅垂面，可通过 H 面积聚投影的交点确定这六个点的 V 面投影；

（2）DEF 的侧棱 D 与 ABC 的侧棱面 AC、BC 相交于 VII、VIII，由于侧棱面 AC、BC 是侧垂面，可通过 W 面积聚投影的交点确定这两个点的 V 面投影；

（3）将以上八个点，按照两个点对于两个平面立体均属于同一个棱面上时方可连接的原则顺次连接为：$1'$、$3'$、$8'$、$5'$、$7'$、$1'$和$2'$、$4'$、$6'$、$2'$；

（4）判定相贯线段的可见性：按照相贯线段可见性的判定原则，$1'3'$、$3'8'$、$2'4'$、$4'6'$可见，用粗实线表示，其余不可见，用虚线表达。

例3-8 如图3-12所示，作两三棱柱 ABC 和 DEF 的相贯线。

分析：通过 W 面投影可以看出，水平三棱柱 ABC 与垂直三棱柱 DEF 互贯，所以两三棱柱相贯线为一组，水平三棱柱 DEF 的三条侧棱 D、E、F 是 W 面的垂直线，垂直三棱柱 ABC 的三条侧棱 A、B、C 是 H 面的垂直线，所以相贯线的 H、W 面投影均由于积聚性而已知，无须作出，在此作 V 面投影即可。

作图步骤：

（1）首先作出 DEF 的两条侧棱 F、D 与 ABC 的交点 I、II、III、IV。由于侧棱面 AB、

*BD*均是铅垂面,所以可通过*H*面积聚投影的交点确定四个点的*V*面投影。*ABC*的侧棱*B*与*DEF*的侧棱面*DE*、*EF*相交于Ⅴ、Ⅵ,由于侧棱面*DE*、*EF*是侧垂面,所以可通过*W*面积聚投影的交点确定这两个点的*V*面投影;

(2)将以上六个点,按照两个点的连接原则顺次连接1′、3′、5′、4′、2′、6′、1′;

(3)判定相贯线段的可见性:按照相贯线段可见性的判定原则,相贯线段3′5′、5′4′、1′6′、2′6′可见,用粗实线表示,其余不可见,用虚线表达。

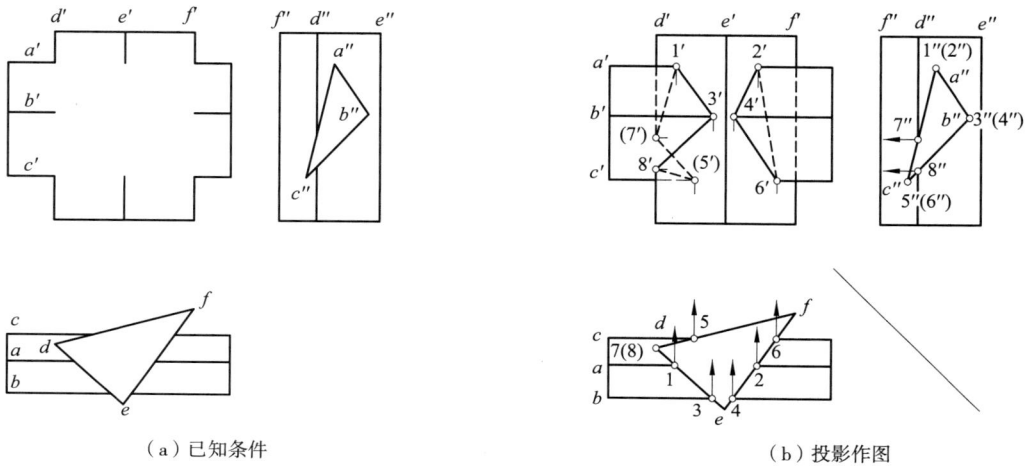

(a)已知条件 (b)投影作图

图3-11 作两三棱柱全贯线

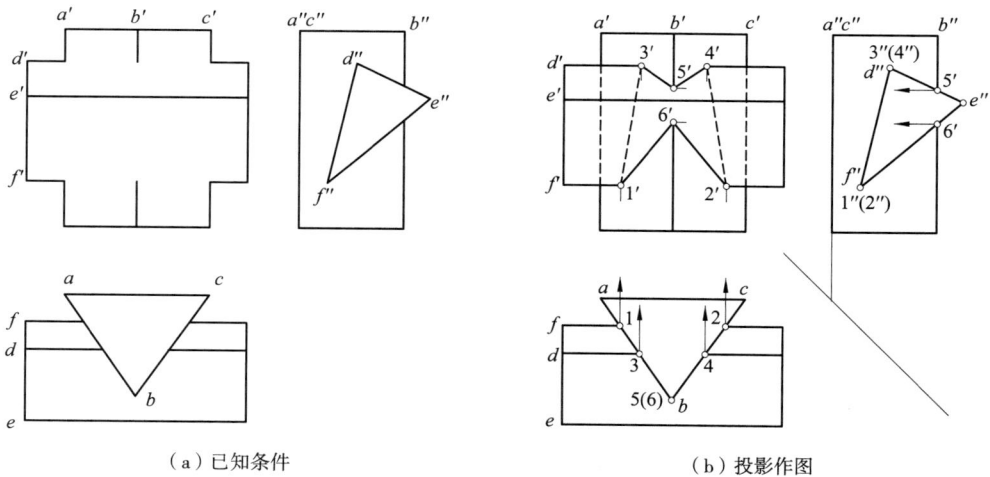

(a)已知条件 (b)投影作图

图3-12 作两三棱柱互贯线

第五节　同坡屋面

同坡屋面是建筑上的专用术语，特指建筑的所有屋面与水平面倾角相同，且屋檐高度相同的屋面。

同坡屋面交线实际上是两平面交线的问题，也是实际工程中常见的一种屋面形式。

如图3-13所示，同坡屋面的投影特性：

（1）如果两屋面的屋檐平行，那么该两屋面必相交成一水平的屋脊，简称平脊，它的 H 面投影平行于两屋檐且与两屋檐距离相等。

EF 为两屋檐平行的屋面 $ABFE$ 和 $CDEF$ 的交线，所以 EF // AB // CD，且 ef 到 ab 和 cd 的距离相等。

（2）如果两屋面的屋檐相交，那么该两屋面必相交成一倾斜的屋脊，简称斜脊，它的 H 面投影为两相交屋檐的角平分线。

AE 为两屋檐相交的屋面 $ABFE$ 和 AED 的交线，所以 ae 为 ab、ad 的角平分线，de、bf、cf 同理。

（3）在屋面上，假如两条屋脊相交于一点，则至少还会有第三条屋脊相交于该点。

过点 E 有三条屋脊 AE、DE、FE 相交，过点 F 有三条屋脊 CF、BF、EF 相交。

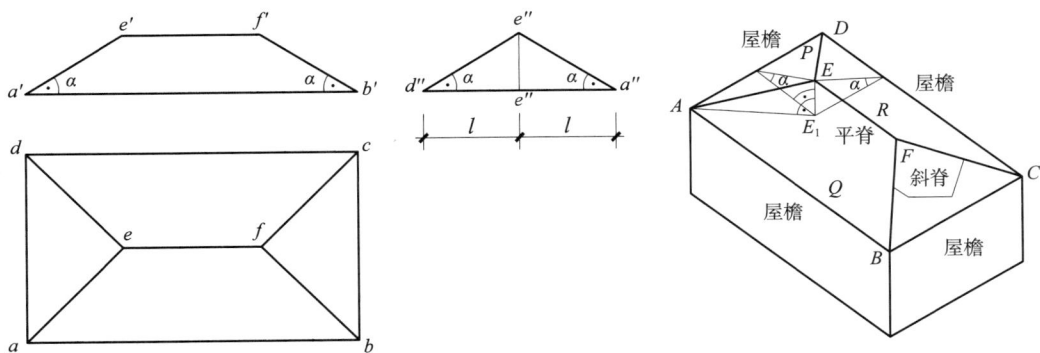

图3-13　同坡屋面

例3-9　如图3-14所示，根据已给出的同坡屋面 H 面的投影 $abcdef$ 和屋面坡度为30°，试完成此屋面的两面投影。

分析：根据同坡屋面的投影特性，采取屋檐编号的方法求作。

作图步骤：

（1）首先在 H 面的投影上顺次将屋檐边线 fa、ab、bc、cd、de、ef 编号为1、2、3、4、5、6；

（2）作出相交的屋檐的角平分线，并依次编号为：12、23、34、45、56、16；

（3）作水平面投影，先从一个端部开始作起，延长56、45相交于点g，由于两条屋脊相交于一点，则至少还会有第三条屋脊相交于该点，所以必有第三条屋脊通过g点。由于是56、45相交，可将共同数字5去掉，合并其余数字为46，为两平行的屋檐4和6所在的屋面相交的平脊。以此类推46与16相交引出屋脊14为屋檐1、4所在的屋面相交的斜脊（屋檐4延长后与1相交，并作出角平分线），14与34相交引出屋脊13为屋檐1、3所在的屋面相交的平脊，最后13与12、23相交；

（4）根据水平面屋脊的划分和屋面坡度30°完成屋面的V面投影。首先从垂直于V面的屋面着手，因为它们的积聚投影能反映屋面的倾角，再画出与相交的屋面上的投影。采用同样方法依次作出所有交线的V面投影即可。

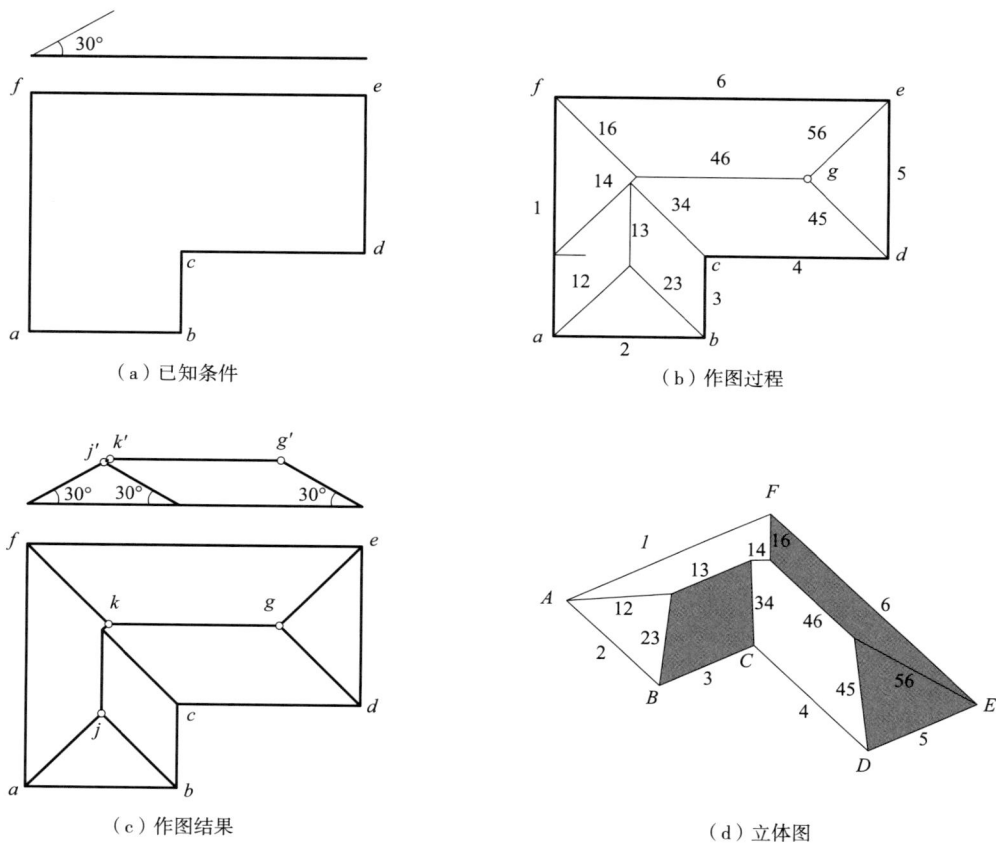

（a）已知条件 　　　　　　（b）作图过程

（c）作图结果 　　　　　　（d）立体图

图3-14　作同坡屋面投影

如图3-15所示，为四种根据L型屋面的边AB、AC和EF之间的大小关系所作的同坡屋面的两面投影，这是比较典型的同坡屋面形式。

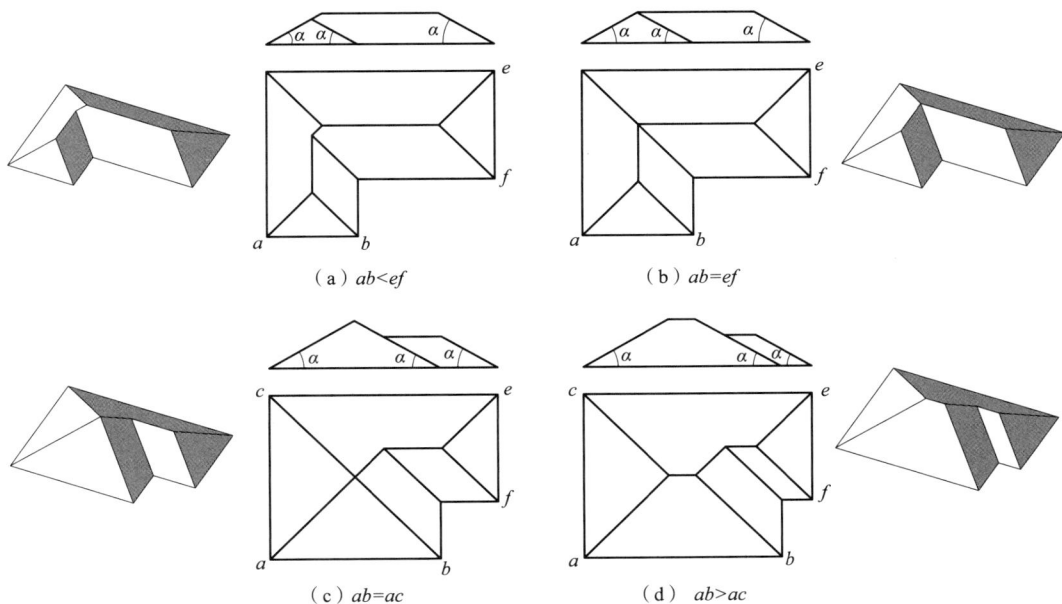

（a）ab<ef　　　　　　　　　（b）ab=ef

（c）ab=ac　　　　　　　　　（d）ab>ac

图3-15　L型周界不同尺寸的同坡屋面的四种情况

　　例3-10　如图3-16所示，根据已给出的同坡屋面的*H*面投影和屋面坡度30°，试完成此屋面的两面投影。

　　分析：根据同坡屋面的投影特性，采取对屋檐进行编号的方法来作。

　　作图步骤：

　　（1）首先顺次将屋檐边线编号为1、2、3、4、5、6、7、8；

　　（2）作出相交的屋檐的角平分线编号为：18、12、23、34、45、56、67、78；

　　（3）从一个端部开始作水平面的投影，延长18、12相交并引出屋脊28，为两平行的屋檐2和8所在的屋顶相交的平脊，以此类推28与78相交引出屋脊27（延长屋檐2和7相交，并作出角平分线所示），27与23相交引出屋脊37，37与67相交引出屋脊36（屋檐3和延长屋檐6后相交，并作出角平分线），36与34相交引出屋脊46，最后46与45、56相交；

　　（4）根据*H*面屋面的划分和屋面坡度30°完成屋面的*V*面投影。

　　首先从垂直于*V*面的屋面着手，因为它们的积聚投影能反映屋面的倾角。再画出与相邻的屋面上屋脊的投影。采用同样方法依次作出所有屋脊的投影即可，其中存在部分斜脊*V*面投影不可见，用虚线表达。

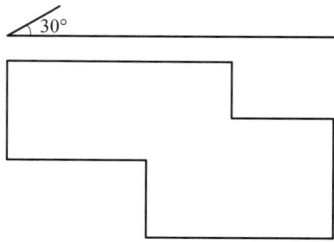

（a）已知条件

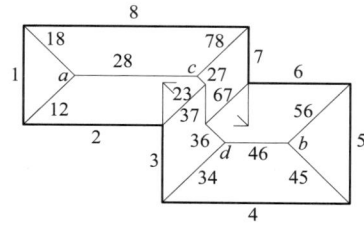

（b）作图过程

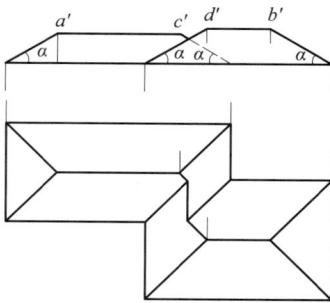

（c）作图结果

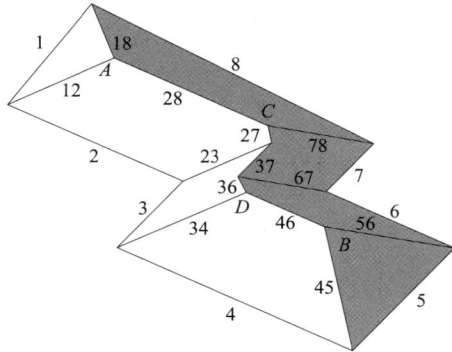

（d）立体图

图3-16　作同坡屋面投影

第四章

曲线、曲面和曲面立体

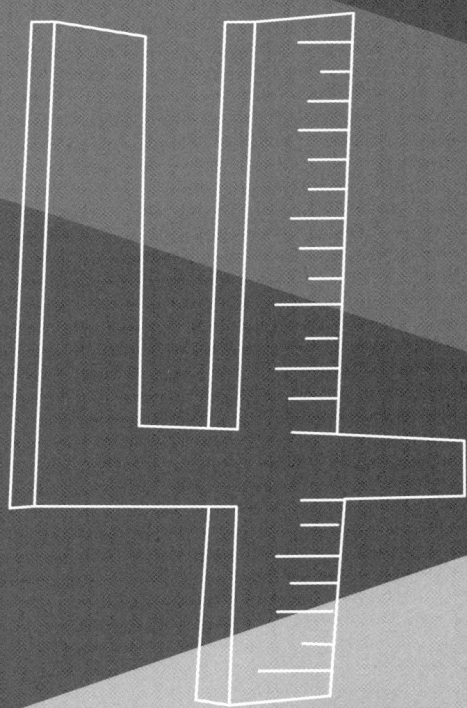

第一节　曲线与曲面

一、曲线的形成和分类

曲线可以认为是空间中一点连续运动后所形成的轨迹。按运动后的点是否在一个平面内，可将曲线分为平面曲线和空间曲线：

（1）平面曲线：曲线上所有点均在一个平面内，如圆、椭圆、抛物线等。

（2）空间曲线：曲线上所有点不全在一个平面内，如螺旋曲线等。

二、常见曲线及其投影

在平时学习和工程实践中有很多曲线造型，由于计算机软件的发展，很多复杂的曲线已由计算机来绘制，在此只介绍常见的曲线投影特性。

曲线的投影实际上是曲线上一系列点的投影的集合。如图4-1（a）所示，作一个曲线的投影，只要作出曲线上一系列点的投影，再顺次将它们连接起来即可，曲线上点的投影必在该曲线的投影上。

一般来说，曲线的投影仍为曲线，但当平面曲线所在的平面垂直于某投影面时，投影积聚为一直线，如图4-1（b）所示；当平面曲线所在的平面平行于某投影面时，投影反映曲线的实形，如图4-1（c）所示。

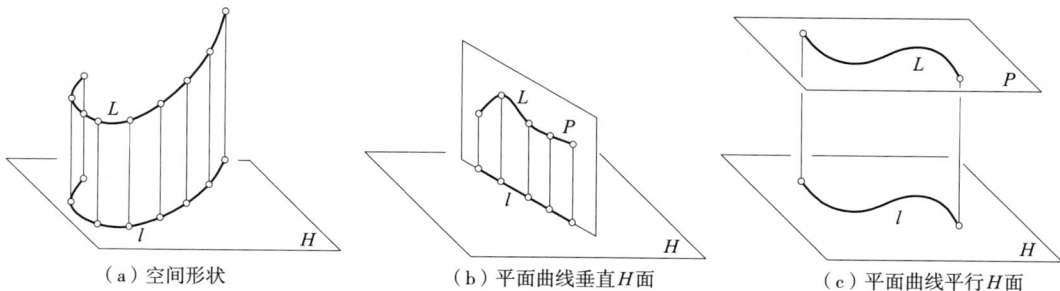

（a）空间形状　　（b）平面曲线垂直H面　　（c）平面曲线平行H面

图4-1　曲线及其投影

1. 圆的投影

圆是平面曲线中最常见的，投影特性如下：

（1）当圆所在的平面平行某投影面时，则在该投影面上的投影反映实形，在另外两个投影面上的投影积聚为共同垂直相应投影轴的直线，直线长度为圆的直径；

（2）当圆所在的平面垂直某投影面时，则在该投影面上的投影积聚为一直线，长度为圆的直径，在另外两个投影面上的投影为椭圆，椭圆长轴长度为圆的直径；

（3）当圆所在的平面为一般位置时，则在三个投影面上的投影均为椭圆。

如图4-2所示，圆K平行于H面，在H面上的投影反映实形，在V面和W面上的投影积聚为垂直于Z轴的直线，直线长度为圆的直径。

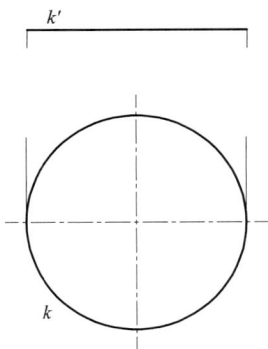

图4-2　圆周平行H面投影图

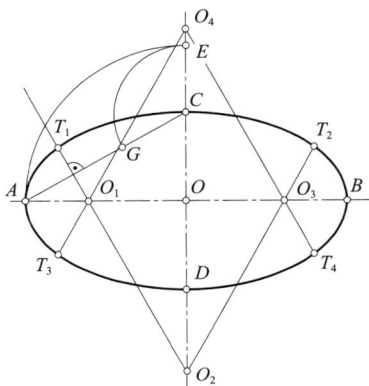

图4-3　四圆弧近似法作椭圆

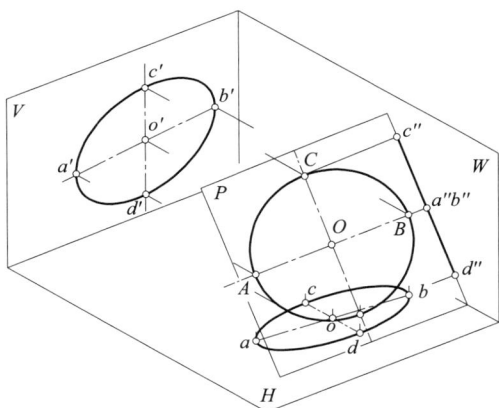

（a）空间状况

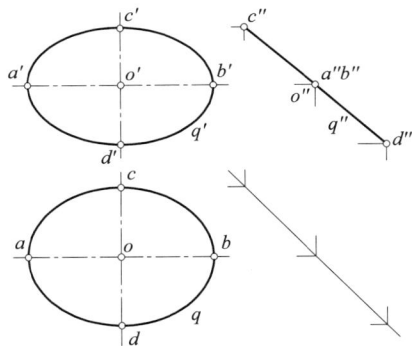

（b）投影图

图4-4　圆周平行于W面投影椭圆

如图4-4所示，圆Q垂直于W面，在W面上的投影积聚为一直线，在H面、V面上的投影均为一椭圆，圆心为椭圆心，圆的平行于OX轴的直径AB为椭圆的长轴，与该直径垂直的直径CD为椭圆的短轴。具体作法为四圆弧近似法。

在此讲述四圆弧近似法作椭圆（证明过程省略）。如图4-3所示，已知一椭圆长轴AB和短轴CD。

作图步骤：

（1）在CD的延长线上取$OE=OA$；

（2）连接A、C，并在其上取$CG=CE$；

（3）作AG的中垂线，交长轴AB于O_1和短轴CD延长线于O_2，并在长轴AB上取$OO_3=OO_1$，在短轴CD上取$OO_4=OO_2$；

（4）分别以O_1为圆心，以O_1A为半径画圆弧；以O_2为圆心，以O_2C为半径画圆弧；以O_3为圆心，以O_3B为半径画圆弧；以O_4为圆心，以O_4D为半径画圆弧。各段圆弧相切于圆心连线O_1O_2、O_3O_2、O_1O_4、O_3O_4，上的T_1、T_2、T_3、T_4四个点。四段圆弧可以组成一个近似椭圆。

2. 椭圆的投影

椭圆的投影特性如下：

（1）当椭圆所在的平面平行某投影面时，则在该投影面上的投影反映实形，在另外两个投影面上的投影积聚为共同垂直相应投影轴的直线；

（2）当椭圆所在的平面垂直某投影面时，则在该投影面上的投影积聚为一条直线，在另外两个投影面上的投影仍为椭圆；

（3）当椭圆所在的平面为一般位置时，则在三个投影面上的投影均为椭圆。

三、曲面的形成及分类

曲面可以设为线运动后形成的轨迹，运动的线称为母线，母线在运动过程中的任一位置称为素线，如图4-5（a）所示，K称为母线，L_1、L_2、L_3称为素线。曲面的分类方法有很多种，在此只介绍两种常用的分类方法。

按照曲面形成是否有规律可分为规则曲面与不规则曲面两种。

（1）规则曲面：母线按照一定规律运动后形成的曲面，如圆柱面、圆锥面、球面。如图4-5（b）所示为一直线绕与其平行的轴线旋转后形成的圆柱，该直线称为母线，母线绕轴旋转时，母线的每一个位置都称为素线，母线上任意一点旋转形成的圆周称为纬圆。如图4-5（c）所示为一直线绕与其相交的轴线旋转后形成的圆锥，该直线称为母线，素线、纬圆的概念同圆柱；

（2）不规则曲面：母线任意运动后形成的曲面。

按照曲线的形状可分为直线面和曲线面。

（1）直线面：母线为直线运动后所形成的曲面，如圆柱面、圆锥面；

（2）曲线面：母线为曲线运动后所形成的曲面，如圆球面。

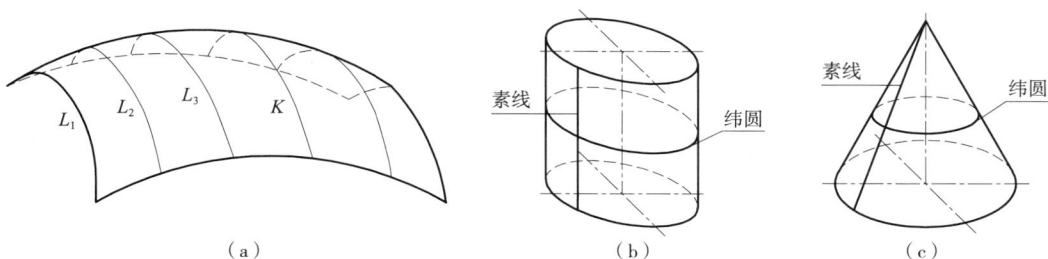

（a）　　　　　　　　　　　　（b）　　　　　　　　（c）

图4-5　曲面的形成

第二节　曲面立体

立体表面部分或全部由曲面组成的立体，称为曲面立体。曲面立体的投影实际上是由组成它表面的曲面和平面的投影组合而成的。

曲面立体的造型丰富多变，在此仅介绍一些常用的曲面立体。

一、正圆柱

1. 基本概念

圆柱由圆柱面和上、下底圆组成，圆柱面与顶、底圆为垂直关系时，称为正圆柱。圆柱面和上、下底圆为非垂直关系时，称为斜圆柱。

如图4-6所示，正圆柱旋转轴垂直于H面，顶、底圆均为水平面，在H面上的投影反映实形，V、W面上的投影积聚为一条直线。圆柱面为铅垂面，在H面上的投影积聚为一圆周，在V、W面上的投影则为一长方形，长方形一边为圆柱高，另一边等于底圆直径。

对H面投影来说，顶圆投影可见，底圆不可见；对V面投影来说，前半个圆柱面可见，而后半个圆柱面重影不可见，可见与不可见的分界线为最左、右两条素线；对W面投影来说，左半个圆柱面可见，而右半个圆柱面重影不可见，可见与不可见的分界线为最前、后两条素线。

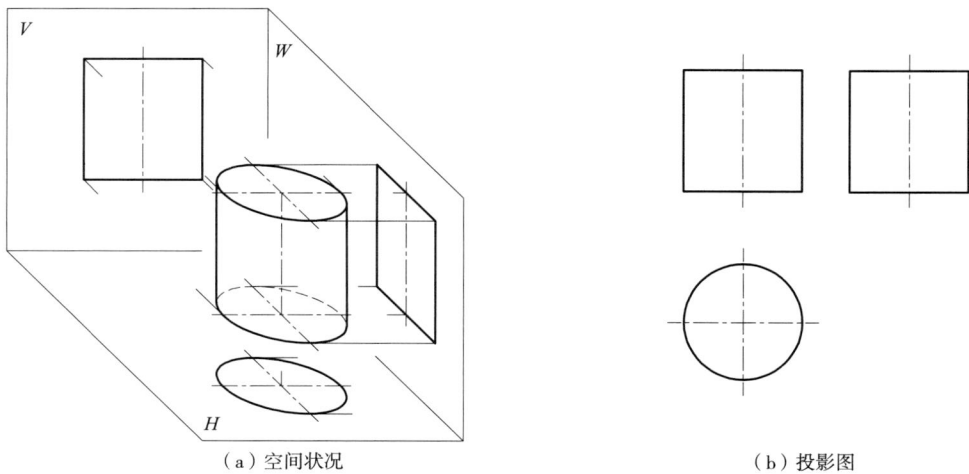

（a）空间状况　　　　　　　　　　　　　　（b）投影图

图4-6　正圆柱的投影

2. 圆柱面上的点

在圆柱面上确定一个点的位置，常用圆柱面的积聚投影来完成。

例4-1　如图4-7所示，已知正圆柱面上 A 点和 B 点的 V 面投影 a' 和 b'，补齐三面投影。

作图步骤：

（1）A 点 V 面的投影不可见，故位于圆柱的后半部分，过 a' 向下作连系线交圆柱面的 H 面积聚投影的后半部分于 a，再由 a、a' 来确定 a''，a'' 位于圆柱的左半面上，故可见。

（2）B 点 V 面的投影可见，故位于圆柱的前半部分，过 b' 向下作连系线交圆柱面的 H 面积聚投影的前半部分于 b，再由 b、b' 来确定 b''，b'' 位于圆柱的右半面上，故不可见。

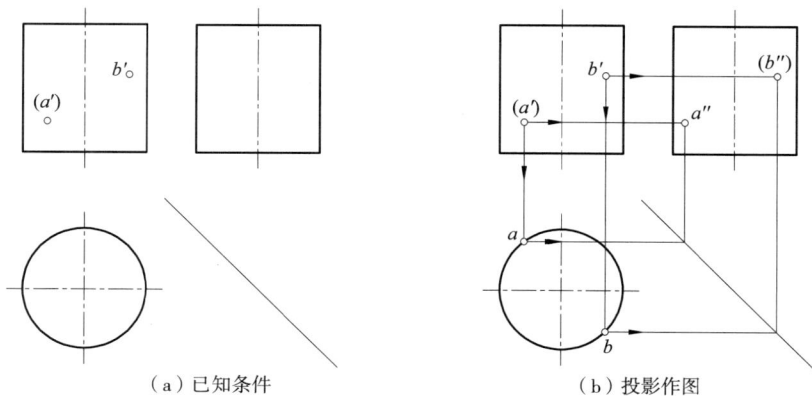

（a）已知条件　　　　　　　　　　　　　　（b）投影作图

图4-7　圆柱面上定点

例4-2　如图4-8所示，作直线 AB 与正圆柱的交点。

分析：一条直线与圆柱相交就相当于直线与圆柱的表面形成两个交点，那么对于正圆柱来说，可以利用投影的积聚性来完成。直线 AB 与圆柱的圆周面相交，圆周面为铅垂面，通过直线与圆周面 H 面投影的两个交点向上作连系线，即可得出这两个交点的 V 面投影。

作图步骤：

（1）圆柱的 H 面投影与 ab 交于 c、d，即为交点的 H 面投影；

（2）分别过 c、d 向上作连系线，交 $a'b'$ 于 c'、d'，即为交点的 V 面投影；

（3）利用点的投影规律，作出 c''、d''。

（4）可见性的判定：直线在圆柱内的部分不用表达，对于直线在圆柱外的部分可以通过圆周面可见性判定。C 点交于圆柱左前半部分，D 点交于圆柱右后半部分。对于 V 面投影来说，c' 可见，故 c' 左边的直线均可见，d' 不可见，故 d' 到右边圆柱轮廓线为不可见，用虚线表达，轮廓线外部分均可见。对于 W 面投影来说，d'' 不可见，故 d'' 到左边轮廓线为不可见，用虚线表达，轮廓线外部分均可见，c'' 可见，故 c'' 右边的直线均可见。

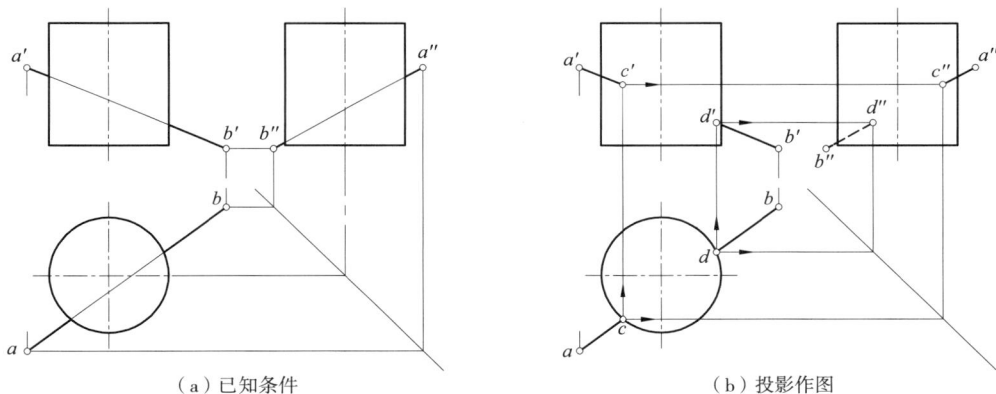

（a）已知条件　　　　　　　　　　（b）投影作图

图4-8　直线与圆柱的贯穿点

3. 圆柱与平面相交

正圆柱与不同位置的平面相交后将形成圆、矩形、椭圆等不同的截交线。

例4-3　如图4-9所示，作正圆柱与正垂面 P 的截交线。

分析：由于平面 P 为正垂面，其在 V 面上的投影积聚为一条直线，正圆柱 H 面的投影也有积聚性，可利用这些特性来作图。对于本题来说，由于截交线的 H、V 面投影均有积聚性，所以主要作截交线的 W 面投影。

作图步骤：

（1）首先作出特殊位置点的投影，截交线最左点 Ⅰ 位于圆柱最左的素线上，过 $1'$ 向右作连系线，交中线于 $1''$。同理，再作出截交线最右、前、后的点 $2''$、$3''$、$4''$；

以下分素线法和纬圆法解题（素线是圆柱面上平行于旋转轴的直线，纬圆是圆柱面上平行于顶圆的圆环）。

方法一：素线法（图4-9），在V面投影上，过截交点5′作素线E，过5′向下作连系线，交底圆H面投影于5，通过点的投影规律作出5″。同理，再过截交点6′、7′、8′取素线F、G、K，并确定6″、7″、8″；

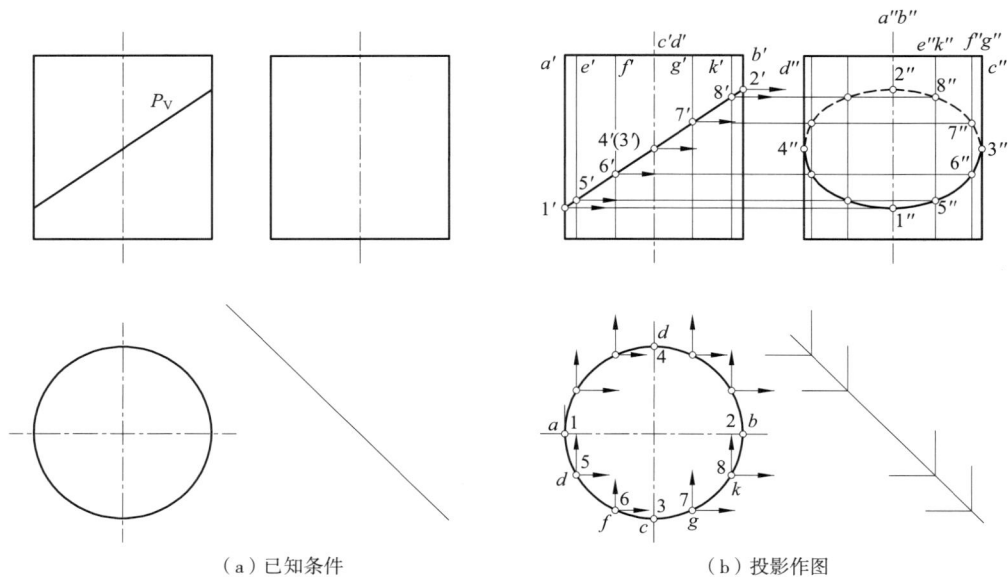

（a）已知条件　　　　　　　（b）投影作图

图4-9　平面与圆柱的截交线（素线法）

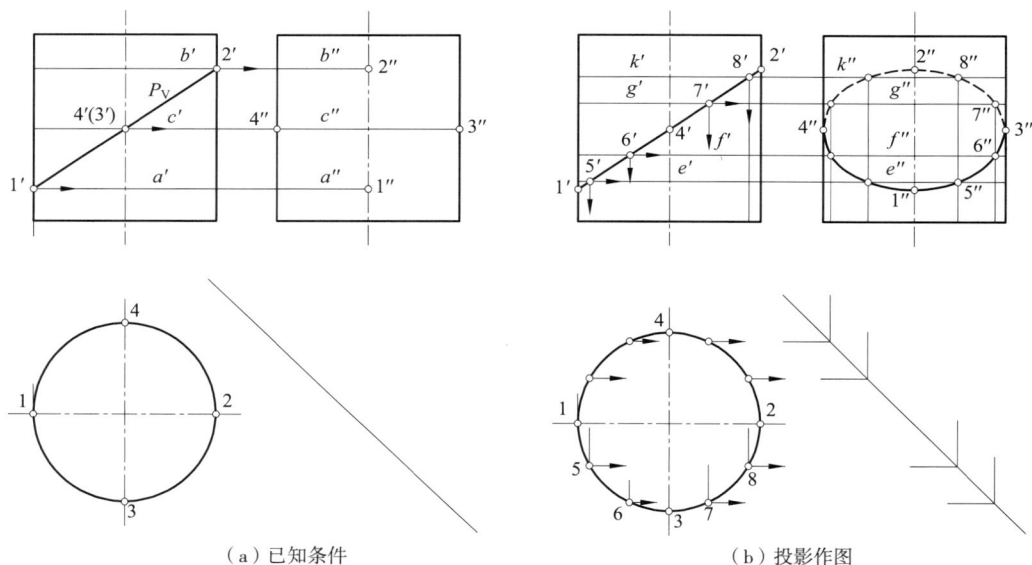

（a）已知条件　　　　　　　（b）投影作图

图4-10　平面与圆柱的截交线（纬圆法）

方法二：纬圆法（图4-10），在V面投影上，过截交点5′作纬圆E，过5′向下作连系线，交底圆的H面投影于5，通过点的投影规律作出5″。同理，再过截交点6′、7′、8′取纬

圆 E、F、G，并确定 $6''$、$7''$、$8''$。

（2）顺次连接各点，并判定可见性，对于 H、V 面的投影来说均因为投影积聚而无须判断。对于 W 面来说，位于右半圆柱面上部分截交线不可见，用虚线表示，位于左半圆柱面上的部分可见，用实线表示，可见与不可见的分界点是 $3''$、$4''$。

4. 圆柱与圆柱相交

两曲面立体的曲面部分的相贯线，一般情况下为空间曲线，特殊情况则是平面曲线或直线；若两曲面立体平面部分相交，则相贯线为直线。

例4-4　如图4-11所示，作两正圆柱 E、F 的相贯线。

分析：该两圆柱轴线均为铅垂线，那么两圆柱的圆柱面为铅垂面，所以它们相交的两条相贯线 AB 和 CD 也为铅垂线。

作图步骤：

（1）由于相贯线 AB 和 CD 为铅垂线，那么它们的 H 面投影各积聚为一点，于是两圆柱的 H 面投影交于两点 a（b）、c（d），就是交线 H 面的积聚投影；

（2）过 a（b）、c（d）向上作连系线交圆柱 E 的 V 面投影的顶、底圆于 a'、b'、c'、d'。其中 $a'b'$ 位于圆柱前半部分可见，$c'd'$ 位于圆柱后半部分不可见；

（3）对于圆柱 E 的顶圆与圆柱 F 的圆柱面相交于圆弧 K，未单独显示出来，不用表达。

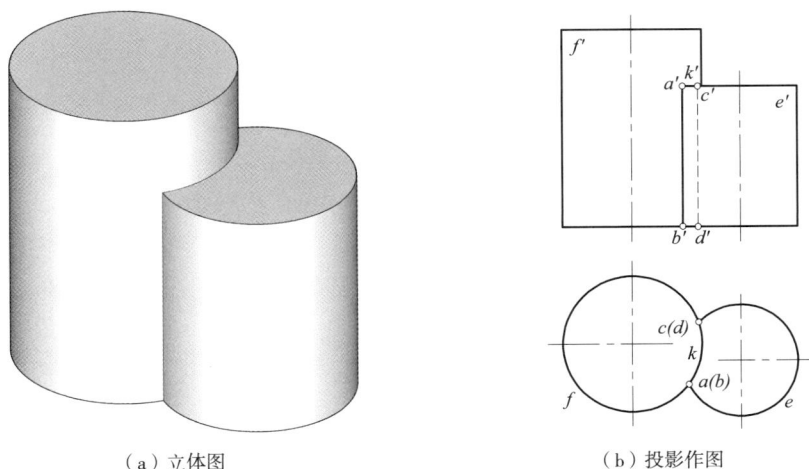

（a）立体图　　　　　　　　（b）投影作图

图4-11　两正圆柱相贯

例4-5　如图4-12所示，作一水平正圆柱 E 和垂直正圆柱 F 的相贯线。

分析：正圆柱 E 轴线垂直于 W 面，正圆柱 F 轴线垂直于 H 面，故相贯线在 H、W 面上均与圆柱面积聚投影相重合，无须作出，所以相贯线只在 V 面的投影上表现出来。

作图步骤：

（1）由于该两圆柱是中轴对称相交，故交线在此只作1/4，其余对称部分作法相同。在圆柱F上取素线L，与圆柱E相交于点Ⅰ、Ⅱ，通过1（2）和1″、2″，可以得出1′、2′；

（2）通过圆柱E的最前素线交圆柱F于Ⅴ，通过5向上作连系线得到V面投影5′；

（3）同理，通过圆柱F的最左素线交圆柱E于Ⅲ、Ⅳ，它们的投影3′、4″可直接作出；

（4）将以上几点的V面投影用光滑的曲线顺次连接3′、1′、5′、2′、4′，其余对称部分同理作出即可。

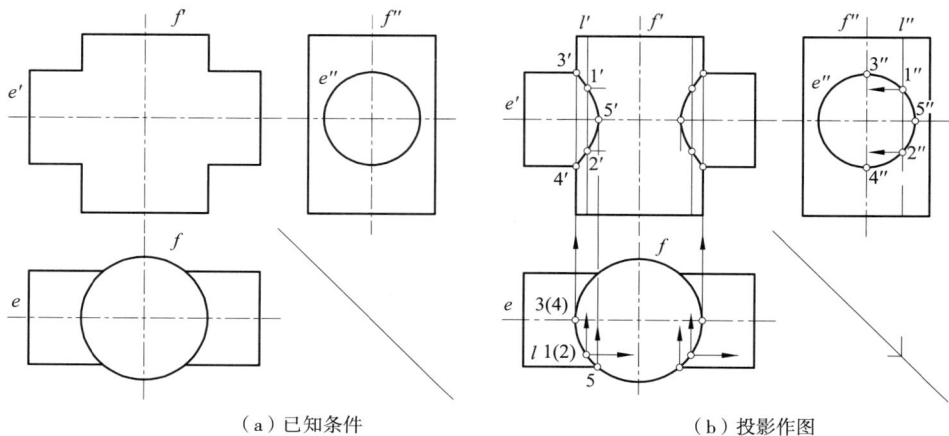

（a）已知条件　　　　　　　　　　　　　（b）投影作图

图4-12　两圆柱的相贯线

二、正圆锥

1. 基本概念

圆锥是两相交直线，以其中一条为母线绕另一条旋转一周后所形成的曲面，加上底圆共同组成圆锥体，如图4-13所示。圆锥轴与底圆相垂直的圆锥称为正圆锥，当正圆锥轴垂直于H面时，其H面的投影为一圆，大小与底圆相等，圆心为圆锥顶点的H面投影。V、W面投影均为一相同的等腰三角形，高等于圆锥高，底等于圆锥底圆直径。

对于其可见性而言，H面投影为圆锥面和底圆的重影，圆锥面在上可见，底圆在下不可见；V面投影是前半个圆锥面和后半个圆锥面的重影，前半部分可见，后半部分不可见，底圆积聚为一直线，可见与不可见的分界线为最左、右两条素线SA、SB；W面投影是左半个圆锥面和右半个圆锥面重影，左半部分可见，右半部分不可见，底圆积聚为一条直线，可见与不可见的分界线为最前、后两条素线SC、SD。

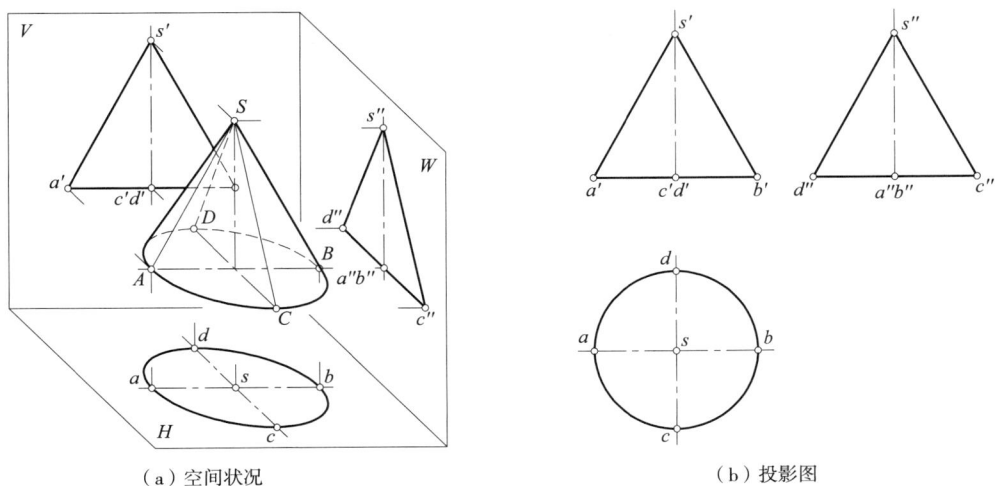

（a）空间状况

（b）投影图

图4-13　正圆锥的投影

2. 圆锥面上的点

如图4-14所示，圆锥面上的M点可采用素线法或纬圆法确定它的位置。可过M点取一素线（纬圆），再确定素线（纬圆）的位置，最后在素线（纬圆）上确定M点的位置。

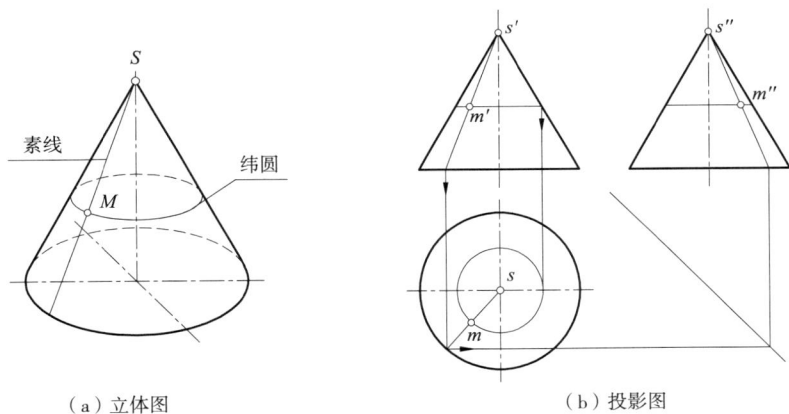

（a）立体图

（b）投影图

图4-14　正圆锥上定点

例4-6　如图4-15所示，作正垂线L与正圆锥的交点。

分析：直线L为正垂线，在V面上的投影积聚为一点，故交点的V面投影无须作出，只需作出交点的H面投影。

作图步骤：

方法一：纬圆法，过L作一纬圆P，过l'作一水平线交边线于c'，过c'向下作连系线交圆锥对称轴于c，以s为圆心，sc为半径作一圆，为过L的纬圆的H面投影p，p与l交于l_1、l_2，点L_1、L_2就是线L与正圆锥的交点。

方法二：素线法，过L和锥顶S作两条素线SB_1、SB_2，将l'与s'相连与底边交于b_1'（b_2'），过b_1'、b_2'向下作连系线交底圆的H面投影于b_1、b_2，连接sb_1、sb_2，交l于l_1、l_2，点L_1、L_2就是线L与正圆锥的交点。

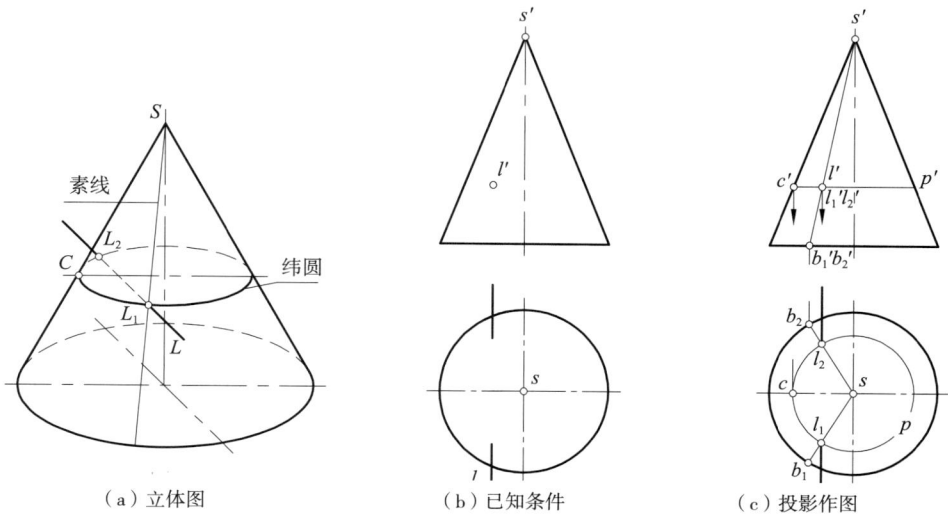

（a）立体图　　　　　（b）已知条件　　　　　（c）投影作图

图4-15　正圆锥与正垂线的贯穿点的求作

例4-7　如图4-16所示，作一般位置直线AB与正圆锥的交点。

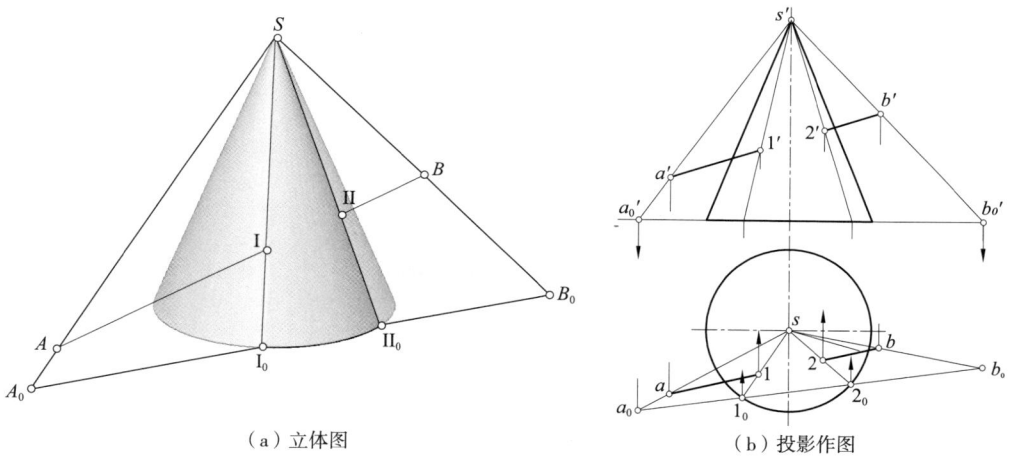

（a）立体图　　　　　　　（b）投影作图

图4-16　正圆锥与一般位置直线的贯穿点的求作

分析：过锥顶S和直线AB作一辅助平面，通过辅助平面与圆锥交于两条素线来作出与直线AB的交点，即为直线与圆锥的交点。

作图步骤：

（1）过锥顶S和直线AB作辅助平面SA_0B_0。连接$s'a'$、$s'b'$交圆锥底面于a_0'、b_0'，连接

sa、sb，过 a_0'、b_0' 向下作连系线交 sa、sb 于 a_0、b_0，连接 a_0、b_0，为辅助平面与圆锥底面的交线的 H 面投影，并交底圆于 1_0、2_0，连接 $s1_0$、$s2_0$ 交 ab 于 1、2，过 1、2 向上作连系线交 $a'b'$ 于 $1'$、$2'$，点 Ⅰ、Ⅱ 就是线 L 与正圆锥的交点；

（2）直线 AB 位于圆锥前半部，所以除了交点 Ⅰ、Ⅱ 之间的不需表达外，其余部分的投影均可见。

3. 圆锥与平面相交

圆锥与不同位置平面相交可形成圆周、椭圆、抛物线、双曲线、直线等不同形状的截交线。

例4-8　如图4-17所示，作正圆锥与正垂面 P 的截交线。

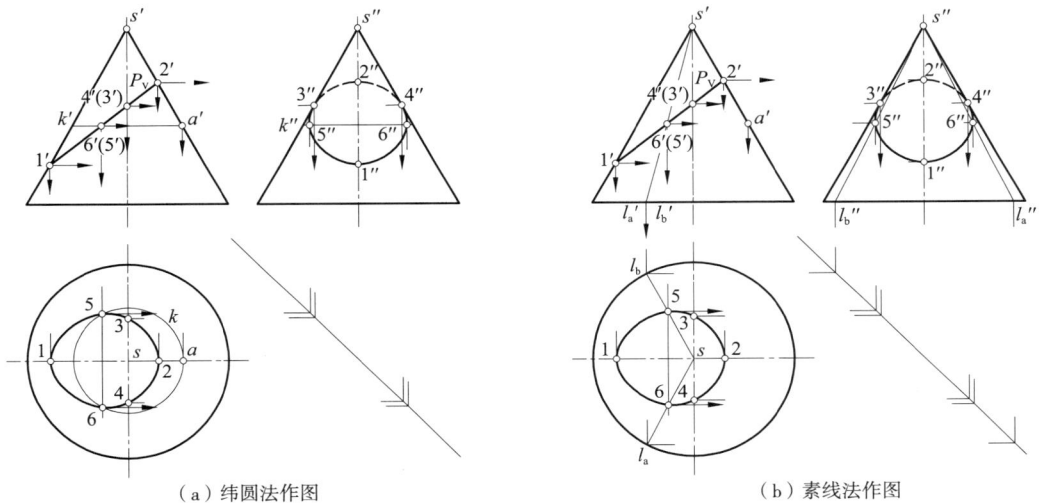

（a）纬圆法作图　　　　　　　　　　　（b）素线法作图

图4-17　正圆锥与正垂面的交线

分析：圆锥与平面的相交线为一椭圆，可用素线法或纬圆法来完成截交线的投影，由于平面 P 为正垂面，在 V 面的投影有积聚性，无须作出。

作图步骤：

（1）过 P_V 与圆锥最左、右两条素线交点 $1'$、$2'$ 向下作连系线，交素线 H 面投影于 1、2，根据点的投影规律作出 $1''$、$2''$；

（2）过 P_V 与圆锥最前、后两条素线交点 $4'$、$3'$ 向右作连系线，交素线 W 面投影于 $4''$、$3''$，再根据点的投影规律作出 4、3；

用纬圆法作中间点的投影，如图4-17（a）所示：

（3a）过中间点 $6'$（$5'$）作纬圆 K 交圆锥的轮廓线于 a'，作出该纬圆的 H 面投影 k，再在 k 上作出 6、5，根据点的投影规律作出 $6''$、$5''$；

用素线法作出中间点的投影，如图4-17（b）所示：

（3b）过锥顶 s' 作素线 l'_a（l'_b），交 P_V 于 $6'$（$5'$），在 H 面上定出 l_a、l_b，再在 l_a、l_b 上作出 6、5，根据点的投影规律作出 $6''$、$5''$；

（4）用光滑曲线顺次连接点 1、5、3、2、4、6、1 和 $1''$、$5''$、$3''$、$2''$、$4''$、$6''$、$1''$ 就是圆锥与平面 P 的截交线的 H、W 面投影。判定可见性，交线 H 面的投影均可见，W 面的投影位于左半圆锥面可见，位于右半个圆锥面不可见，可见与不可见的分界点是 $3''$、$4''$。

第三节　平面立体与曲面立体、曲面立体与曲面立体相交

平面立体与曲面立体、曲面立体与曲面立体相交的相贯线主要是利用相关立体的特殊位置平面的积聚性来作出。对于无特殊位置的则需利用辅助平面来求作。

平面立体与曲面立体相贯线一般情况下是由一些平面曲线或直线组成。它们是平面立体棱面与曲面立体的相贯线，相贯线的折点则为平面立体棱线与曲面立体的交点，所以求平面立体与曲面立体相贯线，可通过作平面立体棱面与曲面立体的交线或平面立体棱线与曲面立体的交点的方法。

例4-9　如图4-18所示，作正圆锥与正三棱柱的相贯线。

分析：由于正三棱柱从正圆锥内部贯通过去，且正三棱柱与正圆锥本身形状和位置是对称的，所以形成两段前后、左右对称的相贯线。由于正三棱柱的三个侧面均垂直于 V 面，在 V 面上的投影积聚无须作出。

作图步骤：

方法一：纬圆法，如图4-18（a）所示。

（1）通过 V 面投影上三棱柱的两顶点 a'_1、a'_2 作纬圆 P，作出纬圆 P 的 H 面投影 p，再在 p 上作出 a_1、a_2，最后利用点的投影规律作出 a''_1（a''_2）；

（2）用同样方法过中间点作一纬圆 Q，纬圆与三棱柱的交点 b'_1、b'_2，作出这个纬圆的 H 面投影 q，再在 q 上作出 b_1、b_2，同样利用点的投影规律作出 b''_1（b''_2）；

（3）C 点为三棱柱侧棱与圆锥最前素线的交点，可以利用它们的投影特性分别作出 c、c' 和 c''；

（4）用光滑曲线顺次连接 a_1、b_1、c、b_2、a_2、a_1，其中 a_1、a_2 是纬圆 P 上的一段圆弧，其中 $a_1b_1cb_2a_2$ 不可见，用虚线表达。再用光滑曲线顺次连接 a''_1、b''_1、c''、b''_2、a''_2、a''_1，交线前、后对称，可将其余部分用同样方法作出。

方法二：素线法，如图4-18（b）所示。

（1）通过V面投影上三棱柱的轮廓线的两个顶点a_1'、a_2'分别作素线P_1、P_2，作出两素线的H面投影p_1、p_2，再在p_1、p_2上作出a_1、a_2，再利用点的投影规律作出a_1''（a_2''）；

（2）用同样方法过中间点作一素线Q_1、Q_2，素线与三棱柱的交点b_1'、b_2'，作出这个素线的H面投影q_1、q_2，再在q_1、q_2上作出b_1、b_2，同样利用点的投影规律作出b_1''（b_2''）；

（3）C点做法同上，连接方法同上。

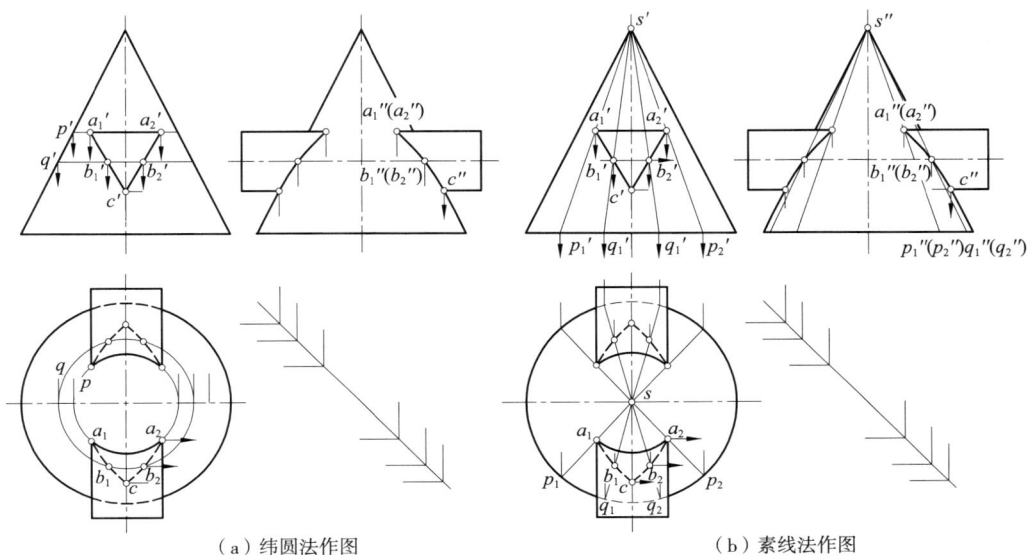

（a）纬圆法作图　　　　　　　　（b）素线法作图

图4-18　圆锥与三棱柱相贯线

例4-10　如图4-19所示，作正圆锥与正圆柱的相贯线。

分析：由于圆柱从圆锥内部贯通过去，且圆锥与圆柱本身的形状和位置是对称的，所以形成两段前后、左右对称的相贯线。由于圆柱的圆柱面垂直于W面，在W面上的投影积聚无须作出。

作图步骤：

（1）通过V面投影上圆柱最上、最下两条素线和圆锥的最左、最右两条素线的四个交点a_1'、a_2'、a_3'、a_4'，利用点的投影规律可直接确定它们的H面投影投影a_1、a_2、a_3、a_4；

（2）通过相贯线的W面的积聚投影，利用素线法来完成中间点的投影，过s''作素线$s''l_1''$，交圆柱的积聚投影于b_1''、b_2''，定出素线SL_1的H、V面投影sl_1、sl_1'，再在sl_1、sl_1'上作出b_1、b_2，b_1'、b_2'；

（3）用同样方法作素线$s''l_2''$，交圆柱积聚投影于c_1''、c_2''，定出素线SL_2的H、V面投影sl_2、sl_2'，再在sl_2、sl_2'上作出c_1、c_2、c_1'、c_2'；

（4）最后作与圆柱相切素线$s''l_3''$，切点为d''，定出素线SL_3的H、V面投影sl_3、sl_3'，再在sl_3、sl_3'上作出d、d'；

（5）用光滑曲线顺次连接a_1、b_1、c_1、d、c_2、b_2、a_2和a_1'、b_1'、c_1'、d'、c_2'、b_2'、a_2'，交线前、后、左、右对称，可将其余部分同样作出。其中在H面上以c_2、c_4为界下半部分不可见用虚线表达，在V面上前后对称重影。

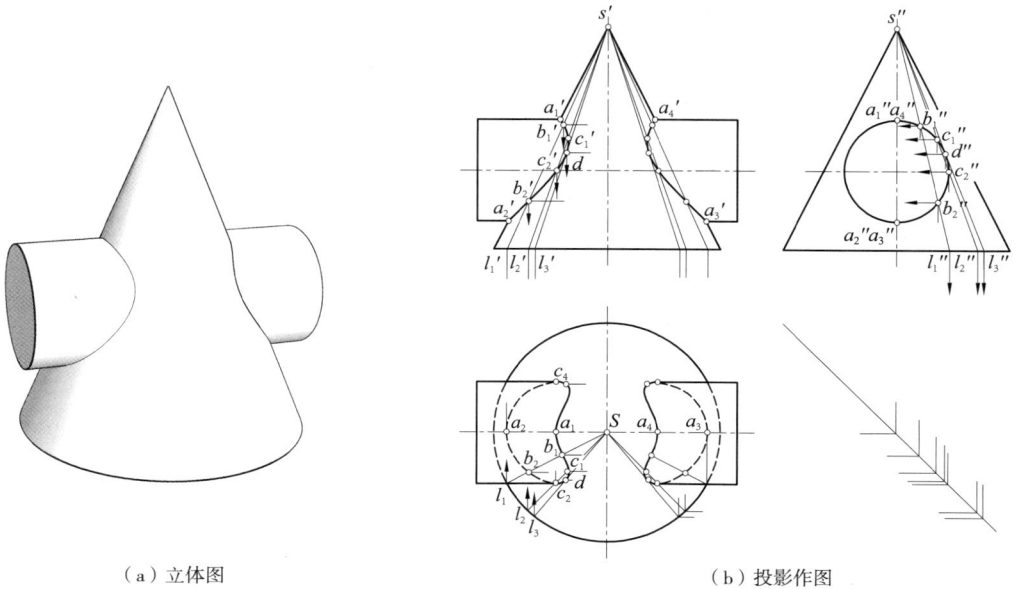

（a）立体图　　　　　　　　　　　　　　（b）投影作图

图4-19　圆锥与圆柱相贯线

第五章

轴测投影

正投影图能够准确、完整地表示空间物体的形状和大小，但正投影图立体感较差，要有一定的投影知识才能理解，不方便交流。轴测投影图具有立体感强、形象、直观、绘制简单等特点，但它不能直接地反映物体的真实形状和大小，所以一般是作为一种辅助工程图样表达物体的三维形象，如图5-1所示。

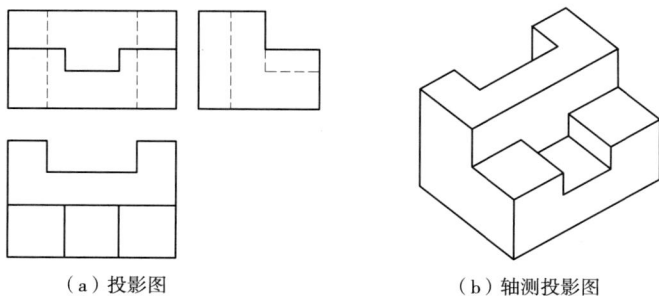

（a）投影图　　　　　　　　　　（b）轴测投影图

图5-1　轴测投影图与投影图的关系

第一节　轴测投影基本知识

一、轴测投影图的形成

轴测投影属于平行投影，当投射线与投影面垂直时为正轴测投影，当投射线与投影面倾斜时为斜轴测投影。

如图5-2所示，取立方体一个角点为坐标原点O，沿立方体的长、宽、高三个方向，分别引出三条轴，依次为OX、OY、OZ，作为空间的直角坐标轴，三轴之间的夹角为轴间角，物体在坐标轴上的长度与实际长度之间的比值称为变形系数。但在实际作图中为了方便作图，取一些简化系数（轴间角和变形系数的取值证明较复杂，此处不再论述）。

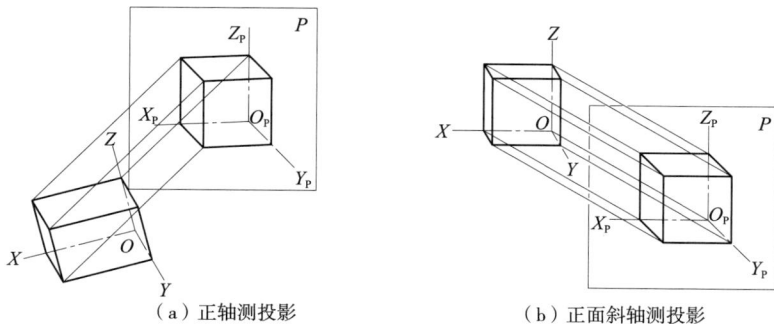

（a）正轴测投影　　　　　　　　　（b）正面斜轴测投影

图5-2　轴测投影的形成

二、轴测投影特性及分类

1. 轴测投影的特性

轴测投影属于平行投影，故其具有下列特性：

（1）空间互相平行的直线，它们的轴测投影仍互相平行；

（2）空间互相平行的直线长度之比，等于它们的轴测投影的长度之比。

2. 轴测投影的分类

根据轴测轴方向和变形系数的不同，对轴测投影进行了一系列分类：

（1）按照投影线对投影平面是否垂直分为正轴测投影和斜轴测投影。

正轴测投影——投影方向垂直于投影面。

斜轴测投影——投影方向倾斜于投影面。

（2）按照轴测轴的变形系数是否相同分为三等轴测投影、二等轴测投影和不等轴测投影。

三等轴测投影——三个投影轴变形系数相同。

二等轴测投影——任意两个投影轴变形系数相同。

不等轴测投影——三个投影轴变形系数均不相同。

在轴测投影中，根据轴测投影面平行于正立坐标面 OXZ 面（V 面）或水平坐标面 OXY（H 面），在其名称前加上"正面"或"水平"两字。

三、常用的几种轴测投影

虽然轴测投影轴间的角度可以任意变化，但为了作图规范和方便，取一些特殊的角度进行限定，如 $45°$、$90°$、$120°$ 等。根据轴测投影轴之间的角度和相应的变形系数，工程设计上常用的包括正等轴测、正二等轴测、正面斜等轴测、正面斜二等轴测、水平斜轴测等，在此对最常用的三种轴测投影进行介绍，如表 5-1 所示。

表 5-1　常用轴测投影

种类	轴间角和轴向变形系数	轴测轴定法	例：正方体
正等轴测投影			

种类	轴间角和轴向变形系数	轴测轴定法	例：正方体
正面斜二等轴测投影	Z_P 90° 1 135° 1 X_P O_P 135° Y_P 0.5	Z_P 90° 90° X_P O_P 45° Y_P	1 0.5
水平等轴测投影	Z_P 120° 1 150° 1 O_P X_P 90° Y_P 1	Z_P O_P 30° 60° X_P 90° Y_P	1 1

四、点的轴测做法

如图5-3所示，已知 A 点的投影，求作该点的正等轴测投影。首先明确正等轴测轴间角和变形系数，再确定原点位置 O_P、Y_P、Z_P 轴的方向。正等轴测投影三轴间夹角均为120°，Z_P 轴垂直向上，三轴变形系数为1。根据 A 点的坐标（x_a、y_a、z_a），从原点开始，先从 X_P 轴上量取 $O_P a_{xp}=x_a$，再过 a_{xp} 作 Y_P 轴平行线并量取 $a_{xp}a_P=y_a$。最后过 a_P 作 Z_P 轴平行线并量取 $a_P A_P=z_a$，A_P 就是 A 点的正等轴测投影。

显然，作 A 点的轴测投影步骤顺序不同，但都可以得到相同结果。

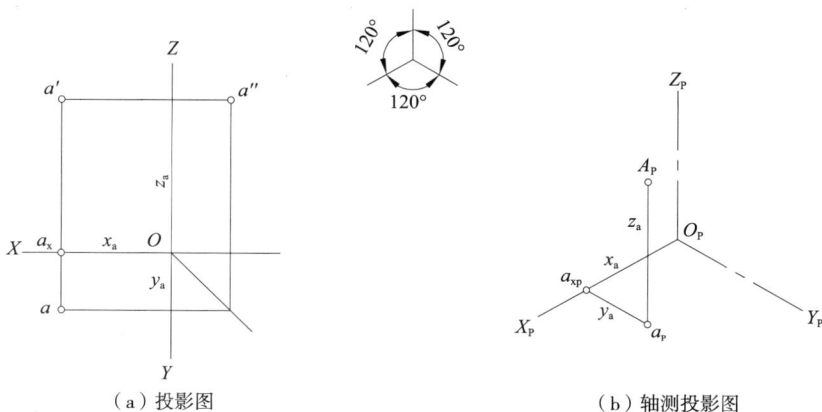

（a）投影图   （b）轴测投影图

图5-3　点的轴测投影

第二节　平面立体的轴测投影

根据物体的特点和轴测投影类型的不同，常用绘制轴测投影方法包括坐标法、叠加法、平面法、增减法四种。

1. 坐标法

坐标法绘制是根据立体上顶点沿轴向距离，作出各点、线的轴测图，并依次连接得到物体的轴测图。

例5-1　如图5-4所示，已知四棱台投影，作出它的正等轴测投影。

作图步骤：

（1）首先在轴测投影上确定原点及坐标轴的方向。正等轴侧投影三轴间的夹角均为120°，Z_P 轴垂直向上，三轴变形系数均为1；

（2）根据棱台底面长度 x_1、宽度 y_1，在轴测图上沿 X_P、Y_P 轴依次量取 x_1、y_1 得到 D_1、B_1，并过 D_1、B_1 分别作 OX_P、OY_P 的平行线交于 A_1，得到平面 $A_1B_1C_1D_1$；

（3）过底面4个顶点依次向上作平行于 Z_P 轴直线，并取高度为 Z，顺次连接各升高后的顶点；

（4）在升高后的平面上沿平行于 X_P 轴的边量取 x_2、x_3，沿平行于 Y_P 轴的边量取 y_2、y_3，并引相应的平行线得到四个交点；

（5）顺次连接棱台顶面和底面对应顶点，只需连接可见部分并加粗即可。

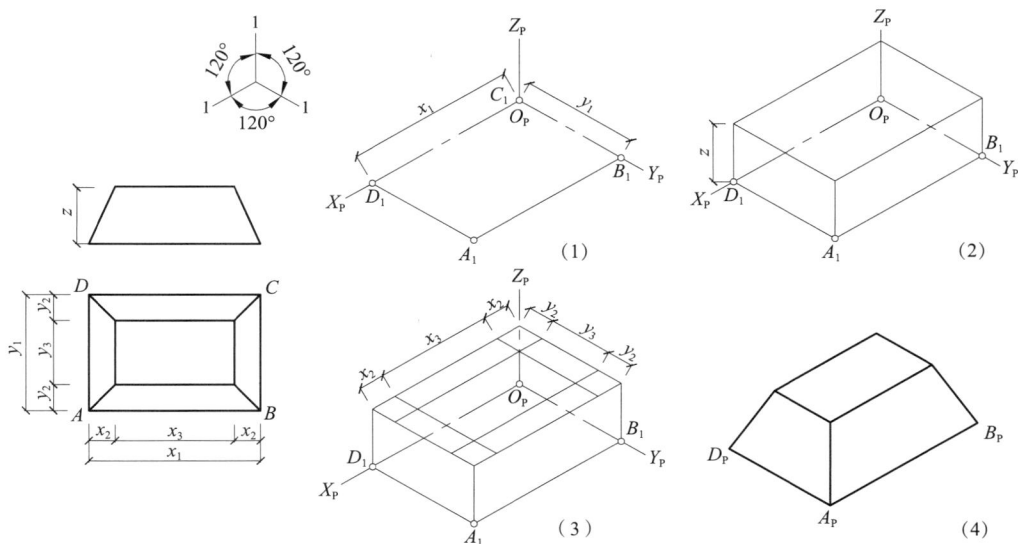

图5-4　四棱台正等测投影

例5-2 如图5-5所示，已知正五棱台投影，作它的正等轴测投影。

作图步骤：

（1）首先在轴测投影上确定原点及坐标轴的方向。由于正五棱台具有对称性，故设棱台底面中心为原点，在轴测图上沿 X_P、Y_P 轴依次量取 x_1、x_2、y_1、y_2、y_3，确定底面各点位置，并顺次连接各点；

（2）过 O_P 沿 Z_P 轴向上量取高度 z_1、z_2，得到 O_{1P}、S_P，过 O_{1P} 作 Y_P 平行线并量取 y_4 得到升高后的 A_{1P} 点位置，过 S_P 连接底面各顶点，从 A_{1P} 点出发顺次作底边的平行线；

（3）将可见部分加粗。

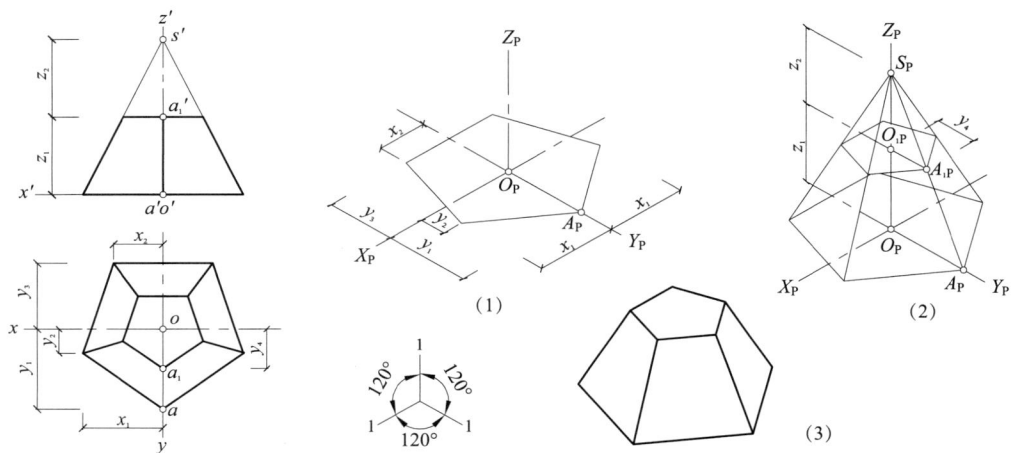

图5-5 正五棱台正等轴侧投影

2. 叠加法

作上下垂直叠加关系的物体的轴测投影，常用叠加法。

例5-3 如图5-6所示，已知三层叠加的组合体投影，作它的水平斜等轴测投影。

作图步骤：

（1）首先在轴测投影上确定原点及坐标轴的方向，水平斜等轴测投影 Z_P 轴垂直向上，三轴间夹角为120°、90°、150°，三轴变形系数均为1；

（2）因为组合体具有对称性，设定组合体底面中心为原点，在投影上沿 X_{1P}、Y_{1P} 轴依次量取 x_1、y_1，在轴测投影上确定底面各点位置，并顺次连接，再按照 z_1 高度垂直升高，得到组合体最下一层轴测投影；

（3）将 O_{1P}、X_{1P}、Y_{1P} 沿 Z_P 轴向上升高 z_1，得到 O_{2P}、X_{2P}、Y_{2P} 为组合体中间一层轴测投影坐标轴，在投影上沿 X_{2P}、Y_{2P} 轴依次量取 x_2、y_2，在轴测投影上确定中间层底面各点位置，并顺次连接，再按照 Z_2 高度垂直升高，得到组合体中间层轴测投影；

（4）同样方法确定组合体最上面一层长方体的轴测投影，最后将组合体可见部分加粗。

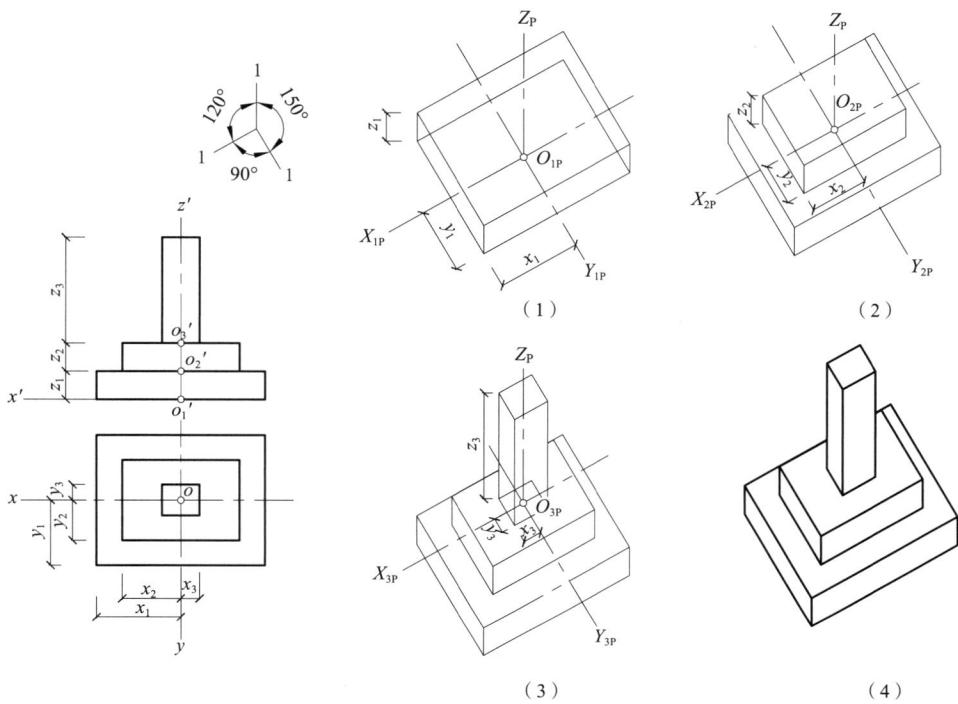

图5-6　组合体水平斜等轴测投影

3. 平面法

作着重表现物体某个面的轴测投影时常用平面法。

例5-4　如图5-7所示，已知台阶投影，作它的正面斜二等轴测投影。

作图步骤：

（1）首先在轴测投影上确定台阶右后下角作为原点，正面斜二等轴测投影Z_P轴垂直向上，三轴间夹角均为90°、135°、135°，X_P、Z_P轴变形系数为1，Y_P轴变形系数为0.5；

（2）选取台阶后面平行于轴测投影$O_PX_PZ_P$面，定出台阶的V_P面投影各点；

（3）从台阶、扶手后面各点出发，依次作出平行于Y_P轴平行线，并取变形后尺寸，将作完各点依次连接可见部分并加粗。

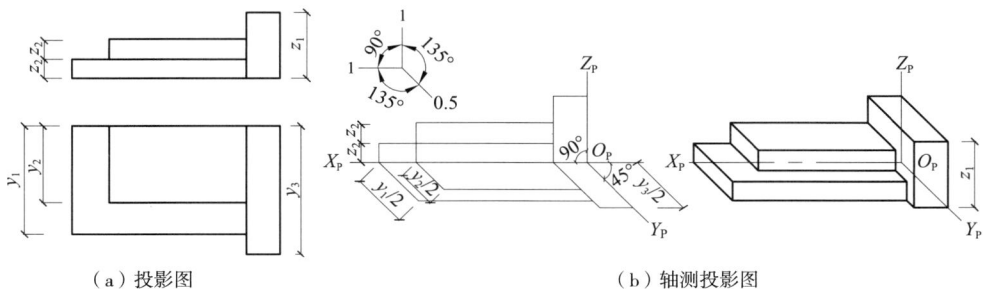

（a）投影图　　　　　　　　　（b）轴测投影图

图5-7　台阶的正面斜二等轴测投影

4. 增减法

对于由简单形体切割而成的形体，可用增减法，以由简单形体出发，逐渐发展成复杂形体的轴测投影。

例5-5 如图5-8所示，已知台阶的投影，作它的正等轴测投影。

作图步骤：

（1）首先，在轴测投影上确定原点、坐标轴的方向和三轴变形系数；

（2）其次，作出台阶两侧扶手的大长方体轴测投影，再切割掉斜切角；

（3）最后，分层作出台阶踏步的轴侧投影并将可见部分加粗。

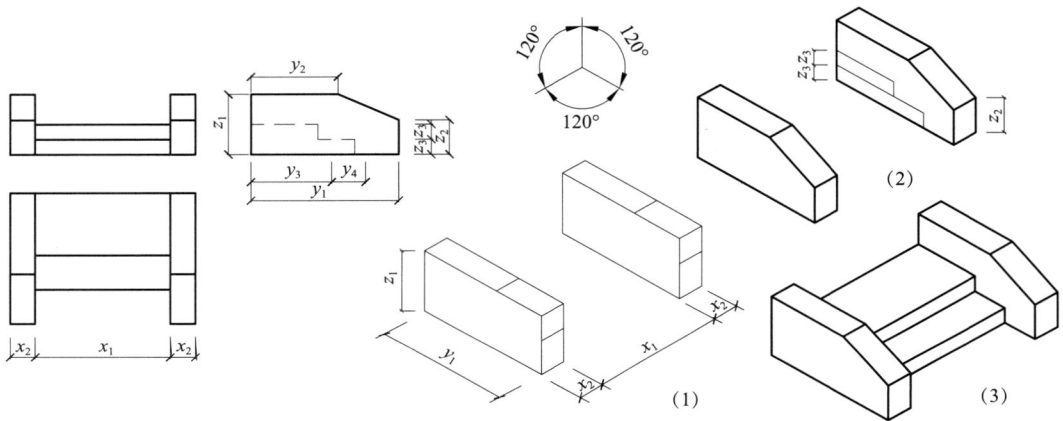

图5-8　台阶的正等轴测投影

第三节　曲面立体的轴测投影

曲面立体有很多类型，复杂的轴测投影现已采用计算机绘制，在此对简单的曲面立体如圆柱、圆锥的轴测投影进行讲述。

圆周在正等轴测投影中形状均为椭圆，可采用近似做法。如图5-9所示，先作出圆周外切正方形的轴测投影，再确定四边中点（切点），并分别与相应顶点相连得到 A_PO_3、C_PO_3、D_PO_4、B_PO_4，两两相交得到 O_1、O_2。分别以 O_1 为圆心，O_1B_P 为半径画圆弧；以 O_2 为圆心，O_2A_P 为半径画圆弧；以 O_3 为圆心，O_3C_P 为半径画圆弧；以 O_4 为圆心，O_4D_P 为半径画圆弧，四段圆弧就组成近似圆周的轴测投影。

例5-6 如图5-10所示，已知圆柱的投影，作出该圆柱的正等轴测投影。

作图步骤：

（1）在轴测投影上确定原点、坐标轴的方向和三轴变形系数；

（2）设定该圆柱底圆中心为坐标原点，圆柱顶圆、底圆采用近似做法完成，最后作出它们的外切素线，并区分其可见性即可。

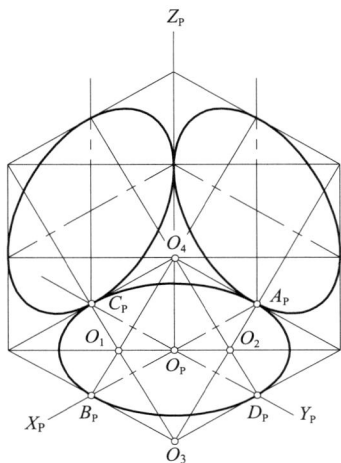

图5-9 圆周的正等轴测投影近似作法

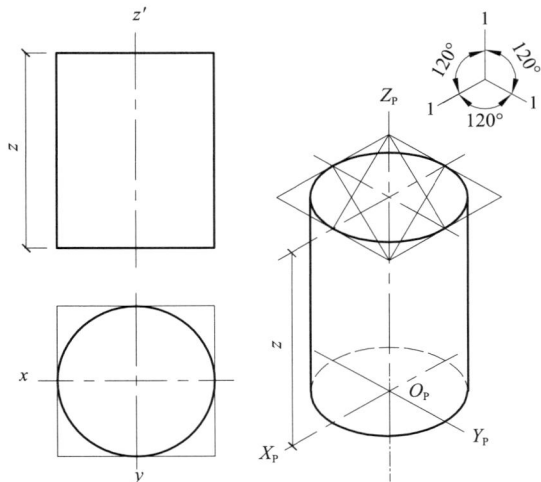

图5-10 圆柱的正等轴测投影

例5-7 如图5-11所示，已知一圆台的投影，作该圆台的水平斜等轴测投影。

作图步骤：

（1）在轴测投影上确定原点、坐标轴的方向和三轴变形系数；

（2）设定该圆台底圆中心为原点，由于 X_P 轴与 Y_P 轴为90°，故水平圆轴测不变形仍为圆。以 O_{1P} 为圆心作底面等大圆，过该底面圆心 O_{1P} 沿 Z_P 轴向上升高 z，确定顶面圆心 O_{2P}，顶面同样不变形；以 O_{2P} 为圆心作顶面等大圆，最后作出底圆和顶圆的外切素线，并将可见部分加粗即可。

例5-8 如图5-12所示，已知圆桶的投影，作该圆桶的正面斜二等轴测投影。

作图步骤

（1）在轴测投影上确定圆桶前圆圆心作为原点，明确正面斜二等轴测投影坐标轴的方向和三轴变形系数；

（2）由于 X_P 轴与 Z_P 轴为90°，故正平圆轴测不变形仍为圆，沿 Y_P 轴方向确定各端面的圆的圆心 O_{1P}、O_{2P}、O_{3P}，轴测尺寸为投影尺寸一半；

（3）由各层圆心画出各个端面的轴测图，最后过该圆桶外切素线并将可见部分加粗即可。

077

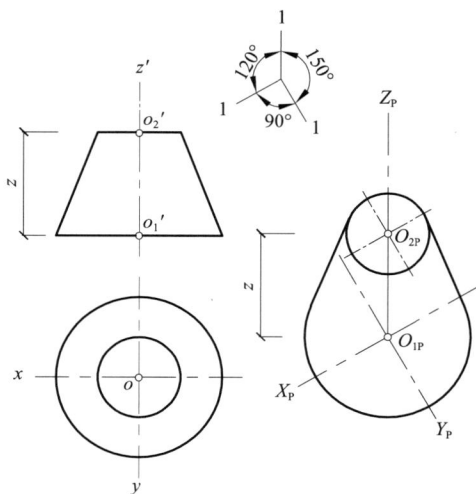

图 5-11　圆台的水平正等轴测投影

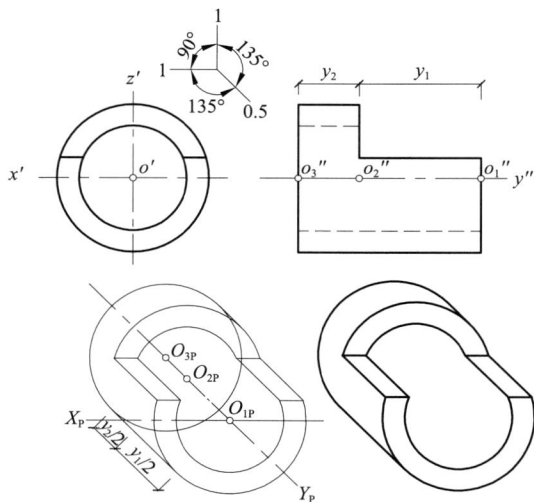

图 5-12　圆桶的正面斜二等轴测投影

第四节　轴测图的选择

在绘制轴测投影时，采用不同轴测类型会直接影响表现效果，同时应考虑绘图的简便与否。

在绘制轴测投影图时，应遵循下列原则：

一是要分析形体主要表现的是某一个面还是整体，若要表现某一个面，则可根据所表现面的不同采用正面轴测图或水平轴测图。若要表现整体，则建议率先采用正等轴测图，对于表现形体会更形象、生动。

二是根据主要表现的面（底面、顶面、左侧面、右侧面等）的不同，可采用适当的投影方向。图 5-13 为一长方体的左俯视图、右俯视图、左仰视图、右仰视图，虽然都是正面斜二等轴测投影，但投影方向不同，展现了长方体不同方向的三个面。

例 5-9　如图 5-14 所示，已知拱门的投影，作该拱门的正面斜二等轴测投影。

作图步骤：

（1）在轴测投影上确定基座左下角点为原点，再确定坐标轴的方向和变形系数。由于该拱门位置直接落地，故选取右俯视图表现；

（2）在基座左下角的点为原点的基础上，作基座底面轴测投影，Y_P 轴方向取变形后的尺寸；

（3）从底面各顶点依次向上作平行于 Z_P 轴的直线，取其高度为 z_1，并顺次连接升高后的各顶点；

（4）在升高后的基座顶面上沿 X_P 轴方向分别量取 x_2、x_3、x_4、x_3、x_2，沿 Y_P 轴方向分别量取变形后尺寸 $y_1/2$、$y_3/2$、$y_2/2$，并引相应的平行线得到八个交点；

（5）从八个点向上沿 Z_P 轴分别量取 z_2、z_3、z_4，确定圆弧中心点的位置，由于该圆弧平面为正平面，故其轴测投影仍为圆弧；

（6）顺次连接对应顶点并将可见部分加粗即可。

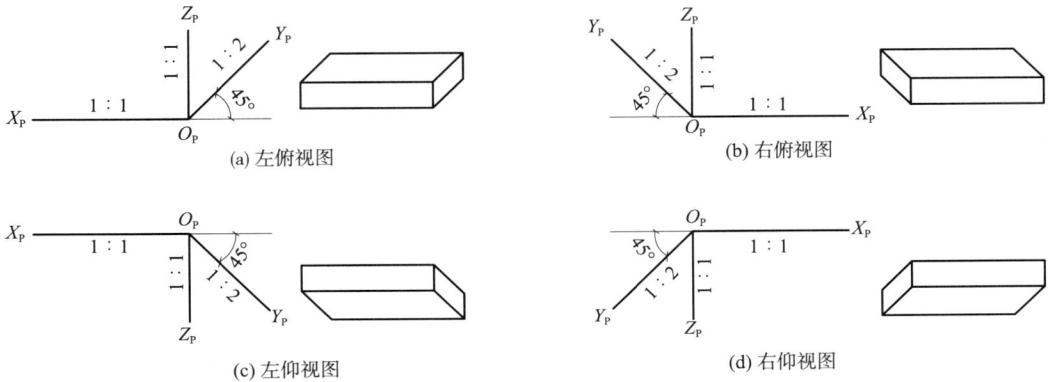

(a) 左俯视图 (b) 右俯视图 (c) 左仰视图 (d) 右仰视图

图 5-13 正面斜二测图的四种形式

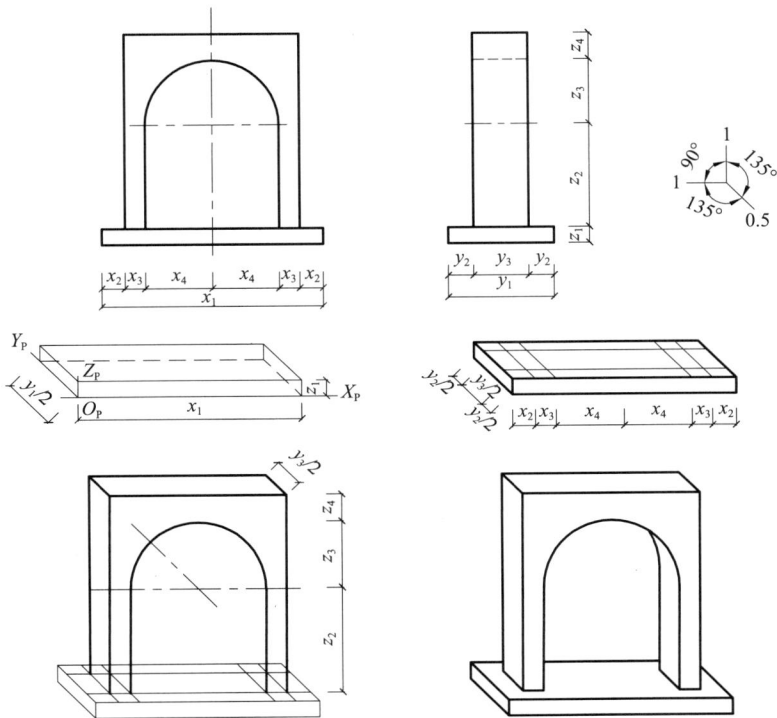

图 5-14 作圆拱门的正面斜二等轴测投影

例5-10　如图5-15所示，已知建筑群的投影，作出该建筑群的水平斜等轴测投影。

作图步骤：

（1）首先在轴测投影上确定建筑群右上角点为原点，再确定坐标轴的方向和变形系数，对于建筑群的表现一般采用俯视图较好；

（2）该建筑群底面投影不变形，故可直接从底面各顶点依次向上作平行于 Z_P 轴的直线，取相应高度，并顺次连接升高后的各顶点；

（3）顺次连接对应顶点并将可见部分加粗即可。

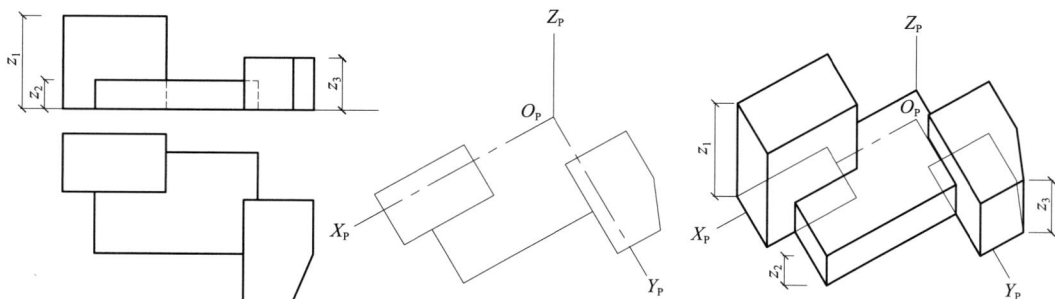

图5-15　建筑群的水平斜等轴测投影

第六章

阴　影

第一节　阴影的基本知识

一、基本概念

光线照射物体时，表面受到直接照射的称为阳面，没有受到光线直接照射的称为阴面。光线被遮挡使物体在自身或其他物体原来的阳面上形成的阴暗部分称为影子，阴面和影子合起来称为阴影。影子所在的平面称为承影面，阳面与阴面的分界线称为阴线，影子的轮廓线称为影线，影线实为阴线的影子。

建筑阴影常用于建筑立面渲染或透视图等建筑方案图，以增加表现力，使图面立体感更强、更生动。

二、常用光线

日常生活中产生阴影的光线主要来源于阳光，由于它距离地球非常遥远，可视其光线为平行光线。在建筑图中，设定一平行光线，从正方体的左、前、上方射向右、后、下方，光线对 H、V、W 面的倾斜角均为 $35°15'53''$，在投影面上光线投影与投影轴之间的夹角均为 $45°$，这一光线称为常用光线，如图6-1所示。

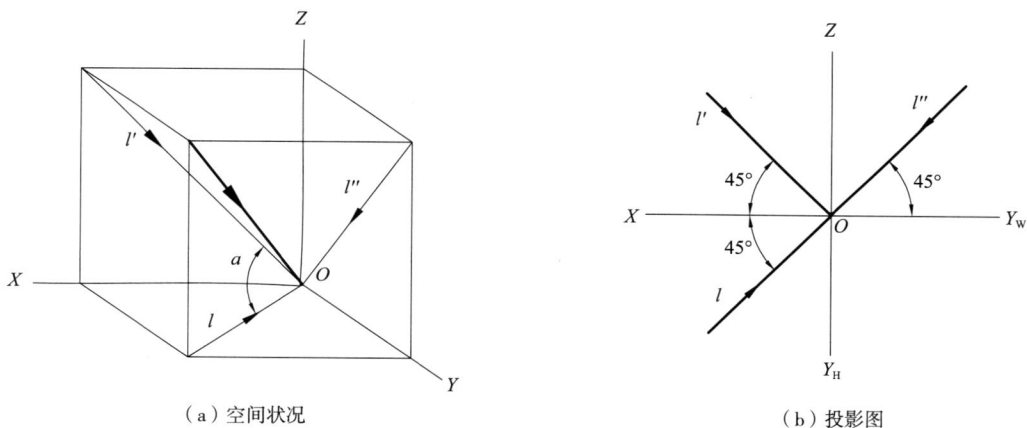

（a）空间状况　　　　　　　　　　　　（b）投影图

图6-1　常用光线

第二节 点的影子

一、基本概念

空间中一点在某承影面上的影子为过该点的光线与承影面的交点，因此，求一点的影子就是求过该点的光线与承影面的交点的问题。如图6-2所示，A点影子A_0就是过A点的光线与承影面的交点；B点位于承影面上，那么B点的影子B_0就是该点本身；C点位于承影面下方，那么C点在该承影面上是不会产生影子的。但为了便于分析，假设过C点有一光线L与承影面交$\overline{C}_0$，就是C点在承影面上的假影。

标注说明：影子标注为相应字母右下角加注"0"，假影再在其上加以横线（—）表示。

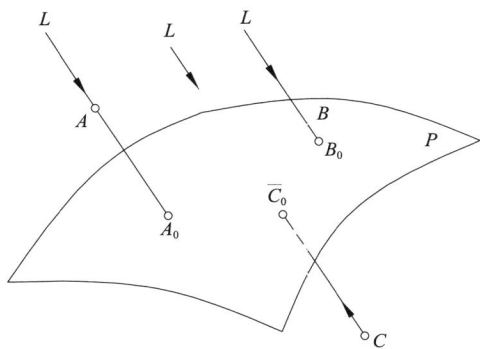

图6-2 点的影子

二、点的影子的基本作法

根据点落于不同类型的承影面上，可分为以下几类：

1. 点的影子落于投影面上

如图6-3所示，通过空间状况图可以看出，过A点光线L与V面相交于A_0，说明点A的影子A_0落于V面上。A_0的V面投影a_0'与A_0重合，H面投影a_0位于OX轴上。A_0为光线L上一点，所以a_0为l与OX的交点。

在投影图上，分别过a和a'作光线投影l、l'，l与OX交于a_0，过a_0向上作连系线交l'于a_0'，a_0、a_0'即表示A点的影子A_0。

返回空间状况图，假设过A点光线L与V面相交后继续延伸与H面交于$\overline{A}_0$，为A点落于H面上的假影。$\overline{A}_0$的H面投影$\overline{a}_0$与$\overline{A}_0$重合，V面投影$\overline{a}_0'$在OX轴上。

在投影图上可将l'延伸与OX轴相交于$\overline{a}_0'$，再过$\overline{a}_0'$向上作连系线与l相交于$\overline{a}_0$，$\overline{a}_0$、$\overline{a}_0'$即表示A点落于H面上的假影$\overline{A}_0$。

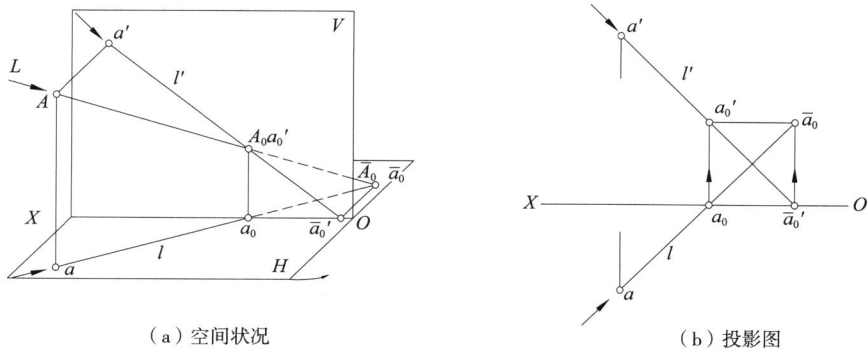

（a）空间状况　　　　　　　　　　　　　　　（b）投影图

图6-3　一点落于V面上的影子

例6-1　如图6-4所示，作B点落于投影面上的影子和假影。

分析：通过空间状况图可以看出，过B点光线L与H面相交于B_0，说明B点的影子落于H面。B_0的H面投影b_0与B_0重合，V面投影b_0'落于OX轴上。B_0为光线L上一点，所以b_0'为l'与OX的交点。

在投影图上，分别过b和b'作光线投影l、l'，l'与OX交于b_0'，过b_0'向下作连系线交l于b_0，b_0、b_0'即表示B点的影子。

返回空间状况图，假设过B点光线L与H面相交后继续延伸与V面相交于$\overline{B}_0$，为B点落于V面上的假影。$\overline{B}_0$的V面投影$\overline{b}_0'$与$\overline{B}_0$重合，H面投影$\overline{b}_0$在OX轴上。

在投影图上将l延伸与OX轴相交于$\overline{b}_0$，再过$\overline{b}_0$向下作连系线与l'相交于$\overline{b}_0'$，$\overline{b}_0$、$\overline{b}_0'$即表示B点落于V面上的假影$\overline{B}_0$。

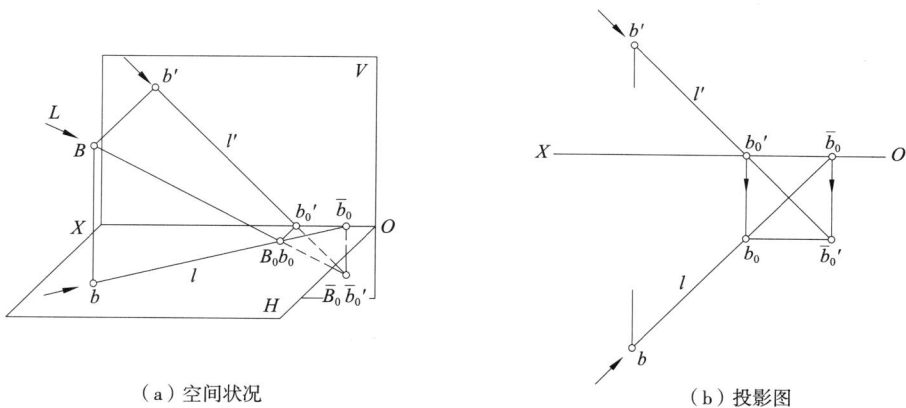

（a）空间状况　　　　　　　　　　　　　　　（b）投影图

图6-4　一点落于H面上的影子

2. 点的影子落于投影面垂直面上

投影面垂直面在其所垂直的投影面上的投影有积聚性，可利用该积聚投影作图。

如图6-5所示，承影面P为铅垂面，在H面上的投影有积聚性p，空间中A点落于P面上的影子的H面投影必在该积聚投影上。

过A点的光线L的H面投影l与p的交点，即为A点落于P面上影子的H面投影a_0，再过a_0向上作连系线与光线L的V面投影l'相交于a_0'，即为A点落于P面上的影子。

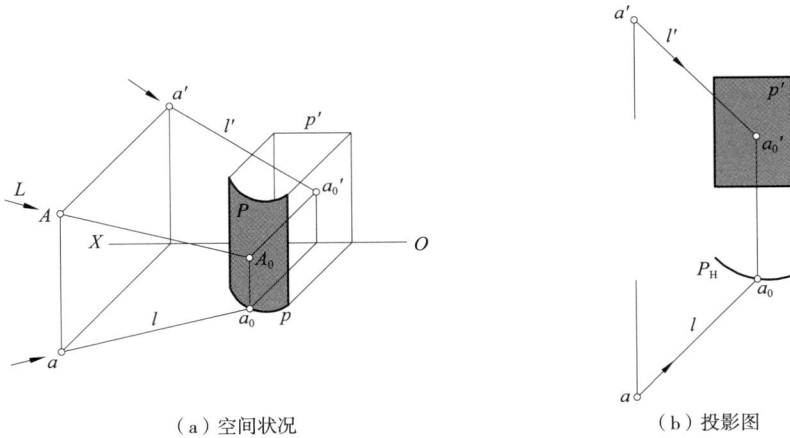

（a）空间状况　　　　　　　　　　（b）投影图

图6-5　一点落于铅垂面上的影子

3. 点的影子落于一般位置平面上

点落于一般位置平面上的影子可以利用过该点的光线与平面的交点的方法得出。

如图6-6所示，沿过A点的光线L作一辅助铅垂面Q，该平面的H面投影Q_H有积聚性，过承影面P与Q面的交线Ⅰ、Ⅱ的H面投影1、2作其V面投影1'2'。再作l'与1'2'的交点a_0'，a_0'就是A点落于P面上的影子的V面投影。过a_0'向下作连系线与1、2相交于a_0，a_0就是A点落于P面上的影子的H面投影。a_0、a_0'就是A点落于P面上的影子A_0。

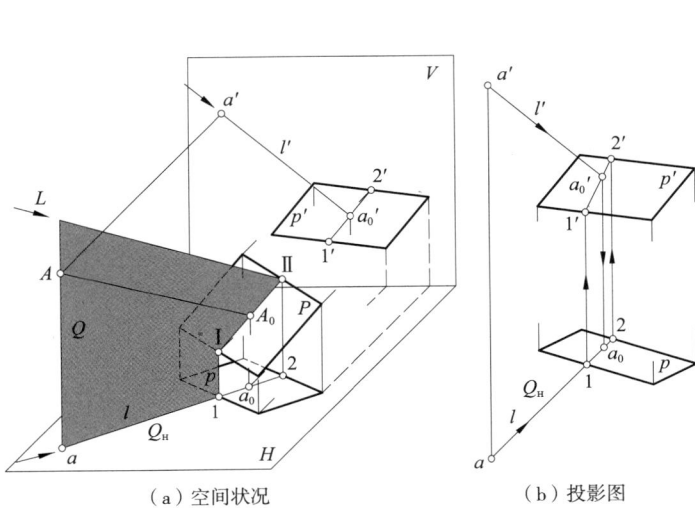

（a）空间状况　　　　　　　（b）投影图

图6-6　点落于一般位置平面上的影子

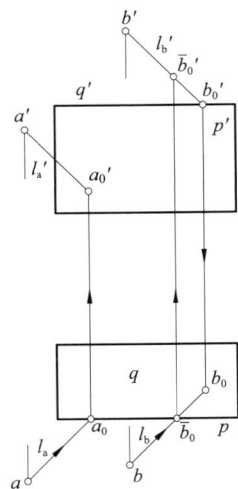

图6-7　点落于四棱柱上影子

4. 点的影子落于立体表面上

由于立体表面由多个面组成，所以首先要判断空间中的点落于哪个面上，再根据承影面作出该点的影子。

如图6-7所示，求作空间中 A、B 两点落于长方体上的影子。

先过 a、b 和 a'、b' 分别作光线投影 l_a、l_a' 和 l_b、l_b'。假设 A 点落于长方体正面 P 上，那么根据 l_a 与 p 的交点 a_0 作出 a_0'，可判断出 A 点的影子落于 P 面上。

对于 B 点也同样假设落于 P 面上，那么根据 l_b 与 p 的交点 $\overline{b_0}$ 作出 $\overline{b_0'}$，可判断出 $\overline{b_0'}$ 并不位于 P 面上，所以 B 点的影子不落于 P 面上。这时再假设 B 点落于长方体顶面 Q 上，那么根据 l_a' 与 q' 的交点 b_0' 作出 b_0，可判断出 B 点的影子落于 Q 面上。

第三节　直线的影子

一、基本概念

直线在承影面上的影子为过该直线的光平面与承影面的交线。直线在平面上的影子一般来说仍是一直线。当直线位于该承影面上时，其影子与其本身重合。当直线平行于光线时，其影子为一点。如图6-8所示，直线 A 为一般位置直线，光线照射到直线上形成一光平面，与承影面交线为 A_0，就是直线 A 在承影面 P 上的影子；直线 B 为承影面上一直线，其影子 B_0 与其本身重合；直线 C 与光线方向相平行，其在承影面上的影子为过该直线的光线与承影面的交点 C_0。

线上一点的影子必在该直线的影子上，直线上端点的影子为直线影子的端点。所以作直线的影子实际上是作直线端点落于承影面上的影子，再将它们的同名投影相连即可。

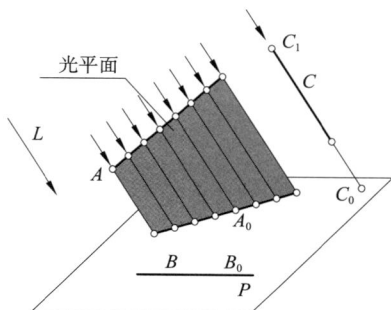

图6-8　直线的影子

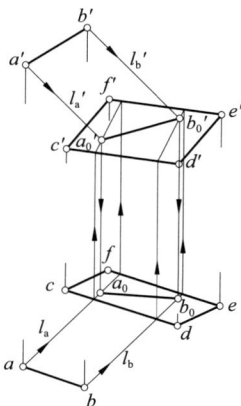

图6-9　直线的影子的投影作图

例6-2　如图6-9所示，作一般位置直线AB落于一般位置平面$CDEF$上的影子。

分析：可以按照直线影子的规律，分别作出直线两端点A、B在该平面上的影子，再将它们的同名投影相连即可。

二、直线落于一个平面上的影子

1. 直线与承影面相交时

直线与承影面相交时，其影子通过交点。

如图6-10所示，直线AB或其延长线与承影面P相交于C点，C点位于承影面上，故C点在该承影面上的影子C_0与其本身重合，同时C点又是直线AB上一点，所以AB在该承影面上的影子A_0B_0必过C点。

作图步骤：

（1）延伸$a'b'$与OX相交于c'，C点在承影面上的影子C_0与其本身重合，故c'与c_0'重合；

（2）过c_0'向下作连系线交ab延长线于c_0；

（3）分别过b、b'作光线投影l_b、l_b'，l_b'与OX相交于b_0'，过b_0'向下作连系线交l_b于b_0，连接b_0c_0；

（4）过a和a'作光线投影l_a、l_a'分别与b_0c_0和OX交于a_0、a_0'。

A_0B_0就是直线AB在H面上的影子。

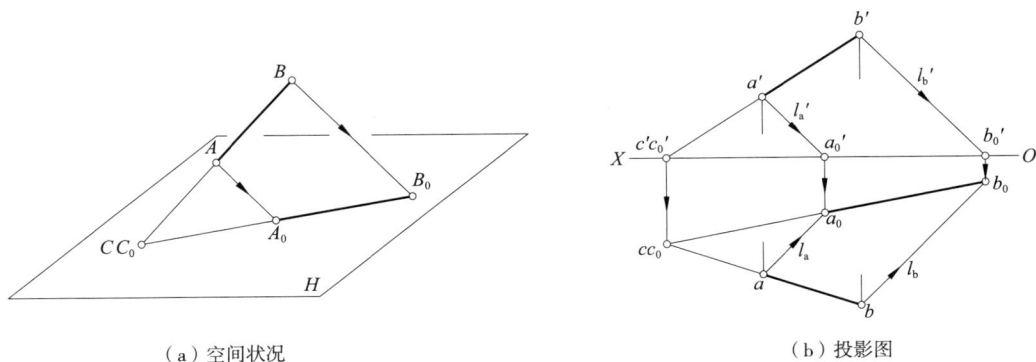

（a）空间状况　　　　　　　　　（b）投影图

图6-10　直线与承影面相交时影子求作

2. 直线与承影面平行时

直线与承影面平行时，其影子与直线本身平行且等长。

如图6-11所示，直线AB与铅垂面P平行，AB落于P面上的影子，可通过P面的积聚投影P_H来求作。

作图步骤：

（1）过 a、b、a'、b' 作光线投影 l_a、l'_a、l_b、l'_b，l_a 与 P_H 相交于 a_0，过 a_0 向上作连系线交 l'_a 于 a'_0；

（2）过 a'_0 作直线 $a'_0b'_0 /\!/ a'b'$，且 $a'_0b'_0 = a'b'$。

A_0B_0 就是直线 AB 在 P 面上的影子。

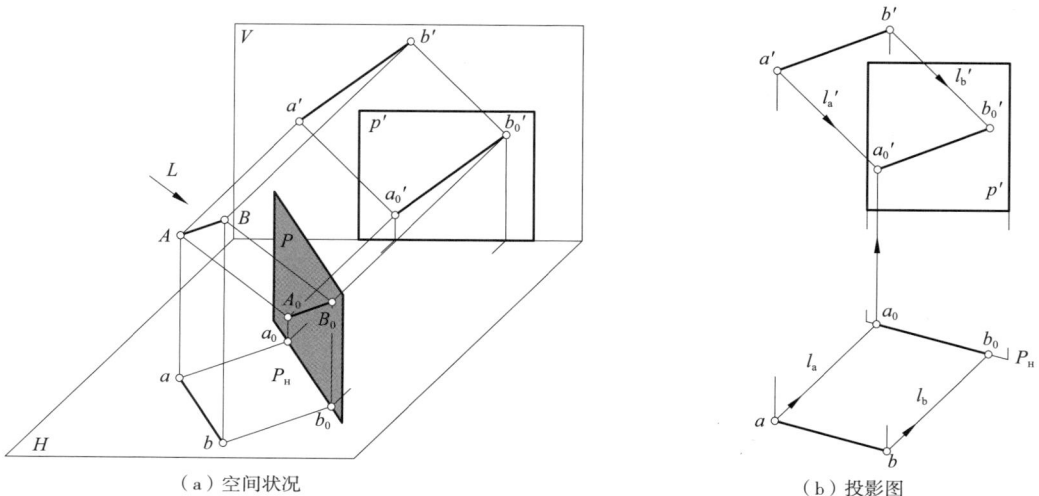

（a）空间状况　　　　　　　　　　　　　　（b）投影图

图6-11　直线与承影面平行时影子求作

3. 投影面垂直线的落影

投影面垂直线落于任何物体上的影子，在该投影面上的投影必为一直线，且其方向与光线在该投影面上投影45°方向一致，在其余两个投影面上的投影呈对称形状。

如图6-12所示，直线 AB 为铅垂线，其在 H 面上的影子为过 AB 的光平面与 H 面的交线，由空间状况图可以看出直线 AB 在 H 面上的影子为一45°直线。A 点为 H 面上一点，其影子为其本身。

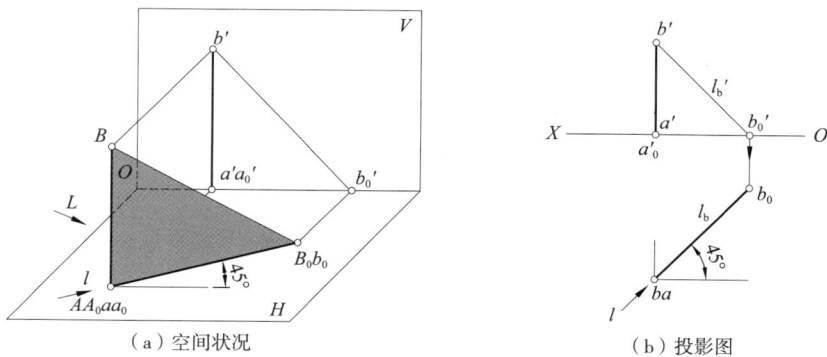

（a）空间状况　　　　　　　　　　　　　（b）投影图

图6-12　H 面垂直线在 H 面上影子的求作

作图步骤：

（1）过b、b'作光线投影l_b、l'_b，l'_b与OX相交于b'_0；

（2）过b'_0向下作连系线与l_b相交于b_0；

（3）连接a_0、b_0就是直线AB在H面上的影子的H面投影，V面投影在OX轴上，一般无须表示。

例6-3 如图6-13所示，已知铅垂线AB和一般位置平面$CDEF$，作AB落于$CDEF$上的影子。

分析：直线AB为铅垂线，故影子的V面、W面投影$a'_0b'_0$和$a''_0b''_0$对称。

作图步骤：

（1）分别作A、B两点在承影面$CDEF$上的影子A_0、B_0（利用空间中点落于一般位置平面上影子的求法）；

（2）再连接a_0b_0、$a'_0b'_0$、$a''_0b''_0$就是AB在$CDEF$上的影子。

通过作图结果看出，铅垂线AB影子的V、W面投影$a'_0b'_0$、$a''_0b''_0$成对称形状。

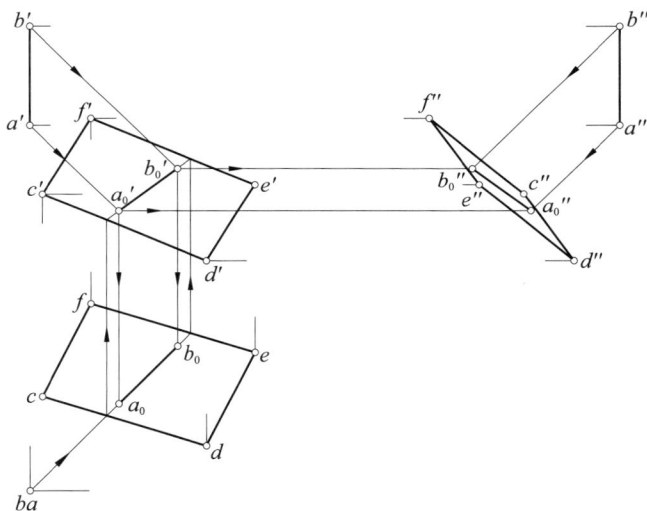

图6-13　H面垂直线落在一般位置平面上影子的求作

例6-4 如图6-14所示，作铅垂线AB落于地面、墙面和屋顶上影子。

分析：直线AB为铅垂线，影子的V面、W面投影$a'_0c'_0d'_0b'_0$和$a''_0c''_0d''_0b''_0$对称。

通过W投影可以看出三个承影面地面H、墙面P、屋顶Q均为侧垂面，在W面上的投影有积聚性，所以$a''_0c''_0d''_0b''_0$也在这几条积聚投影上。通过这一特性和影子的V面、W面投影的对称性，可以作出$a'_0c'_0d'_0b'_0$。AB为铅垂线，其影子的H面投影$a_0c_0d_0b_0$为与光线方向一致的45°直线。

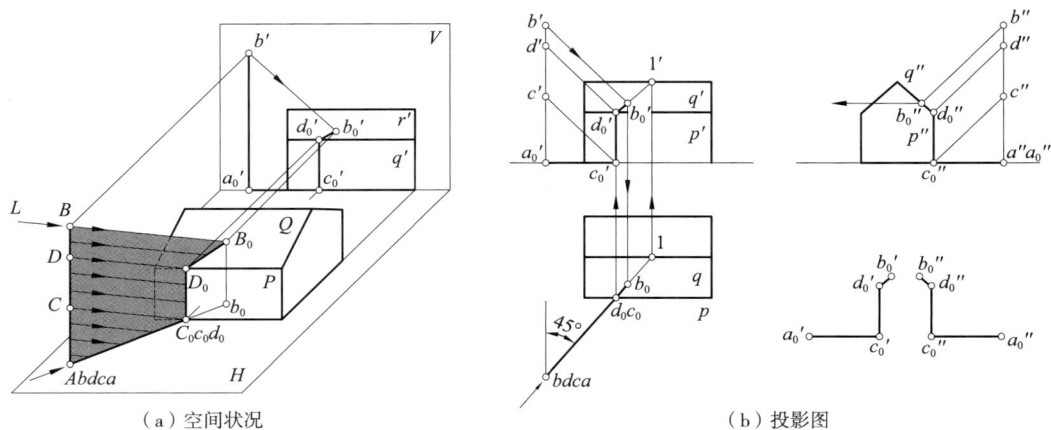

（a）空间状况 （b）投影图

图6-14 投影面垂直线影子的求作

三、直线落于两个平面上的影子

1. 直线落于两个互相平行平面上的影子

一直线落于两个互相平行的平面上的两段影子互相平行，它们的同名投影也互相平行。

例6-5 如图6-15所示，作直线AB落于两个互相平行的承影面P、Q上的影子。

分析：分别作出直线端点A、B的影子A_0（a_0，a_0'）、B_0（b_0，b_0'），可以看A_0、B_0分别落于P、Q面上，所以直线AB将各有一部分影子落于P和Q面上。下面采用三种方法作出直线AB的影子。

作图步骤：

方法一：任取一点

（1）在AB上任意取一点C，作出C点的影子C_0，由图上可知C_0落于平面P上，连$a_0'$$c_0'$，并延长至平面$p'$的轮廓线；

（2）利用直线在两个互相平行的承影面上两段影子互相平行的特性，过b_0'作$a_0'c_0'$的平行线并延长至平面q'的轮廓线，这两段直线即为AB在P、Q上的影子。

方法二：利用交点（迹点）

（1）作AB与P的交点D，AB在P上的影子必过该点，延长ab与p交于d，过d向上作连系线与$a'b'$延长线交于d'，连接$d'a_0'$并延长至平面p'的轮廓线；

（2）利用平行特性，过b_0'作$a_0'c_0'$的平行线并延长至平面q'的轮廓线。

方法三：利用假影

（1）作AB上端点B在P上的假$\overline{B}_0$（$\overline{b}_0$，$\overline{b}_0'$），连$a_0'\overline{b}_0'$；

（2）利用平行特性，过b_0'作$a_0'\overline{b}_0'$的平行线并延长至平面q'的轮廓线。

投影图上凡是不可见的影子，一般无须表示，本题其中有一部分由于平面 P、Q 前后遮挡，可不表示。

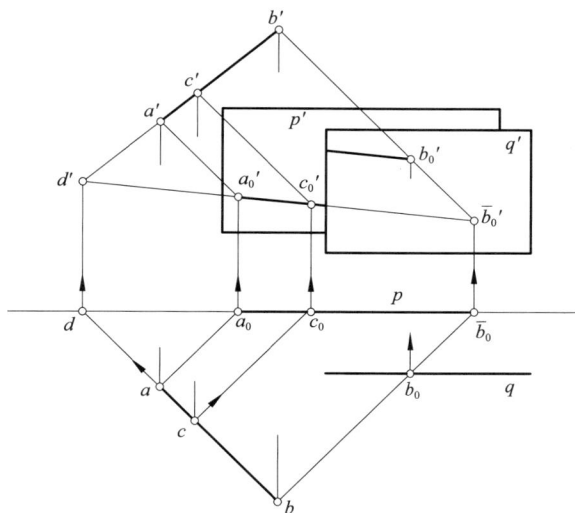

图6-15　一直线落于两个平行平面上的影子

2. 直线落于两个相交平面上的影子

直线落于两个相交平面上的两段影子也相交，交点在两平面的交线上。

例6-6　如图6-16所示，作直线在投影面上的影子。

分析：分别作出直线 AB 两端点 A、B 的影子 A_0（a_0，a'_0）、B_0（b_0，b'_0），可以看出 A_0、B_0 分别落于 H、V 面上，所以 AB 各有一部分影子落于 H 和 V 面上。下面采用两种方法作出直线 AB 的影子。

作图步骤：

方法一：任取一点

（1）在 AB 上任意取一点 D，作出 D 点的影子 D_0（d_0，d'_0），由图上可知，d_0 落于平面 H 上，连接 $a_0 d_0$，并延长至 OX，交点为 e_0（e'_0）；

（2）AB 在两个相交的承影面上的两段影子必相交，故连接 $e'_0 b'_0$；

（3）$a'_0 e'_0$ 和 $e_0 b_0$ 位于投影轴上，无须表示，$a_0 e_0$、$e'_0 b'_0$ 就是 AB 在 P、Q 上的影子的投影。

方法二：利用折影点

（1）AB 在两个相交的承影面上的两段影子必相交，且交点必在两平面交线 OX 上，故可过 O 在 W 面上作 $45°$ 返回光线交 $a''b''$ 于 e''，E_0 点就是两段影子的交点；

（2）过 e'' 返回作出 e 或 e'，过 e 或 e' 作光线投影交 OX 于 e_0（e'_0）即可。

该题同样可以利用迹点和假影法来作图，此处不再赘述。

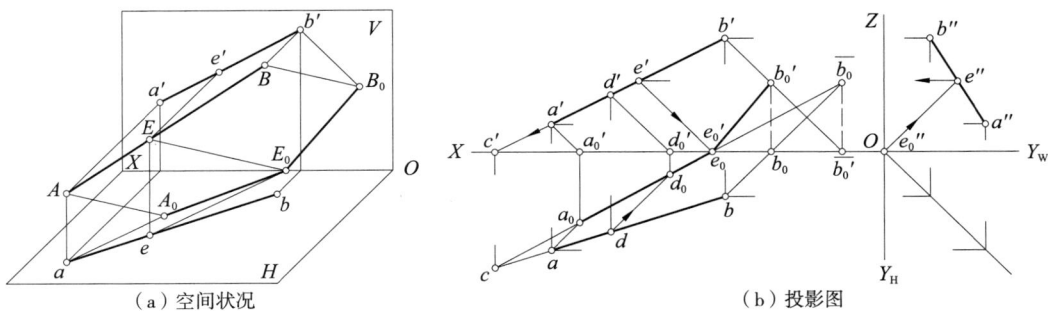

（a）空间状况　　　　　　　　　　　　　　　（b）投影图

图6-16　一直线落于两个相交平面上的影子

四、两直线的影子

1. 两平行直线的影子

两平行直线在一个平面上的影子互相平行，它们的同名投影也互相平行，且两影子之间和两直线之间的长度比例相等。

如图6-17所示，直线AB、CD互相平行，两直线的影子的H面投影$a_0 b_0$和$c_0 d_0$位于投影轴上，无须表示，V面投影$a_0' b_0'$和$c_0' d_0'$互相平行，且$AB：CD=a_0' b_0'：c_0' d_0'$。

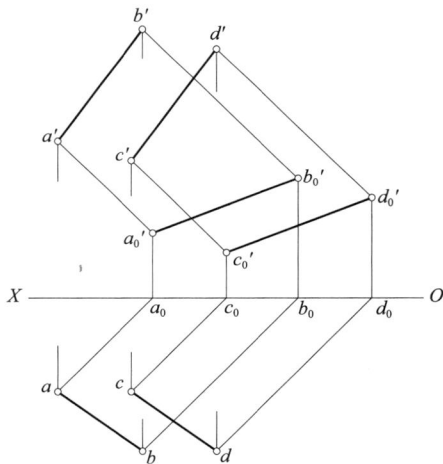

图6-17　两平行直线的影子

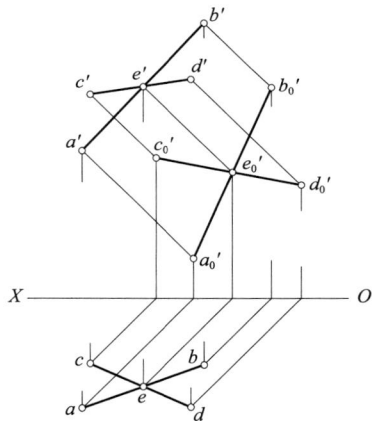

图6-18　两相交直线的影子

2. 两相交直线的影子

两相交直线在同一承影面上的两条影子必相交，且影子的交点必是两直线交点的影子。

如图6-18所示，直线AB和CD相交于点E，影子的H面投影$a_0 b_0$和$c_0 d_0$位于投影轴上，无须表示，V面投影$a_0' b_0'$和$c_0' d_0'$相交于e_0'，E_0为直线AB和CD的交点E的影子。

3. 两交叉直线的影子

两交叉直线在同一承影面上的影子如果相交，则为一直线上一点影子落于另一直线上的影子。

如图6-19所示，AB、CD 的影子为 A_0B_0、C_0D_0 相交于点 $\overline{E}_0$，A_0B_0、C_0D_0 的 V 面投影 $a'_0b'_0$ 和 $c'_0d'_0$ 位于投影轴上，无须表示。H 面投影 a_0b_0 和 c_0d_0 相交于 $\overline{e}_0$，E_0 为 AB 上 E 点落于 CD 上的影子，$\overline{E}_0$ 实为假影。可通过 a_0b_0、c_0d_0 的交点 $\overline{e}_0$ 反向作出 E 点及其影子 E_0 的投影 e，e'，e_0，e'_0。

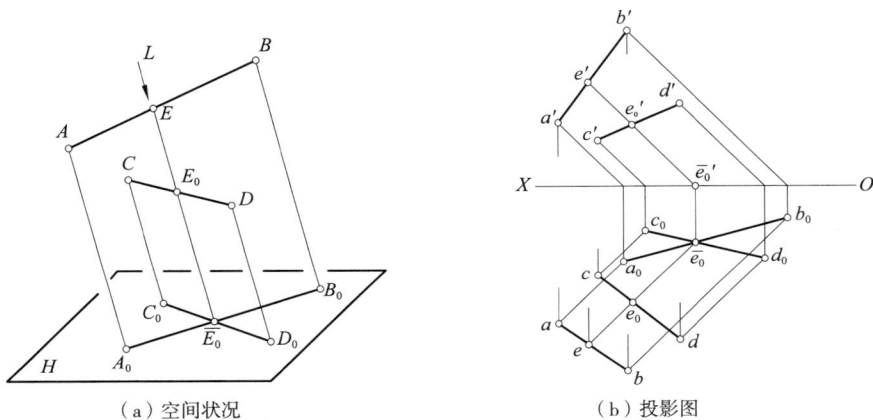

（a）空间状况　　（b）投影图

图6-19　两交叉直线的影子

第四节　平面的影子

一、基本概念

平面的影子是由其边线的影子围合而成的，所以作平面的影子实际上是作平面边线的影子，如图6-20所示。

平面受光的一面称为阳面，背光的一面称为阴面。在平面影子的投影图中，可以将阴面、影子涂上淡色，以示区别。

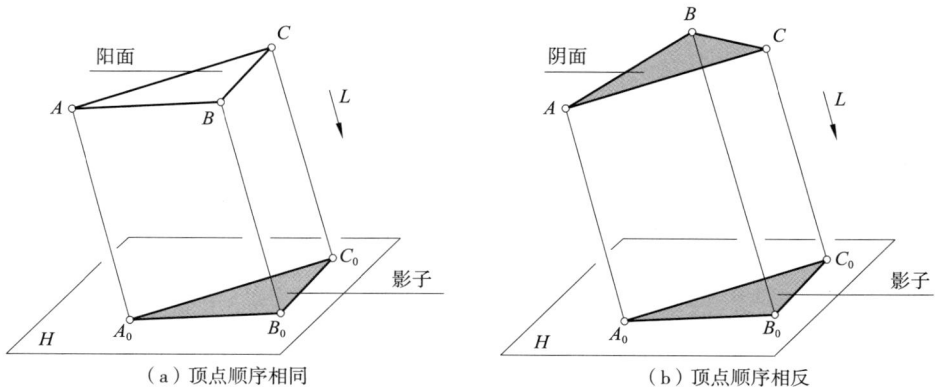

（a）顶点顺序相同　　　　　　　　　　　（b）顶点顺序相反

图6-20　平面图形阳面、阴面的判定

二、平面影子的特性

1. 平面平行于承影面时，其影子与其本身形状、大小、方向一致

由于平面平行于承影面，那么平面的边线也平行于承影面，所以由边线影子组成的平面的影子与其本身也必完全相同，如图6-21所示。

2. 平面平行于光线时，该平面两个面均为阴面，其影子为一直线

由于平面平行于光线，故光线只照射到边线上，且组成平面的直线均在光平面内，所以影子为一直线，如图6-22所示。

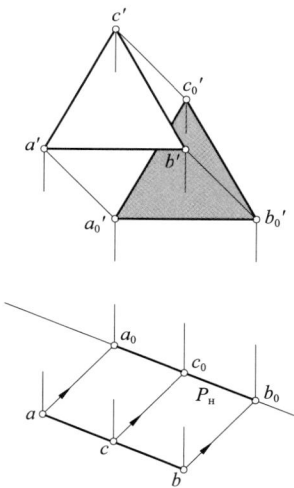

图6-21　平面落于平行的平面上的影子

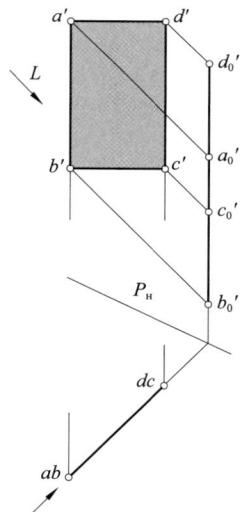

图6-22　平面平行于光线的影子

3. 平面阳面与阴面的判定

（1）在平面顶点上标注字母，顶点投影顺序与其影子的字母顺序方向相同则是阳面，相反则是阴面，如图6-20所示；

（2）当平面为投影面平行面时，则向上、前、左一侧为阳面，另一侧为阴面；

（3）当平面为投影面垂直面时，则向左前方、前上方、左上方一侧为阳面，另一侧为阴面，如图6-23所示，当铅垂面与V面的倾角$0°<\beta<45°$时，V面和W面投影分别为阳面和阴面；当$\beta=45°$时，平面与光线平行，两面均为阴面，V面和W面投影均为阴面；当$45°<\beta \leqslant 90°$时，V面和W面投影分别为阴面和阳面；当$90°<\beta<180°$时，V面和W面投影均为阳面。

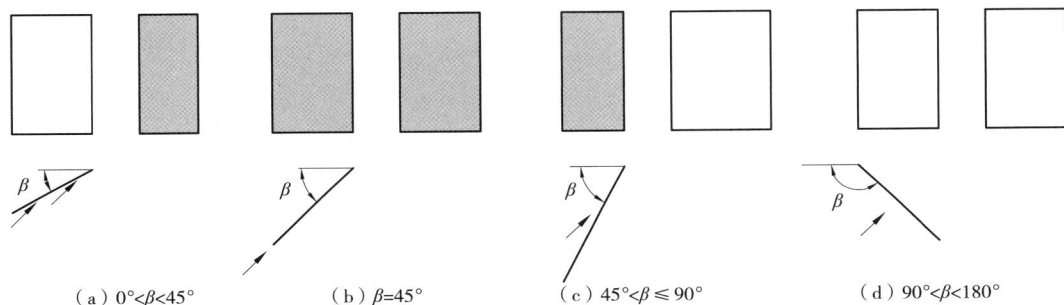

（a）$0°<\beta<45°$ （b）$\beta=45°$ （c）$45°<\beta \leqslant 90°$ （d）$90°<\beta<180°$

图6-23 铅垂面阳面、阴面的判定

例6-7 如图6-24所示，作正平面$ABCD$的影子。

分析：（a）图，$ABCD$的影子完全落于H面上，其中边线AD、BC为铅垂线，其影子的H面投影平行于光线的投影，AB、DC为水平线，其影子的H面投影与其平行，影子的V面投影位于投影轴上，无须表示；

（b）图，$ABCD$的影子完全落于V面上，由于其为正平面，故在V面上的影子与其本身平行且大小、方向相同，影子的H面投影位于投影轴上，无须表示；

（c）图，$ABCD$的影子一部分落于H面上，一部分落于V面上，故其影子的特征为前两者的结合。

例6-8 如图6-25所示，作平面ABC和直线EF的影子。

分析：可先分别作出平面ABC和直线EF的影子，再判断它们是否有影子落于另一个上的情况，若有则需作出相应的影子。

作图步骤：

（1）作出ABC各顶点的影子，可以看出A、B两点的影子落于H面上，而C点的影子却落于V面上。这时，可以通过作出C点在H面上的假影$\bar{c}_0$，再将$\bar{c}_0$与a_0、b_0相连，通过OX上的折影点1、2分别和c'_0相连，即得出平面的影子；

（2）作出直线EF的影子e_0f_0；

（3）这时，可以看出，直线有部分影子落于平面上，过直线EF和平面ABC影子的边线交点$\overline{m}_0$、$\overline{n}_0$反向45°作出该两点在平面abc上的影子m_0、n_0，再通过联系线作出m_0'、n_0'，M_0N_0就是直线EF落于平面ABC上的影子。

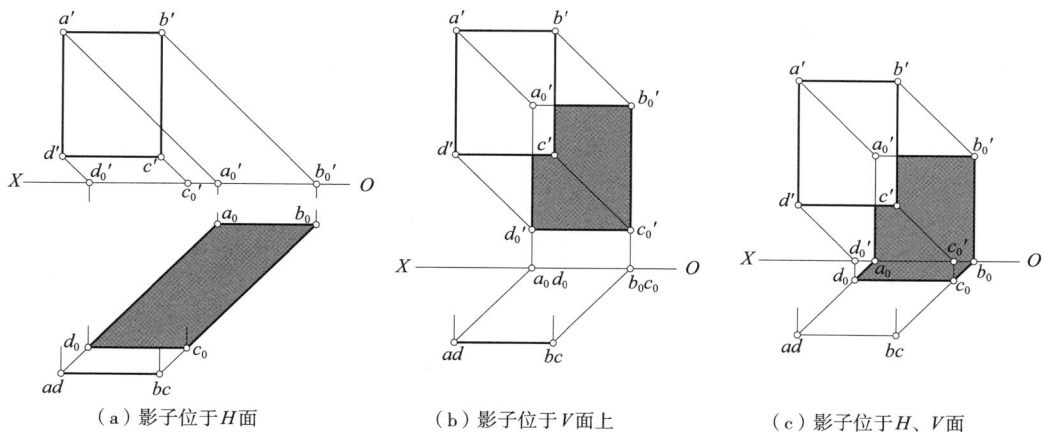

（a）影子位于H面 （b）影子位于V面上 （c）影子位于H、V面

图6-24 正平面的影子

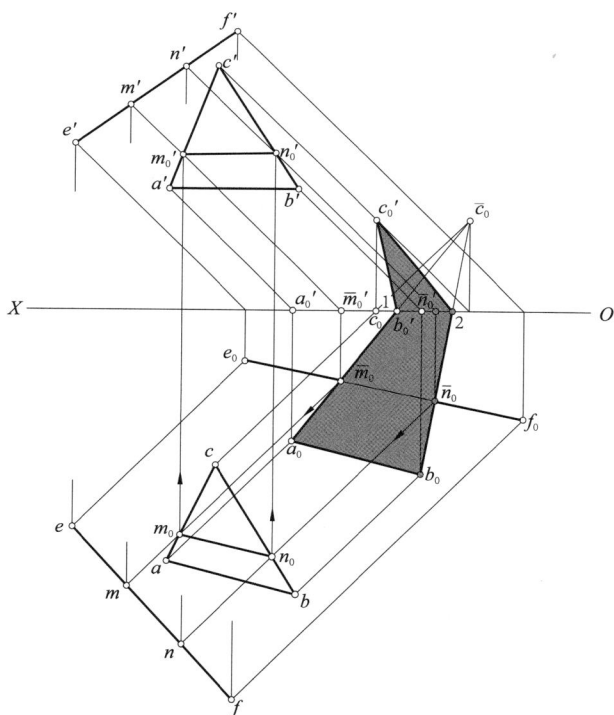

图6-25 直线和平面的影子

第七章

平面立体的阴影

一、基本概念

平面立体表面受光的棱面为阳面，背光的则为阴面，阳面与阴面的交线为阴线。平面立体的影子实际上是由阴线的影子组成的，影子的边界叫作影线。如图7-1所示，组成平面立体的六个面均平行于投影面，其中前、上、左侧棱面为阳面，后、下、右侧棱面为阴面，阴线依次为 AB—BC—CG—GJ—JE—EA 的一组封闭直线。按照直线影子的作法，逐一作出这几条阴线的影子即可。立体影子落于 V 面上，影子的 V 面投影与其本身重合，H 面投影位于 OX 轴上，不能显示出来，故省略了有关字母，也无须加粗（凡是影子的投影落于投影轴上，不能单独显示出来的，均无须标注字母和加粗）。阴线 BC、CG、JE、EA 平行于 V 面，$b_0'c_0'$、$c_0'g_0'$、$j_0'e_0'$、$e_0'a_0'$ 分别与 $b'c'$、$c'g'$、$j'e'$、$e'a'$ 平行且等长，AB、GJ 垂直于 V 面，$a_0'b_0'$、$g_0'j_0'$ 与光线的 V 面投影 $45°$ 方向一致。

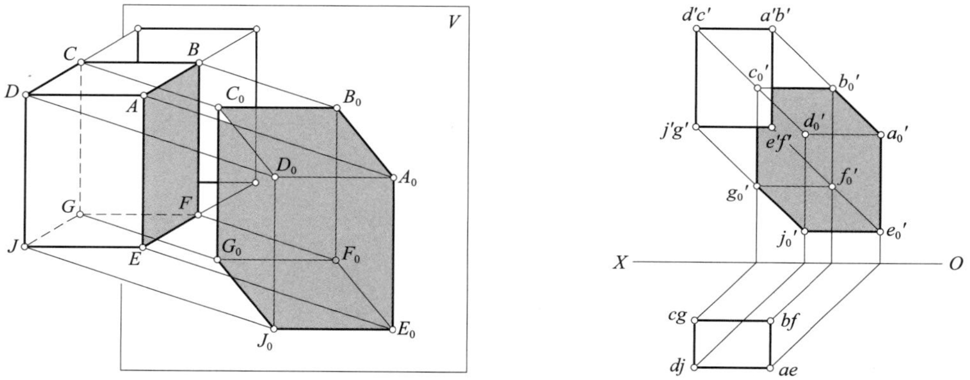

（a）空间状况　　　　　　　　　　　　（b）投影图

图7-1　平面立体的阴影

二、平面立体阳面与阴面的确定

（1）平面立体棱面为特殊位置平面时可参照前一章节的判定方法；

（2）平面立体的棱面为一般位置时，可作出平面立体所有棱线的影子，则影线所对应的棱线就是阴线，继而判定阳面与阴面。

三、几何体的阴影

1. 棱柱的阴影

如图7-2所示，为一置于 H 面上的长方体，由于该长方体六个面均平行于投影面，所以该长方体的前、上、左侧棱面为阳面，后、下、右侧棱面为阴面。底面位于 H 面上，故阴线为 $AB—BC—CD—DE$，逐一作出这几条阴线的影子即为该长方体影子。

如图 7-2（a）所示，长方体的影子完全落于 H 面上，其中 AB、DE 垂直于 H 面，a_0b_0、d_0e_0 为一条 45° 直线；BC、CD 平行 H 面，b_0c_0、c_0d_0 与 bc、cd 平行且等长。

如图 7-2（b）所示，长方体的影子落于 H 面和 V 面，其中 AB、DE 垂直于 H 面，影子在 H 面上部分为一条 45° 直线，在 V 面上部分与 $a'b'$、$d'e'$ 平行，CD 平行于 V 面，$c_0'd_0'$ 与 $c'd'$ 平行且等长，BC 垂直于 V 面，$b_0'c_0'$ 为一条 45° 直线。

如图 7-2（c）所示，长方体背靠于 V 面，阴线为 AB、BC，AB 的影子在 H 面上部分为一条 45° 直线，在 V 面上部分与 $a'b'$ 平行。BC 垂直于 V 面，影子的 V 面投影为一条 45° 直线。

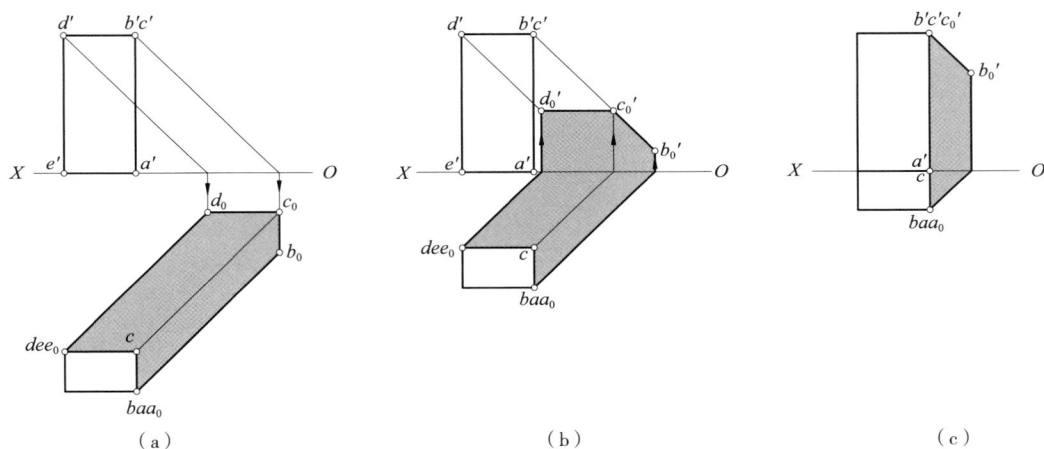

图 7-2　长方体的阴影

2. 棱锥的阴影

如图 7-3 所示，为一正五棱锥，由六个棱面组成，底面很容易判定为阴面，其余五个面很难判定阴面还是阳面，故将所有棱线的影子均作出来，最外一圈为影线，对应的棱线即为阴线。

通过所有棱线的影子可以看出，其影线是 $A_0S_0D_0C_0B_0A_0$，其所对应的棱线 AS、SD、DC、CB、BA 是阴线。根据阴线的判定办法，反推出 SAB、SBC、SCD 为阳面，其余棱面为阴面。

如图 7-4 所示，可以看出（a）图顶点 S 的影子于底边 DE 的影子上，顶面的五个侧棱面只有 SDE 为阴面，其余四个侧棱面为阳面；（b）图顶面的五个侧棱面均为阳面，底边五条棱线为阴线。

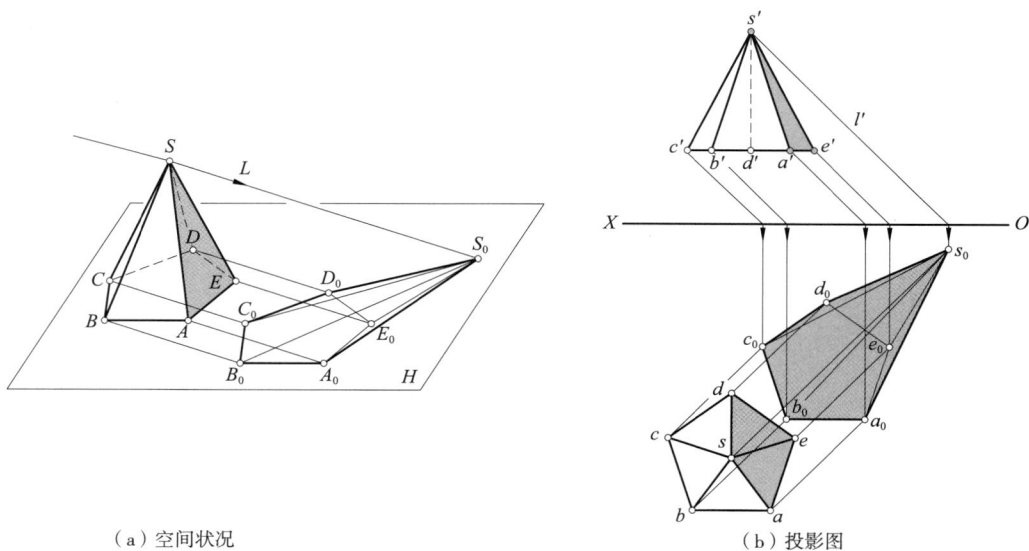

（a）空间状况

（b）投影图

图7-3　五棱锥的阴影（一）

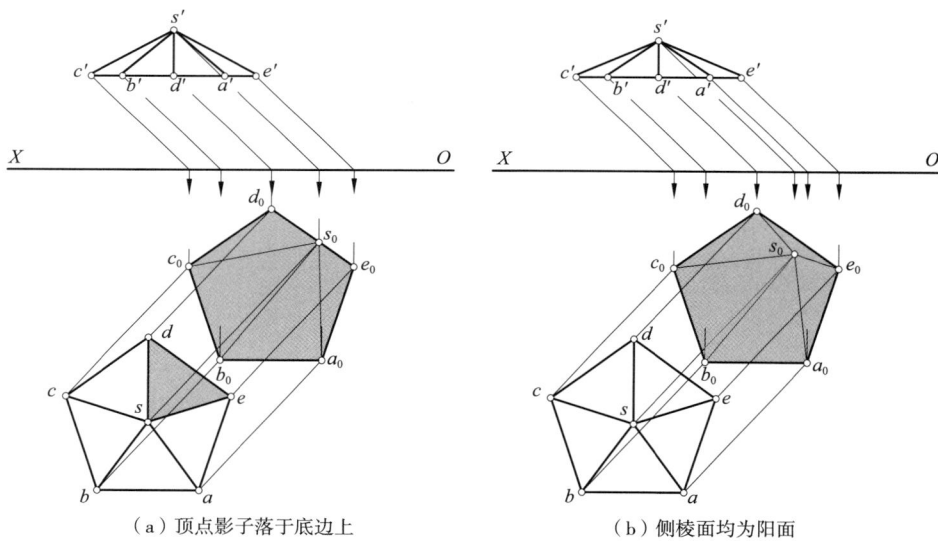

（a）顶点影子落于底边上

（b）侧棱面均为阳面

图7-4　五棱锥的阴影（二）

四、组合体的阴影

（1）组合体上阳面与阴面相交的棱线，位于凸角时必为阴线。如图7-5所示，*AB* 为阴面 *ABCD* 和阳面 *P* 位于凸角的棱线，必为阴线。位于凹角时，若其中一个棱面与光线平行，则相交的棱线为阴线，除此之外不是阴线，*CD* 为阴面 *ABCD* 和阳面 *Q* 位于凹角的棱线，故不是阴线。

（2）组合体上阳面与阴面交于凹角时，位于阴面上的阴线，有影子落于阳面上，反之，如果位于凹角的两个平面中的一个平面上有棱线影子落于另一平面上，则第一个平面为阴面，该棱线为阴线，另一个平面为阳面。如图7-5所示，阴面 $ABCD$ 上阴线 AB、BC 的影子落于阳面 Q 上。

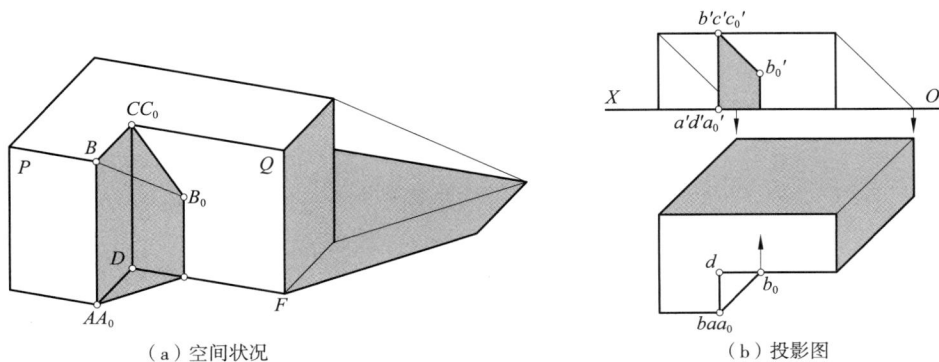

（a）空间状况　　　　　　　　（b）投影图

图7-5　组合体的阴影

例7-1　如图7-6所示，作组合体的阴影。

分析：先将该组合体分为两部分来考虑。长方体部分由于其六个面分别平行于投影面，所以很容易判断其阳面与阴面，阴线 AB—BC—CD—DE 影子落于 H 面上。上面的三棱锥，除了侧棱面 SGF 为阳面外，其余棱面均为阴面，阴线为 FS—SG。点 F、G 的影子落于长方体顶面之上，而 S 点的影子落于 H 面上，所以需要作出 S 点在长方体顶面上的假影子 $\overline{S}_0$，方可与 F_0、G_0 相连，并取位于长方体顶面之上的部分。由于 H 面和顶面互相平行，再根据一条直线落于两个互相平行承影面上的影子互相平行的特性，作出阴线 FS—SG 的影子落于 H 面上部分。

作图步骤：

（1）首先作基座阴线 AB—BC—CD—DE 的影子，具体作法同长方体影子的作法；

（2）再作出三棱锥顶点 S 落于 H 面上的影子 s_0，同时求出其落于长方体顶面上的假影子 $\overline{S}_0$。F、G 的影子 F_0、G_0 落于长方体顶面之上与其本身重合；

（3）将 $\overline{s}_0$ 与 f_0、g_0 相连取长方体基座顶面之上部分，再过 s_0 分别作 $\overline{s}_0 f_0$、$\overline{s}_0 g_0$ 的平行线，取 H 面的上部分。将两部分影子边线加粗即为该组合体的影子。

例7-2　如图7-7所示，作壁饰的阴影。

分析：先分析阴线，对于顶部的长方体来说其阴线较易判定为 AB—BC—CD—DE，对于下部的倒棱台底面、右侧棱面和 R 面很显然是阴面，左侧棱面和 P、Q 两个棱面是阳面，那么它们的阴线是 Ⅰ Ⅱ—Ⅱ Ⅲ—Ⅲ Ⅳ—Ⅳ Ⅴ。

作图步骤：

（1）阴线 AB 垂直于 V 面，$a_0'b_0'$ 为一条 $45°$ 直线，B 点的影子落于 P 面上，其影子的求作需按照点落于一般位置平面上影子的作法；

（2）阴线 BC 的影子落于 P 面和 Q 面上，作出直线上任意一点 Ⅵ 落于 Q 面上影子 $6_0'$，由于 BC 与承影面 Q 平行，影子与 $b'c'$ 平行，过点 $6_0'$ 作 $b'c'$ 平行线与 q' 面边界相交于 $7_0'$、$8_0'$，b_0' $7_0'$、$7_0'8_0'$ 即为 BC 落于 P、Q 面上的影子。BC 还有一部分影子在墙面上，可按照长方体阴线的作法先作出 CD—DE 影子 $c_0'd_0'$、$d_0'e_0'$（e_0' 与 e_0 重合），过 c_0' 向左作水平线就是阴线 BC 落于墙面上的影子；

（3）作下部倒棱台阴线的影子。阴线 Ⅰ、Ⅱ 垂直于 V 面，$1_0'2_0'$ 为一条 $45°$ 直线，依次作出点 Ⅲ、Ⅳ、Ⅴ 的影子 $3_0'$、$4_0'$、$5_0'$，最后按顺序依次相连，将边线加粗即可。

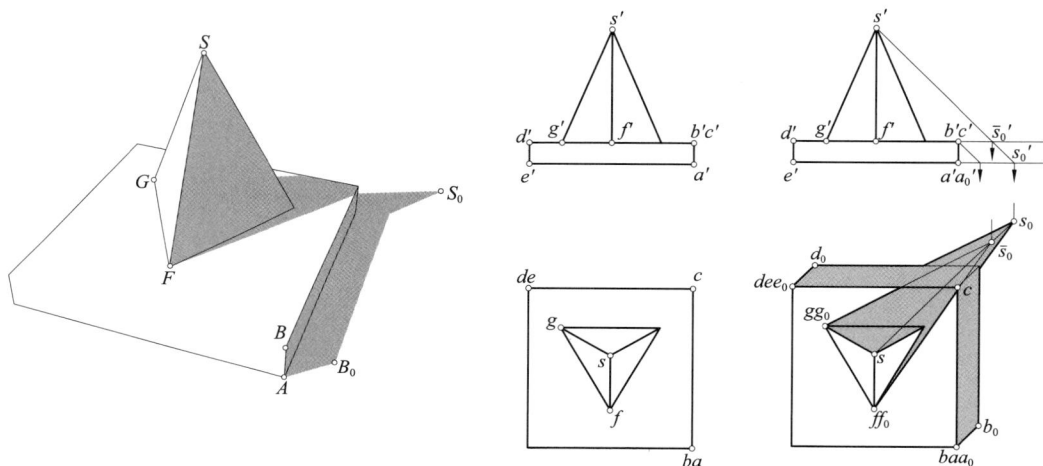

图 7-6　求组合体的阴影

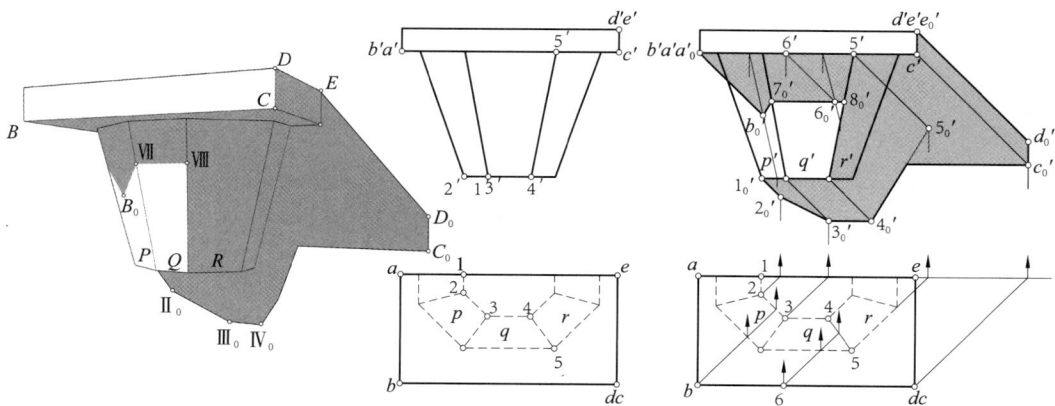

图 7-7　求壁饰的阴影

五、建筑形体的影子

作建筑形体的影子步骤如下：

（1）首先进行形体分析，判断出阳面、阴面，确定阴线和承影面。如无法判定则可先作出所有棱线的影子，影线所对应的棱线就是阴线，继而判定阳面和阴面；

（2）作出所有阴线的影子；

（3）最后将建筑形体的阴面和影子涂上淡色，以示区分。

例7-3 如图7-8所示，已知建筑门洞、窗洞、台阶、窗台和雨棚的投影，作建筑构件的阴影。

分析：门洞、窗洞、台阶、窗台和雨棚各面均平行于相应的投影面，可以很容易地判定阳面和阴面（阴面都属于不可见或积聚投影而不能显示出来），继而判定阴线。

作图步骤：

（1）门洞、窗洞的影子：门洞的阴线是 DE—EF，DE 在台阶面上的影子为一条45°直线，落于门洞上的影子与 $d'e'$ 平行。EF 的影子落于门洞的部分与 $e'f'$ 平行，落于门洞侧墙的部分，由于投影积聚性，无须表达，窗洞也同理，此处不再重复论述；

（2）台阶的影子：台阶的阴线是 AB—BC，AB 在地面上的影子为一条45°直线。BC 在地面上的影子与 bc 平行，墙面上的影子为一条45°直线；

（3）窗台的影子：窗台的阴线为 NR—RS—ST—TU，NR、TU 在墙面上的影子为一条45°直线，RS、ST 在墙面上的影子分别与 $r's'$、$s't'$ 平行且等长；

（4）雨棚的影子：雨棚的阴线是 GH—HJ—JK—KL，GH 的影子为一条45°直线，HJ 的影子各有一部分落于门洞、墙面和窗洞上，这三个承影面上的影子与 $h'j'$ 互相平行，可采用在 HJ 上定点的方法来求作，JK 的影子与 $j'k'$ 平行且等长，KL 的影子为一条45°直线。

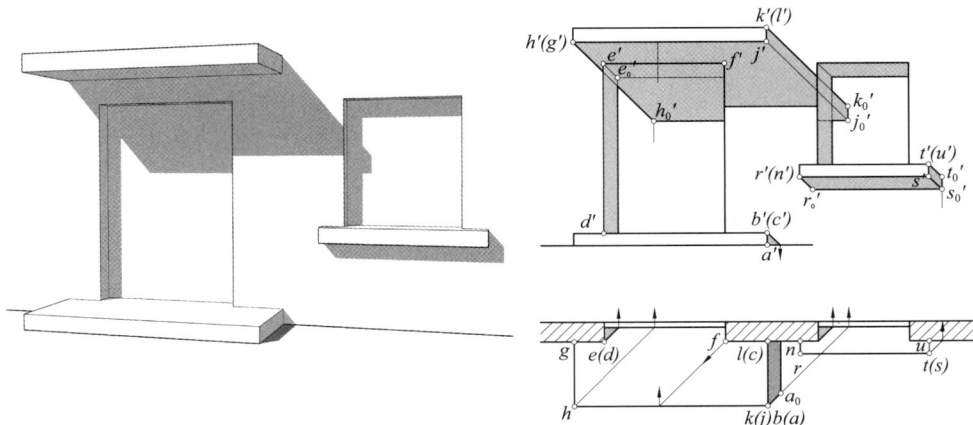

图7-8 门、窗的阴影

例7-4 如图7-9所示，已知一台阶的投影，台阶两侧扶手为矩形，作其阴影。

分析：首先分析该台阶的阳面、阴面和阴线。台阶踏步不存在阴线，扶手阴线为两组分别是：AB—BC 和 DE—EF。

作图步骤：

（1）对于左侧扶手，因为 A 点和 C 点影子为其本身，所以先求 B 点影子，那么 B 点的影子落于哪个承影面上？可以先假设落于台阶踏面 P 上，过 b' 作45°直线交 p' 于 $\bar{b}'_0$，过 $\bar{b}'_0$ 向下作连系线交过 b 的45°直线于 $\bar{b}_0$，从图中可以看出 $\bar{b}_0$ 并不位于 P 面上，由此可以判定 B 点的影子并不落于 P 面上，故此假设不正确。再次假设 B 点的影子落于台阶踢面 Q 上，过 b 作45°直线交 q 于 b_0，过 b_0 向上作连系线交过 b' 的45°直线于 b'_0，b'_0 位于 q' 面上，由此可以判定点 B 的影子位于平面 Q 上一点，故此假设正确（若有 W 面的投影，则可利用 W 面的投影直接确定）；

（2）AB 为 H 面的垂直线，在地面、踢面、踏面上影子的 H 面投影为一条45°直线，V 面投影则与 $a'b'$ 平行。点 A 的影子与其本身重合，a_0b_0 交第一踢面于 1_0，过 1_0 向上作连系线，在第一踢面作平行于 $a'b'$ 直线 $1'_0$，过 b'_0 在第二踢面向下作平行于 $a'b'$ 的直线 $b'_04'_0$，$1'_0$、$b'_04'_0$ 为 AB 影子的 V 面投影；

（3）BC 为 V 面的垂直线，在墙面、踢面、踏面上影子的 V 面投影为一条45°直线，H 面投影则与 bc 平行。点 C 影子与其本身重合，$c'_0b'_0$ 交第二踏面于 $2'_0$、第三踏面于 $3'_0$，分别过 $2'_0$、$3'_0$ 向下作连系线在第二、三踏面上形成一平行于 bc 的直线 2_0、3_0，2_0、3_0 为 BC 影子的 H 面投影；

（4）对于 DE 和 EF，点 D、F 的影子与其本身重合，则作出 E 点落于地面上影子的投影，再按照直线投影规律，即可作出阴线 DE 和 EF 的影子。

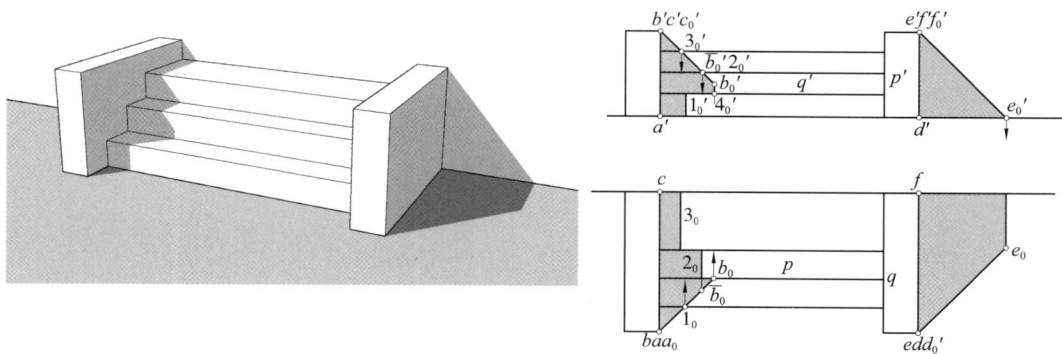

图7-9 台阶的阴影图

例7-5 如图7-10所示，已知台阶的投影，台阶两面的扶手为斜板，作其阴影。

分析：首先分析该台阶的阳面、阴面和阴线。台阶踏步不存在阴线，扶手阴线为 AE 和 FG。

作图步骤：

（1）先作右侧阴线 FG 的影子，FG 两端点的影子位于承影面之上，与其本身重合。FG 的影子一部分落于地面上，另一部分落于墙面上，所以只要作出该直线落于墙角的折影点，再分别和 F、G 相连即可。由于地面和墙面均为 W 面的垂直面，可通过墙脚线的 W 面积聚投影 O 点反向作45°直线，交 $f''g''$ 于 n''，N 点的影子就是位于墙角的折影点，再过 n'' 作水平连系线交 $f'g'$ 于 n'，过 n' 作45°直线交地面于 n_0'，最后过 n_0' 向下作连系线交墙角线于 n_0，连接 fn_0 和 $g'n_0'$ 就是 FG 的影子；

（2）左侧阴线 AE 两端点的影子同样位于承影面之上，与其本身重合。AE 的影子分别落于地面、踏面和踢面上，且该阴线与踏步转折线相交于 B、C、D（通过 W 面投影可以看出），那么交点影子与其本身重合。AE 与 FG 是互相平行的，两者的承影面也是互相平行的，所以 AE 的影子和 FG 的影子平行，过 a_0、b_0、c_0、d_0 点作 fn_0 的平行线，即为 AE 的影子的 H 面投影，过 b_0'、c_0'、d_0'、e_0' 点作 $g'n_0'$ 的平行线，即为 AE 的影子的 V 面投影。

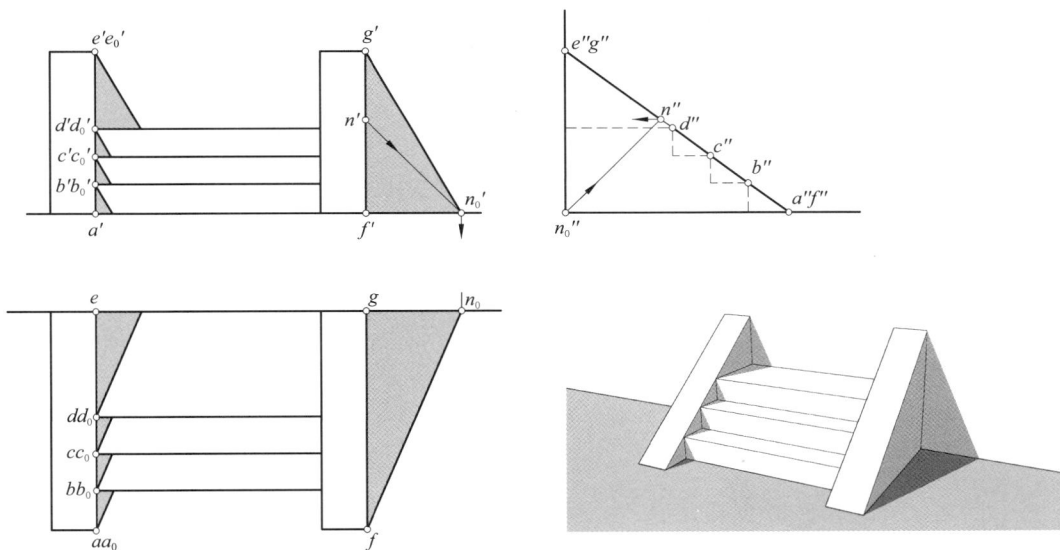

图7-10 台阶的阴影

例7-6 如图7-11所示，已知一平屋顶的建筑投影图，作其阴影。

分析：先分析该建筑阴线，对于屋身可作为 L 形的长方体来对待，其阴线较容易分析，此处不再赘述。对于屋顶部分的阴线则为 $AB—BC—CD—DE—EF$ 和 $GJ—JK—KL—LA$ 两组。

作图步骤：

（1）AB为H面的垂直线，落于地面上的影子a_0b_0为一条45°直线；BC平行于地面。落于地面上影子与bc平行，落于左侧墙面上有积聚性，在此不用表达；

（2）CD平行于墙面，落于前、后两个墙面上的影子$c'_0m'_0$、$\overline{m}'_0d'_0$与c'd'平行，DE平行于墙面，落于后墙面上的影子$d'_0e'_0$与d'e'平行，EF为V面的垂直线，落于后墙面上的影子e'_0f'为一条45°直线；

（3）GJ平行于墙面，落于后墙面上和地面上的影子$g'_0n'_0$、$\overline{n}_0j_0$与g'j'平行，JK为H面的垂直线，落于地面上影子j_0k_0为一条45°直线，KL和LA平行于地面，落于地面上影子k_0l_0、l_0a_0分别与kl和la平行；

（4）对于屋身的影子按照L形长方体影子的求作方法作出，与屋顶有部分重合。

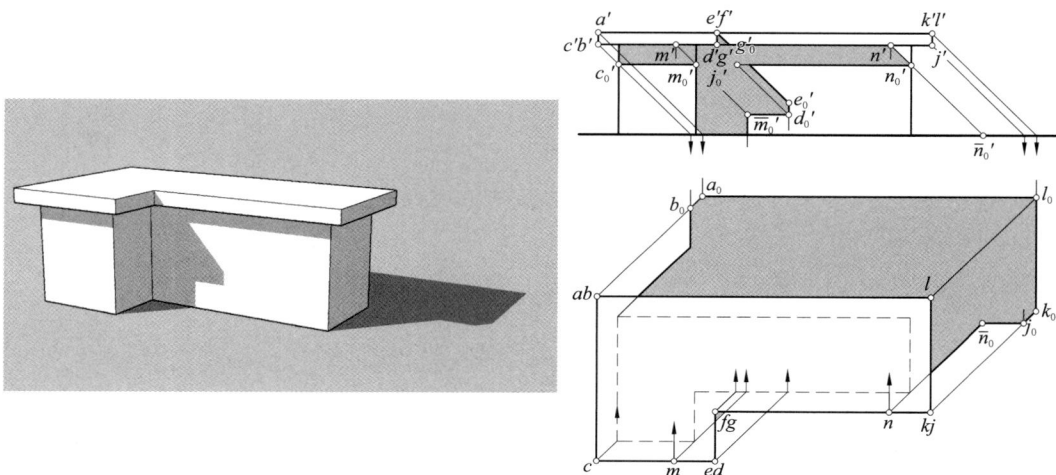

图7-11　平屋顶的阴影

例7-7　如图7-12所示，已知一坡屋顶的投影图，作其阴影。

分析：首先分析该建筑的阴线，对于屋身可作为一个L形的长方体来对待，其阴线较容易分析，此处不再赘述。对于屋顶部分，坡屋顶屋面均为阳面，故阴线则为AB—BC—CD—DE—EF—FG和JK—KL—LM—MN—NA。

作图步骤：

（1）AB为H面的垂直线，落于地面上的影子a_0b_0为一条45°直线，BC位于地面上影子与bc平行，落于左侧墙面上的影子有积聚性，在此不用表达；

（2）CD、DE平行于墙面，落于前、后墙面上影子$c'_0d'_0$、$d'_0r'_0$、$\overline{r}'_0e'_0$分别与c'd'、d'e'平行。EF平行于墙面，落于后墙面上的影子$e'_0f'_0$与e'f'平行。FG为V面的垂直线，落于后墙面上的影子f'_0g'为一条45°直线；

（3）JK平行于墙面，落于后墙面上和地面上的影子$j_0's_0'$和$\bar{s}_0k_0$分别与$j'k'$、jk平行。KL为H面的垂直线，落于地面上的影子k_0l_0为一条$45°$直线，LM、MN落于地面上的影子为l_0m_0、m_0n_0。NA平行于地面，落于地面上的影子n_0a_0与na平行；

（4）对于墙身的影子按照L形长方体求作方法作出，与屋顶有部分重合。

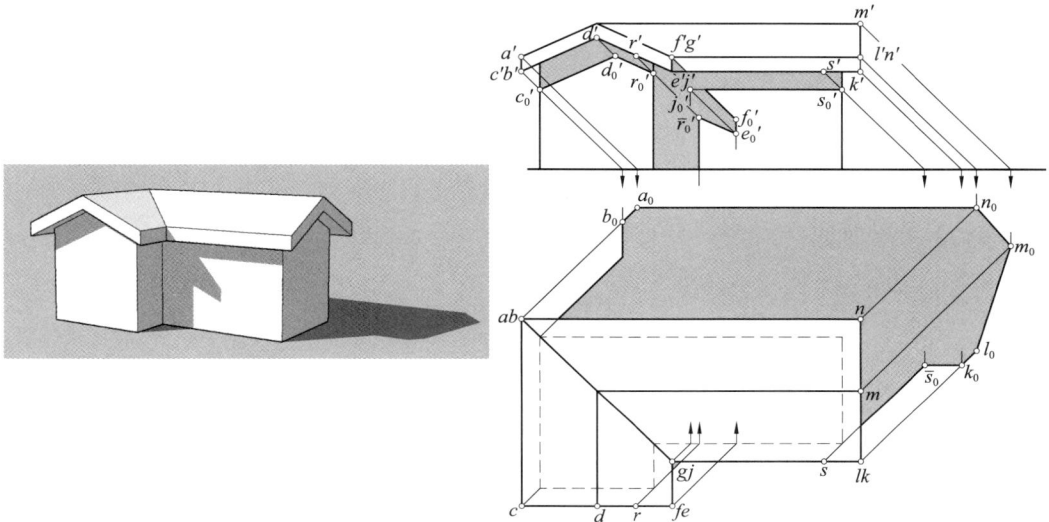

图7-12　坡屋顶的阴影

第八章

曲线、曲面、曲面立体的阴影

第一节　曲线

一、基本概念和特性

曲线的影子为曲线上一系列点的影子的集合，所以作曲线的影子可先作出曲线上一系列点的影子，再用光滑的曲线相连即可，如图8-1所示。

当平面曲线平行于承影面时，影子与其本身平行且大小相同。

当平面曲线与光线平行时，在承影面上的影子为一直线。

二、圆周的影子

圆周为平面曲线，当其平行于承影面时，在承影面上的影子为与其平行且等大的圆周，如图8-2所示。当与光线平行时，其影子为一直线。在其他情况下，圆周在一个承影面上的影子为一椭圆，圆心的影子为椭圆心。

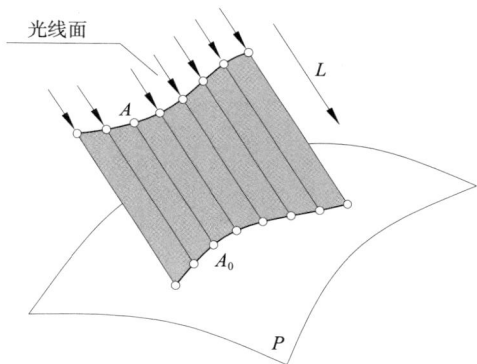

图8-1　曲线的影子

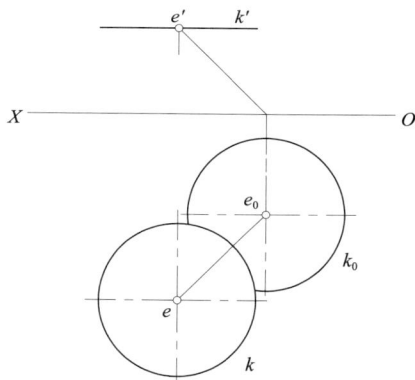

图8-2　圆周的影子（一）

例8-1　如图8-3所示，作水平圆周的影子。

分析：该圆周平行于H面，如果圆周的影子落于H面上，则为一与圆周等大的圆，但该题圆周的影子落于V面上为一椭圆。

作图步骤：

（1）作圆周的影子椭圆通常用八点法，首先作圆周H面投影的外切正方形$abcd$；

（2）将对角线ac、bd相连，与圆周有四个交点2、4、6、8，加上正方形与圆周的四个切点1、3、5、7共八点，用垂直线相连2、6和4、8，并延长与正方形边线相交；

（3）在V面上作外切正方形的影子$a_0' b_0' c_0' d_0'$，将对角线$a_0' c_0'$、$b_0' d_0'$相连，作垂直线的影子$2_0' 6_0'$、$4_0' 8_0'$；

（4）过对角线的交点e_0'作边线的平行线，与边线相交与$1_0'$、$3_0'$、$5_0'$、$7_0'$，最后用平滑的曲线顺次连接这八个点，就是该圆周的影子。

例8-2 如图8-4所示，作水平圆周的影子。

分析：该圆周平行于H面，圆周的影子一部分落于H面上，一部分落于V面上，落于H面上部分为圆周的一部分，落于V面上部分为椭圆一部分，两部分相交于OX轴上。

由于圆心影子落于V面上，可先作出圆心在H面上的假影$\bar{e}_0$，以$\bar{e}_0$为圆心画圆弧的H面的部分，与OX轴相交于f_0、g_0两点，这两点就是折影点。在V面上影子为一段椭圆，具体作法同上题。

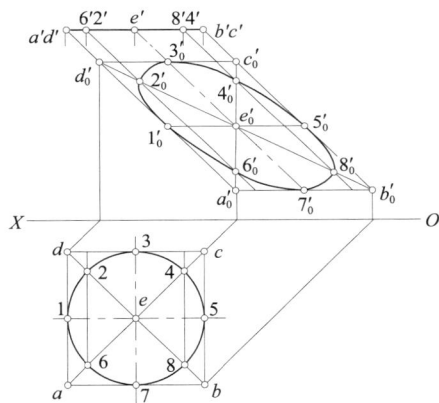

图8-3　圆周的影子（二）

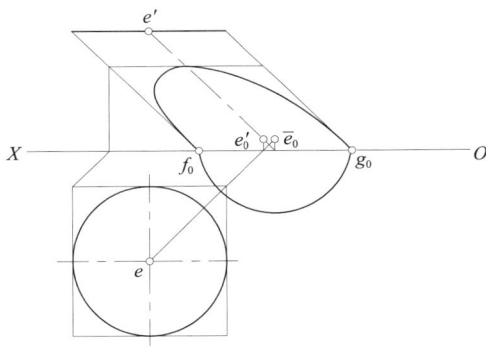

图8-4　圆周的影子（三）

第二节　曲面与曲面立体的阴影

一、基本概念

曲面立体表面一般由曲面和平面组成，曲面的阴线是与其相切的光平面在曲面上形成的切线。

对于非圆曲面的阴线，可在阴线上取一些点（特殊点和一般点），依次作出这些点在承影面上的影子，再用平滑的曲线相连即可。

二、圆柱的阴影

如图8-5所示，为一垂直于H面的正圆柱，影子落于H面上。该圆柱的顶圆为阳面，底圆为阴面，圆柱面一半为阳面一半为阴面，圆柱面的阴线为光平面与圆柱面相切的两条素线，这两条阴线同时为H面的垂直线，圆柱面阳面与底圆相交的左前半个圆周和圆柱面阴面与顶圆相交的右后半个圆周也是阴线。该圆柱顶圆和底圆均平行于H面（承影面），故顶圆、底圆上阴线的影子与它们的投影平行且等大。

作图步骤：

（1）先作出顶圆和底圆圆心的影子o_{10}、o_{20}，以o_{10}、o_{20}为圆心分别作一等大的圆；

（2）再作这两个圆的公切线a_0c_0、b_0d_0，即为圆柱面的阴线AC、BD的影子；

（3）通过a_0c_0、b_0d_0作反向光线，与圆柱的H面积聚投影相切，切点就是阴线的H面积聚投影ac、bd，再由连系线确定$a'c'$、$b'd'$；

（4）对于V面投影来说，$a'c'$左边部分为阳面，右边部分为阴面。

例8-3　如图8-6所示，作位于H面上正圆柱的阴影。

分析：该圆柱阴线的确定同前面所讲，但不同之处在于该圆柱影子的一部分落于H面，一部分落于V面。

作图步骤：

（1）先作出顶圆圆心的影子o_0'，再以o_0'为椭圆心，用八点法（本题只需五点）作顶面的影子。由于该圆柱底圆位于H面上，故影子与其本身重合；

（2）作两条阴线AC、BD在H面上的影子，为与底圆相切的两条45°直线。在V面上的影子则为两条与$a'c'$、$b'd'$平行的直线，这两条影线与底圆相切于a、b，与顶圆相切于c_0'、d_0'；

（3）对于V面投影来说，$a'c'$左边部分为阳面，右边部分为阴面。

三、圆锥的阴影

圆锥面的阴线为光平面与圆锥面的切线，其影线为通过顶点并切于底面的切线，这两条切线所对应的两条素线即为圆锥面的阴线。

如图8-7所示，为一垂直于H面的正圆锥，影子落于H面上。圆锥底面为阴面，所以圆锥面上的阳面与底面相交的一部分圆周为阴线。

作图步骤：

（1）先作出底圆圆心的影子o_0，以o_0为圆心作一等大的圆；

（2）作出顶点 S 的影子 s_0，过 s_0 作两条底圆影子的切线 $s_0 a_0$、$s_0 b_0$，即为圆锥面阴线的影子；

（3）通过 $s_0 a_0$、$s_0 b_0$ 反向求出阴线 sa、sb，再由连系线确定 $s'a'$、$s'b'$，即为阴线；

（4）对于 V 面投影来说，$s'a'$ 左边部分为阳面，右边部分为阴面；对于 H 面投影来说，sa、sb 围合的圆锥面的左前部分为阳面，右后边部分为阴面。

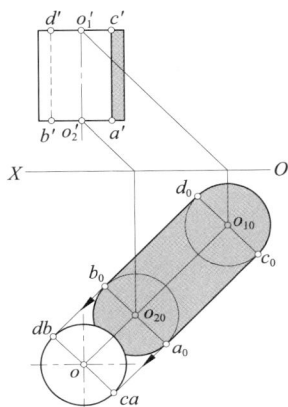

图8-5 圆柱的影子（一）　　　　　图8-6 圆柱的影子（二）　　　　图8-7 圆锥的影子

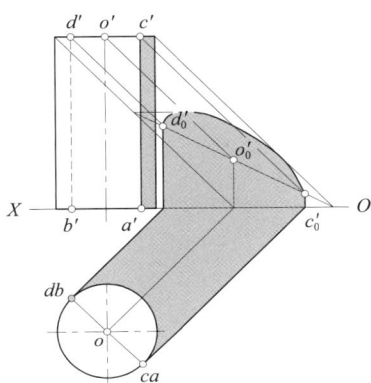

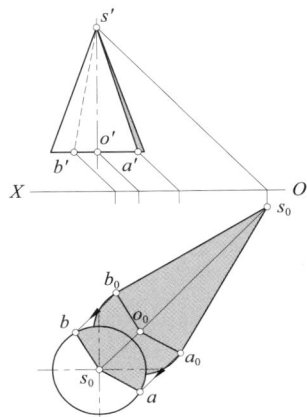

四、线落于曲面上的影子

1. 线落于曲面上的影子

先在线上取一些特殊位置点（影子的最前、后、左、右、上、下，转折点）和一般位置点，分别作出这些点的影子，再用光滑的曲线顺次连接。

如图8-8所示，取曲线落于圆柱最左点 A、最前点 C、最右点 B 和中间点 D，由圆柱 H 面积聚投影反向确定这些点的位置，再利用圆柱面 H 面积聚投影作出它们的影子。

2. 直线落于柱面上的影子特性

（1）一般情况下，直线落于圆柱面上的影子为一椭圆弧；

（2）当直线平行于柱面上的素线时，直线落于该柱面上的影子为一直线；

（3）当某投影面的垂直线落于与另一投影面相垂直的圆柱面上的影子在第三投影面上投影为圆弧，圆弧半径等于圆柱面半径，圆弧中心到垂直线投影间的距离等于垂直线到圆柱轴线间的距离。

例8-4 如图8-9所示，已知一 W 面的垂线 EF 和与 H 面垂直正圆柱，作直线 EF 和圆柱的阴影。

分析：直线 EF 的影子一部分落于圆柱面上，一部分落于地面上，EF 为 W 面的垂直线，故其在任何物体上的影子的H、V面投影成对称形状。又因为该直线的一部分影子落于圆柱面上，圆柱面又是H面的垂直面，那么直线在圆柱面上影子的H面投影就在该圆柱的H面积聚投影上，为一段圆弧，V面投影就是与这段对称的圆弧。根据直线落于柱面上的影子特性，可先在H面上反向作出落于圆柱面边界的最左点G、最右点L的位置，再根据对称性定出EF落于圆柱面上影子的圆弧中心点的V面投影o'_{10}（Ol距离等于$o'_{10}l'$），以o'_{10}为圆心作圆弧$g'_0 j'_0 l'_0$，由于$k'_0 g'_0$段落于圆柱面的后方被遮挡，所以不用表达。

圆柱的影子落于H面和V面上，作法前面讲过，此处不再重复。

AB的影子与圆柱影子的H面投影相交于$\overline{k}_0$和$\overline{l}_0$。

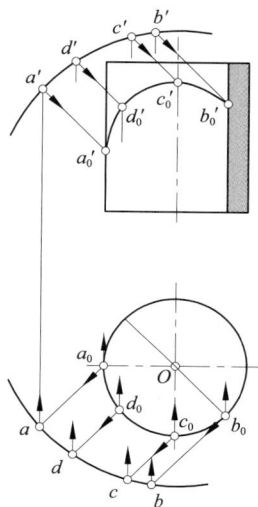

图8-8 曲线落于圆柱上的影子

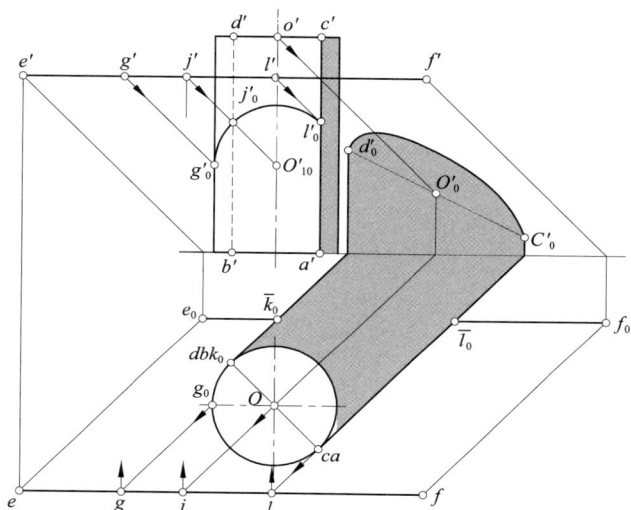

图8-9 直线落于圆柱上的影子

五、组合形体的影子

例8-5 如图8-10所示，已知一上方为方帽的圆柱的投影，作方帽在圆柱面上的影子。

分析：首先分析方帽的阳面、阴面以及阴线，落于圆柱上阴线为AB—BC。

作图步骤：

（1）AB为V面的垂直线，其影子$A_0 B_0$为一条$45°$直线，B点影子落于圆柱面上，可以通过圆柱面的H面积聚投影作出；

（2）BC为W面的垂直线，落于与H面垂直的圆柱面上的影子$B_0 E_0$为圆弧的一段，影子V面投影到轴心的距离等于H面投影到轴心的距离（具体做法同上）；

（3）对于圆柱本身的阳面、阴面以及阴线的判定，此处不再赘述。

例8-6 如图8-11所示，已知一上方为圆帽的圆柱的投影，作圆帽在圆柱上的影子。

分析：对于圆帽的阳面、阴面以及阴线的判定同圆柱的判定方法。落于圆柱上的影子为一段曲线，可在圆帽的阴线上取一些点，作出这些点的影子，再用光滑的曲线相连即可。

作图步骤：

（1）首先在圆帽阴线上取影子的一些关键点，最左、右、前点B、E、D点，再在其上找中间点C，它们的影子可以通过圆柱面的H面积聚投影依次作出，并用光滑曲线连接；

（2）对于圆帽落于圆柱上的阴线AB这一段因落于圆柱后半部分不可见，故不用求作；

（3）对于圆柱本身的阳面、阴面以及阴线的判定此处不再赘述。

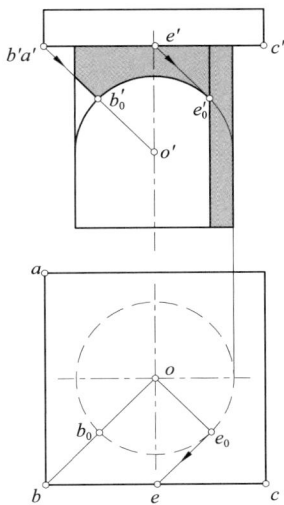

图8-10　方帽圆柱的影子　　　　图8-11　圆帽圆柱的影子

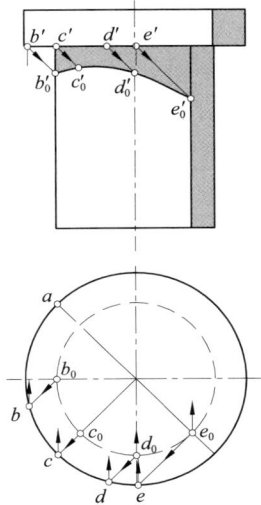

例8-7　如图8-12所示，作一圆拱门廊的阴影。

分析：该圆拱门廊其阴线除了柱子的棱线外还有前后部分圆拱的阴线。

作图步骤：

（1）由于圆拱阴线落于后墙面上，它们互相平行，影子为圆弧一部分，可先作出前后两个圆拱圆心的影子的V面投影o'_{10}、o'_{20}，再分别以其为圆心作等大的圆弧，两圆弧前后相交于e'_0（此为简化画法）；

（2）作出H面垂直阴线AB、CD的影子，在墙面上部分与圆弧影子的V面投影相切于b'_0、d'_0，在地面上部分的H面投影为45°直线；

（3）对于后面两个圆弧门洞，作法相同；

（4）对于整个长方体的外墙影子作法同长方体影子的作法，此处不再赘述。

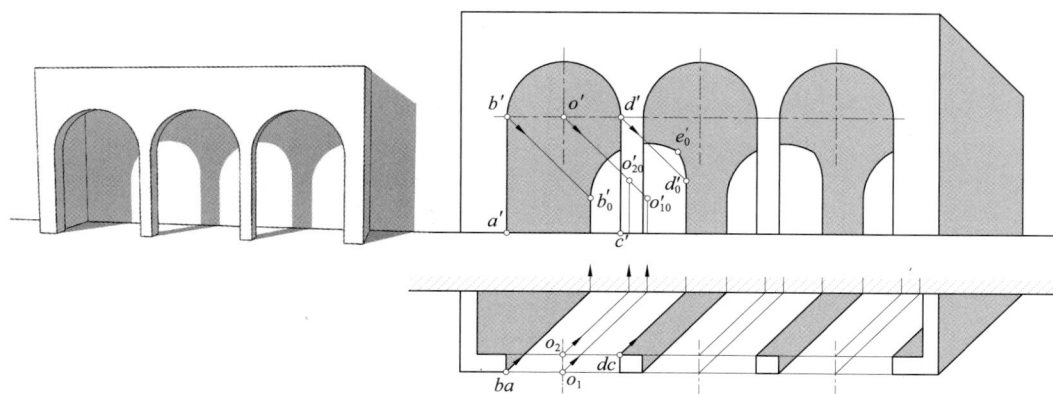

图8-12　圆拱门廊的影子

第九章

几何元素的透视

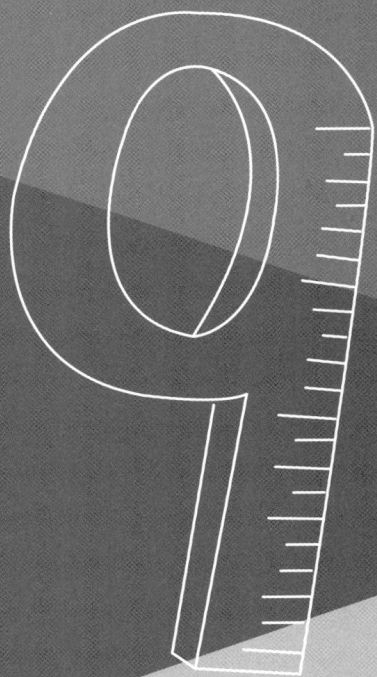

第一节　基本概念

透视图是以人眼为投影中心，在人眼与物体之间设立一个画面，对物体进行中心投影，在画面上所形成的图样。它具有较强的立体感，符合人的视觉习惯，更加生动、逼真。

基本术语如图9-1所示。

基面：放置物体的水平面，绘制建筑图时常为地面（H面）；

画面：透视图所在的平面，一般为垂直于基面的画面（V面）；

基线：基面和画面的交线（OX）；

视点：人眼所在的位置，即中心投影的投影中心点（S）；

站点：视点S的H面投影s；

视高：视点与站点间的距离；

主点：视点S的V面投影s'；

主视线：视点与主点间的连线；

视距：视点与主点间的连线距离Ss'；

视平面：过视点与基面平行的水平面；

视平线：视平面与画面的交线h—h；

视线：空间中物体与视点间连线SA；

基点：空间中物体在H面投影a；

透视：视线与画面的交点A^0（透视为空间中物体字母右上方加0）；

次透视：空间中物体A点的H面投影a的透视a^0。

第二节　点的透视

一、基本概念

点的透视为通过该点的视线与画面的交点。一点若在画面上，那该点的透视即为其本身。

如图9-2所示，画面为V，视点为S，空间中的A点位于画面前，引视线SA的延长线与画面交于A^0，即为A点的透视。空间中的B点位于画面后，引视线SB与画面交于B^0，即为B点的透视。空间中的C点位于画面上，那么视线SC与画面交于C^0为C点本身，即为C点的透视。

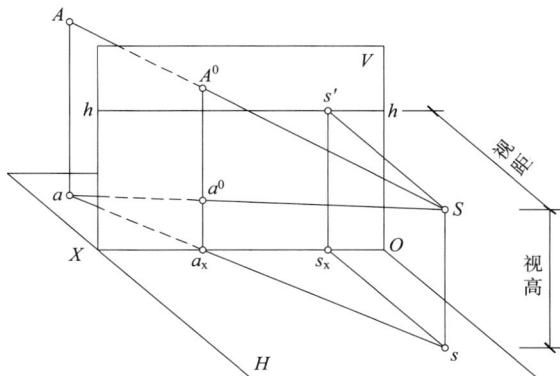

图9-1　基本术语

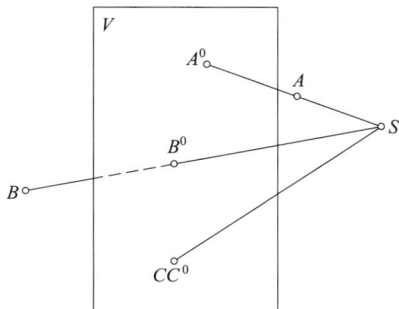

图9-2　点的透视

如图9-3（a）所示，空间中A点的透视为A^0，由于过A^0与视点S的视线SA^0上有无数多个点，它们的透视均为A^0点，所以仅通过A^0点无法确定A点的位置。若作出A点H面投影a的透视，即A点的次透视a^0，就可以确定A点的位置，次透视仅在作图过程中有需要时才表达。

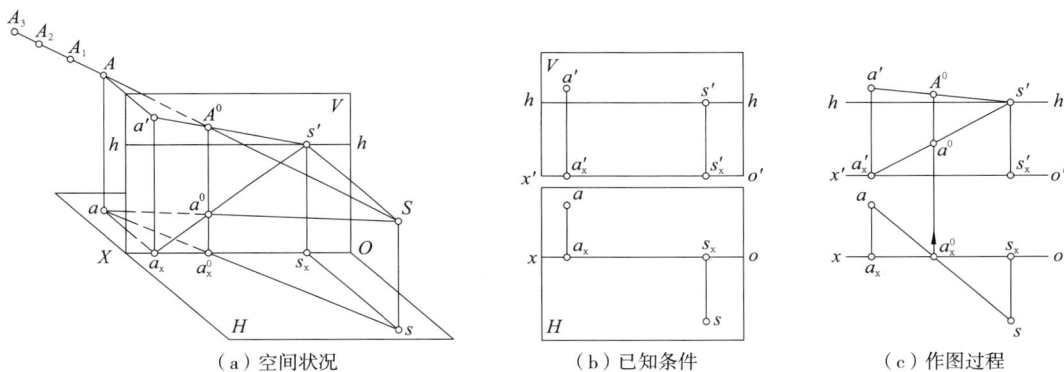

（a）空间状况　　　　　（b）已知条件　　　　　（c）作图过程

图9-3　点的透视作法

二、点的透视作法

如图9-3（a）所示，在空间状况图中不难看出，空间中A点的透视A^0为视线SA与画面V的交点，A^0为V面上一点，H面投影a_x在ox轴上。A点的透视A^0位于视线SA的H面投影sa与OX的交点a_x^0向上的连系线上。如图9-3（b）所示，分别表示H面和V面的投影，在此线框仅表示基面和画面的位置，并不代表范围，故实际作图是不需要图框限定的，如图9-3（c）所示，即去掉图框后实际作图过程。

求一点透视和次透视的步骤：

（1）连接 sa 与 ox 交于 a_x^0；

（2）过 a_x^0 向上作连系线与 $s'a'$ 交于 A^0、与 $a_x's'$ 交于 a^0。

A^0 即为 A 点的透视，a^0 为 A 点的次透视。

第三节　直线的透视

一、基本概念

直线的透视为通过直线和视点的平面与画面的交线。一般情况下，直线的透视仍为直线。当直线或延长线通过视点时，其透视为一点。当直线在画面上时，其透视为其本身。如图9-4所示，直线 AB 的透视仍为一直线。直线 CD（或延长线）通过视点，透视为一点。直线 EF 为画面上一直线，透视为其本身。

直线上点的透视必在直线的透视上，直线上端点的透视必为直线透视的端点，所以求直线的透视实际上是分别求直线上两端点的透视，再相连即可。

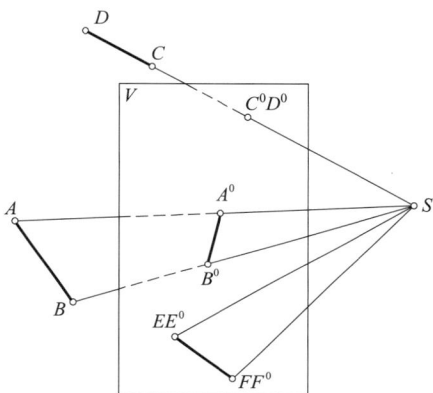

图9-4　直线的透视

二、直线的透视特性

根据直线与画面的相对位置不同，可将直线分为画面平行线和画面相交线。

1. 画面平行线

与画面平行的直线，它的透视与其本身平行，且线上各线段的长度之比与其透视的长度之比相同。两个互相平行的画面平行线的透视仍互相平行。

如图9-5所示，直线 AD 为画面的平行线，那么 AD 的透视 A^0D^0 与其本身互相平行，直线上线段之比与其透视长度之比相同：$AB:BC:CD=A^0B^0:B^0C^0:C^0D^0$。

如图9-6所示，直线 AB、CD 为互相平行的画面平行线，那么 $A^0B^0 /\!/ C^0D^0 /\!/ AB /\!/ CD$。

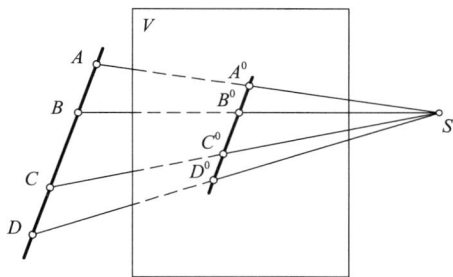

图9-5 画面平行线的透视

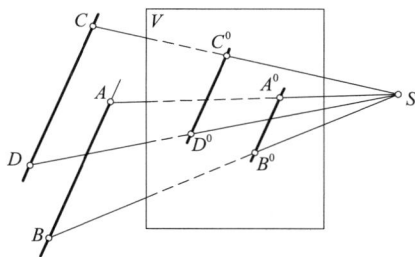

图9-6 两平行的画面平行线的透视

2. 画面相交线

画面相交线（或其延长线）即与画面相交的直线，与画面的交点为迹点，相交线上无限远点的透视称为灭点（即为平行于该直线的视线与画面的交点），画面相交线的透视必过迹点和灭点。所以，画面相交线的透视为迹点和灭点连线上的一段直线。迹点和灭点的连线称为直线的全透视。

如图9-7所示，直线A与画面交于N，为直线A的迹点，其透视为其本身。F点为直线上无限远点的透视，为过视点S且平行于直线A的直线与画面的交点，称为直线的灭点。直线A的透视为迹点N和灭点F连线上的一段直线。

两条互相平行的画面相交线有同一灭点。

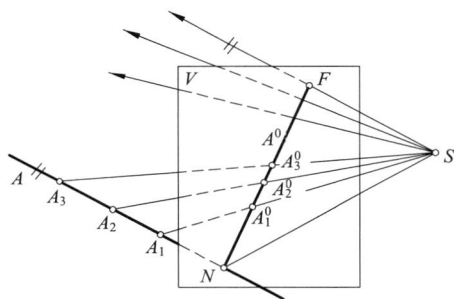

图9-7 画面相交线的的迹点和灭点

3. 两相交直线交点的透视为两直线透视的交点

如图9-8所示，直线AB、CD交于点E，它们的透视A^0B^0、C^0D^0的交点E^0为AB、CD交点E的透视。

4. 两交叉直线的透视若相交，交点为两直线上位于同一视线上两点透视的重合

如图9-9所示，直线AB、CD为两交叉直线，它们的透视A^0B^0、C^0D^0交于E^0，E^0为AB、CD上E_1、E_2两点透视的重合。

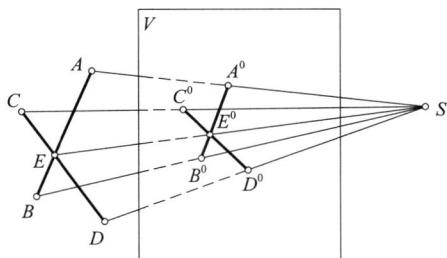

图9-8 相交两直线的透视

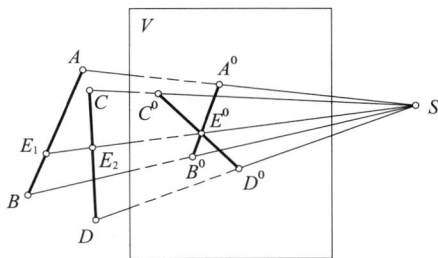

图9-9 交叉两直线的透视

三、直线的透视求法

根据直线对画面和基面的相对位置关系的不同，将直线分为以下几类。

1. 基面上直线的透视

如图9-10所示，在投影图中，已知基面上直线AB的H面投影ab，作直线AB的透视。

直线AB为基面上的直线，其H面投影ab与其本身重合，故其透视和次透视相同。直线AB的迹点N为AB（ab）延长后与画面的交点，必在OX轴上。直线AB的灭点F为与AB平行的视线与画面的交点。由于AB为基面上的直线，那么灭点必在视平线h—h上。直线AB的全透视为N、F的连线。

方法一：视线法，如图9-10（c）所示，利用直线的迹点、灭点和视线的H面投影作物体透视的方法称为视线法。

作图步骤：

（1）延长ba与ox交于n，过n向上作连系线交$o'x'$于N，为AB的迹点；

（2）过s作ab的平行线sf交ox于f，过f向上作连系线交h—h于F，为AB的灭点；

（3）连接FN为AB的全透视；

（4）连接sa、sb与ox交于a_x^0、b_x^0，过a_x^0、b_x^0分别向上作连系线交FN于A^0、B^0，连接并加粗A^0B^0为直线AB的透视，也是AB的次透视a^0b^0。

方法二：交线法，如图9-10（d）所示，利用直线的迹点、灭点和两相交直线的交点作物体透视的方法称为交线法，在此分别过A、B点作基面的平行线AA_1、BB_1。

作图步骤：

（1）迹点、灭点的作法同上，连接FN为AB的全透视；

（2）过a在H面上作一条与画面相交线的辅助线aa_1，与ox交于a_1，过a_1向上作连系线交$o'x'$于a_1'，a_1'为AA_1的迹点；

（3）作AA_1的灭点F_1，过s作sf_1平行于aa_1交ox于f_1，过f_1向上作连系线交h—h于F_1；

（4）同理过b点作aa_1的平行线bb_1，与ox交于b_1，过b_1向上作连系线交$o'x'$于b_1'，b_1'为BB_1的迹点。由于BB_1平行于AA_1，所以这两条辅助线有同一灭点F_1；

（5）分别连接$a_1'F_1$和$b_1'F_1$，为辅助线AA_1、BB_1的全透视；

（6）根据两相交直线交点的透视为两直线透视的交点，$a_1'F_1$与FN交于A^0为A点透视，$b_1'F_1$与FN交于B^0为B点透视，连接并加粗A^0B^0为直线AB的透视，也是AB的次透视a^0b^0。

（a）空间状况　　　　　　　　　　　　　　　　（b）已知条件

（c）视线法投影作图　　　　　　　　　　　　　（d）交线法投影作图

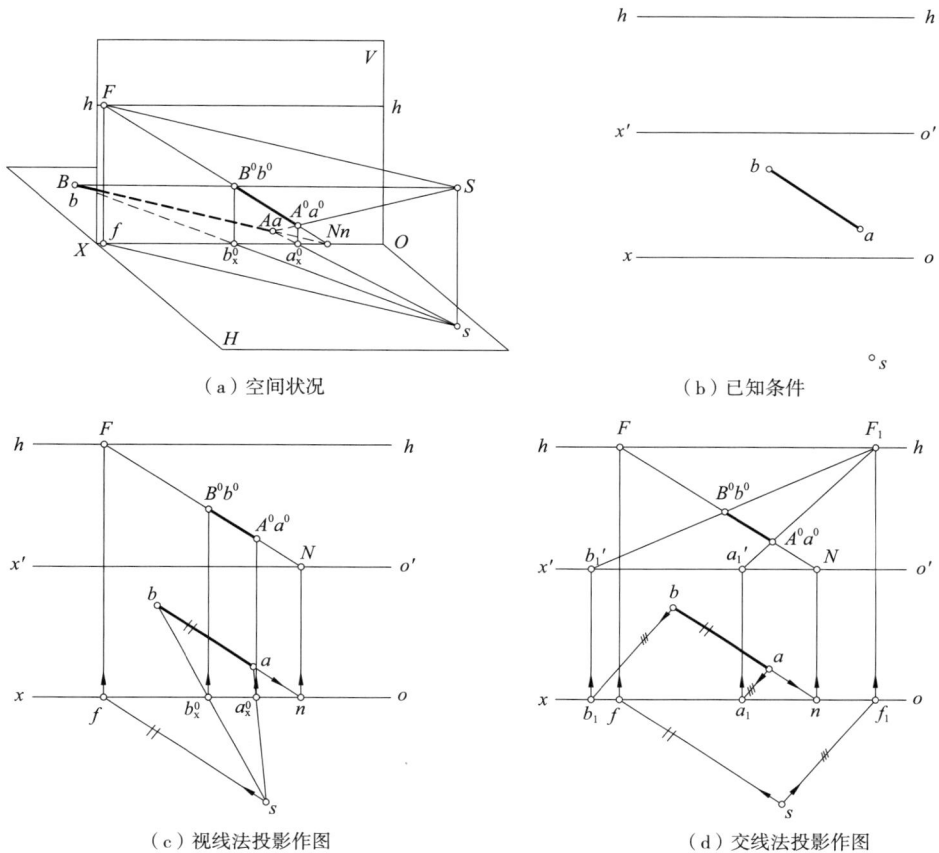

图9-10　基面上直线的透视作法

2. 基面平行线的透视

如图9-11所示，在投影图中，已知基面平行线AB的H面投影ab，直线AB到H面的距离H_1，作直线AB的透视。

直线AB的迹点N为AB延长后与画面的交点，其H面的投影n在ox轴上，Nn为垂直线连系线，高度等于AB到H面的距离H_1。AB的灭点F为与AB平行的视线与画面的交点，AB为基面平行线，灭点必在视平线h—h上。AB的全透视为N、F的连线，次透视的全透视则为n'、F的连线。

方法一：视线法，如图9-11（c）所示。

作图步骤：

（1）延长ba与ox交于n，过n向上作连系线交$o'x'$于n'，再过n'向上作连系线$n'N$，$n'N$间的距离为H_1，N为AB的迹点；

（2）过s作ab的平行线sf交ox于f，过f向上作连系线交h—h于F，F为AB的灭点；

（3）连接FN为AB的全透视，连接Fn'为AB次透视的全透视；

（4）连接sa、sb与ox交于a_x^0、b_x^0，过a_x^0、b_x^0分别向上作连系线交FN于A^0、B^0，交Fn'于a^0、b^0，连接并加粗A^0B^0、a^0b^0，为直线AB的透视和次透视。

方法二：交线法，如图9-11（d）所示。

作图步骤：

（1）迹点、灭点的作法同上，FN为AB的全透视，Fn'为AB次透视的全透视；

（2）过a在H面上作一条与画面相交线的辅助线aa_1，与ox交于a_1，过a_1向上作连系线交$o'x'$于a_1'，a_1'为aa_1的迹点；

（3）作aa_1的灭点F_1，过s作$sf_1 // aa_1$交ox于f_1，过f_1向上作连系线交$h—h$于F_1；

（4）同理过b点作aa_1的平行线bb_1，与ox交于b_1，过b_1向上作连系线交$o'x'$于b_1'，b_1'为bb_1的迹点，两条平行辅助线有同一灭点F_1；

（5）分别连接$a_1'F_1$、$b_1'F_1$，为辅助线aa_1、bb_1的全透视，$a_1'F_1$与Fn'交于a^0，为A点次透视；$b_1'F_1$与Fn'交于b^0，为B点的次透视，过a^0、b^0分别向上作连系线交FN于A^0、B^0，连接并加粗A^0B^0、a^0b^0，为直线AB的透视和次透视。

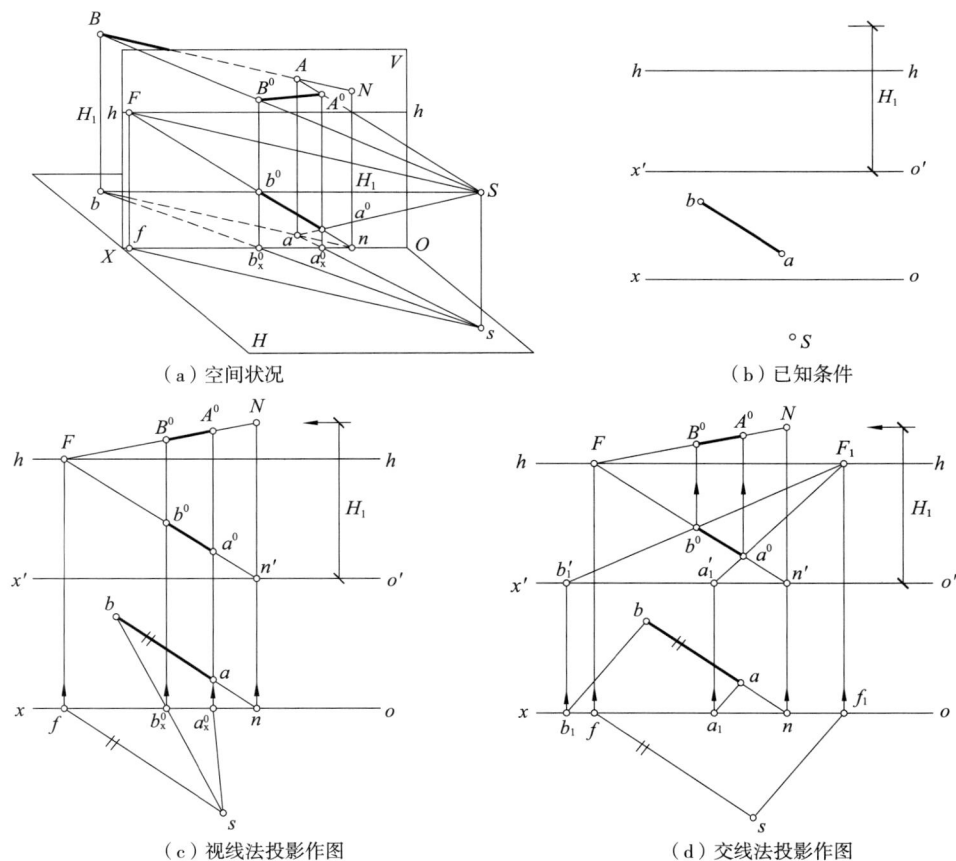

（a）空间状况

（b）已知条件

（c）视线法投影作图

（d）交线法投影作图

图9-11　基面平行线的透视作法

3. 画面垂直线的透视

画面垂直线同样也是基面平行线，可参照基面平行线的透视求法，但画面垂直线的灭点为主视线Ss'与画面的交点s'，即主点。

如图9-12所示，已知画面垂直线AB的H面投影ab及直线AB距基面H的距离H_1，作直线AB的透视和次透视。

作图步骤：

（1）延长ba与ox交于n，过n向上作连系线交$o'x'$于n'，再过n'向上作连系线$n'N$，$n'N$间的距离为H_1，N为AB的迹点；

（2）过s作主点s'，s'为AB的灭点；

（3）连接$s'N$、$s'n'$为AB的全透视和次透视的全透视；

（4）连接sa、sb与ox交于a_x^0、b_x^0，过a_x^0、b_x^0分别向上作连系线交$s'N$于A^0、B^0，交$s'n'$于a^0、b^0，加粗A^0B^0、a^0b^0，为直线AB的透视和次透视。

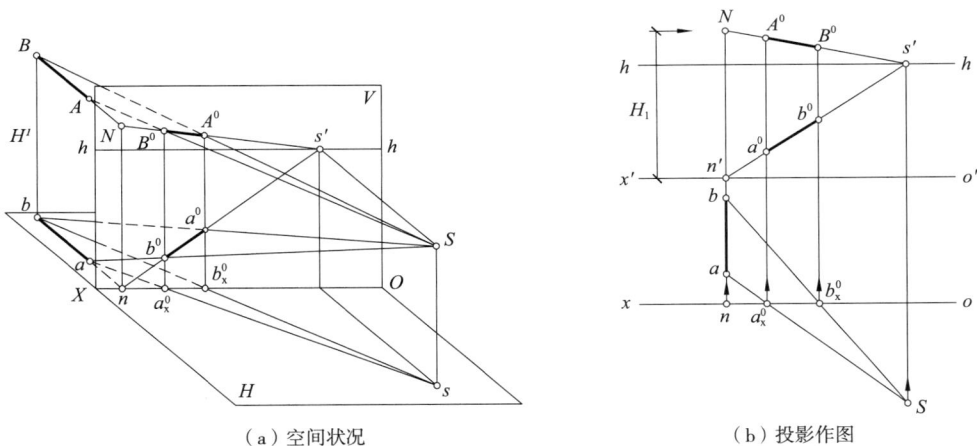

（a）空间状况 （b）投影作图

图9-12 画面垂直线的透视作法

4. 基面垂直线的透视

基面垂直线同时也是画面平行线，故透视与其平行，且与画面没有交点，所以不存在迹点和灭点。这时过直线两端点作两条画面辅助垂直线，再求这两条辅助线与基面垂直线交点的透视即可。

如图9-13所示，已知H面的垂直线AB的H面投影ab，端点A距H面的距离为H_1，B点位于基面上，作直线AB的透视。

分析：分别过A、B作画面垂直线AA_1、BB_1，A_1、B_1两个点是A、B两点的V面投影a'、b'。

作图步骤：

（1）B点为H面上一点，过B作一条与画面垂直的线BB_1，过b作bb_1交ox于b_1，过b_1向上作连系线交$o'x'$于b'（b_1'），为BB_1的迹点；

（2）同理，过A作一条画面垂直线AA_1，过a_1向上作连系线$a'b'$间的距离为H_1，a'（a_1'）为AA_1的迹点；

（3）过s作AA_1、BB_1的平行线交h—h于s'，为AA_1、BB_1的灭点；

（4）连接$s'a'$、$s'b'$为直线Aa'、Bb'的全透视；

（5）连接sa（sb）与ox交于a_x^0（b_x^0），过a_x^0（b_x^0）向上作连系线交$s'a'$和$s'b'$于A^0、B^0，连接并加粗直线A^0B^0，为直线AB的透视。

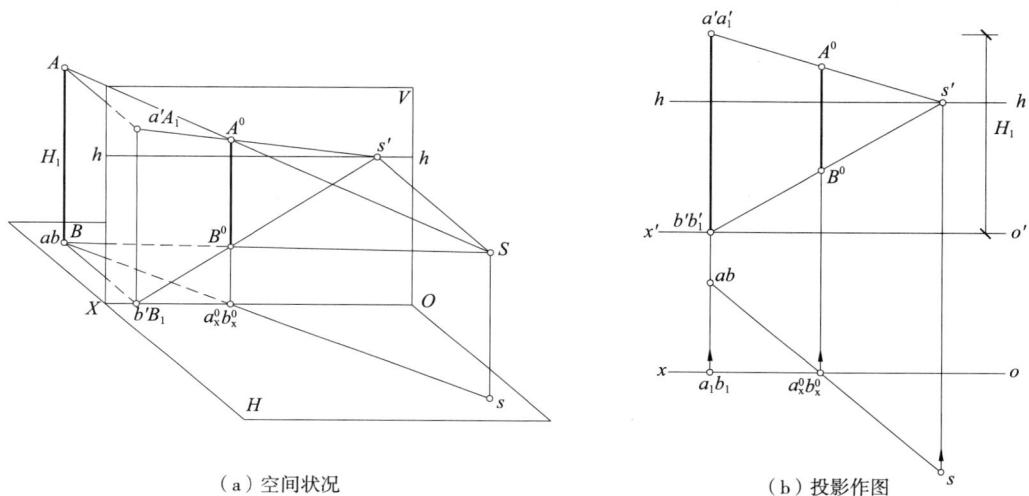

（a）空间状况　　　　　　　　　　（b）投影作图

图9-13　基面垂直线的透视作法

5. 画面平行线的透视

画面平行线的透视与其本身平行，它的H面投影为一平行于OX轴的直线，所以画面平行线的次透视为一水平线。画面平行线与画面没有交点，不存在迹点和灭点。需要过直线两端点作两条互相平行的画面垂直线为辅助线，再作这两条辅助线上的两端点的透视即可。

如图9-14所示，已知画面平行线AB的H面投影ab和A点的V面投影a'，直线AB的水平倾角为30°（直线与H面夹角），作直线AB的透视。

作图步骤：

（1）参照上例可作出A点的透视A^0；

（2）AB为画面平行线，其透视与其本身平行，水平倾角也为30°，过A^0向右上、右下分别作水平倾角为30°直线；

（3）连接sb与ox交于b_x^0，过b_x^0向上作连系线交过A^0的两条斜线于B_1^0、B_2^0，连接并加粗$A^0B_1^0$、$A^0B_2^0$，为直线AB的透视。

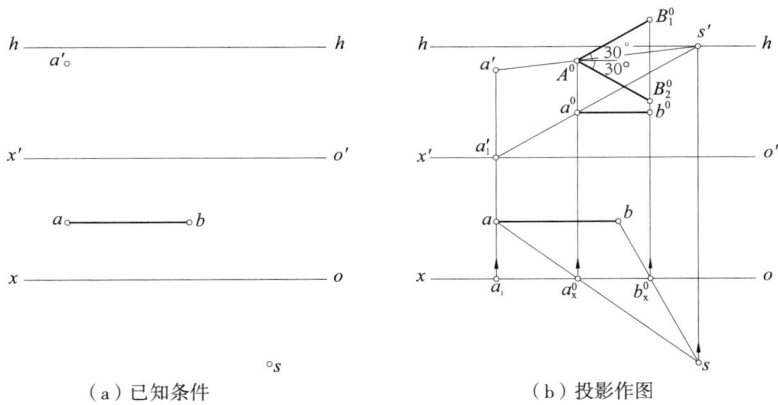

（a）已知条件　　　　　　　　　（b）投影作图

图9-14　画面平行线的透视作法

6. 一般位置直线的透视

如图9-15所示，已知一般位置直线AB的H面投影ab和V面投影$a'b'$，作直线AB的透视。

分析：本题可先作出直线AB的次透视。再利用A、B两点V面投影作出AB的透视。

作图步骤：

（1）延长ab与ox交于n，过n向上作连系线交$o'x'$于n'，为次透视的迹点；

（2）过s作ab的平行线交ox于f，过f向上作连系线交h—h于F，F为次透视的灭点；

（3）连接Fn'为AB次透视的全透视；

（4）连接sa、sb与ox交于a_x^0、b_x^0，过a_x^0、b_x^0分别向上作连系线交Fn'于a^0、b^0，a^0b^0是AB的次透视；

（5）过A作AA_1平行于ab，与画面交于A_1，A_1为AA_1的迹点。AA_1的真高是A点V面投影a'到ox的距离，AA_1平行于ab，故其灭点也是F。过n'向上作连系线，并取$n'A_1$等于a'到ox的距离，连接FA_1，为AA_1的全透视。过a^0向上作连系线交FA_1于A^0，同理作B点的透视B^0，连接并加粗A^0B^0、a^0b^0，为直线AB的透视和次透视。

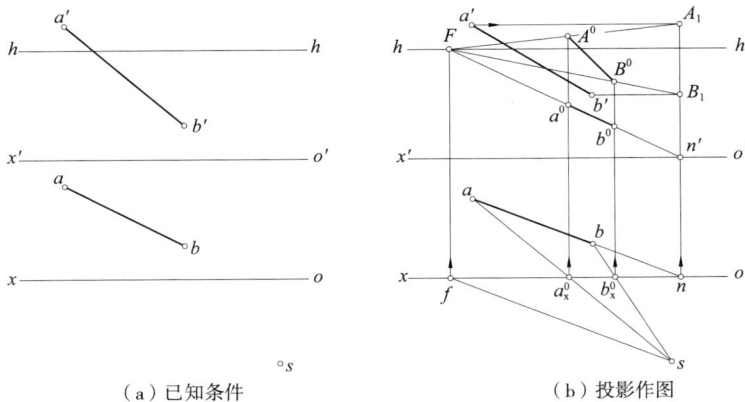

（a）已知条件　　　　　　　　　（b）投影作图

图9-15　一般位置直线的透视作法

第四节　平面的透视

一、基本概念

平面图形的透视根据其边线的透视确定，绘制平面图形的透视实际上就是作其边线的透视。

平面图形的透视一般情况下为一边数相同的平面图形。当平面（或扩大后）通过视点时，其透视为一直线；当平面在画面上时，其透视为其本身；当平面平行于画面时，其透视为一个与原图形相似的图形。

二、平面的透视作法

1．基面上平面的透视

已知基面上平面 $ABCDEG$ 的 H 面投影，作该平面的透视。

分析：该平面为基面上的平面，作该平面的透视实际上是作组成平面的边线 AB、BC、CD、DE、EG、GA 的透视，这些边线均位于基面上。

方法一：视线法，如图9-16所示。

作图步骤：

（1）通过观察可以发现 A 点位于 OX 轴上，故其透视 A^0 为其本身；

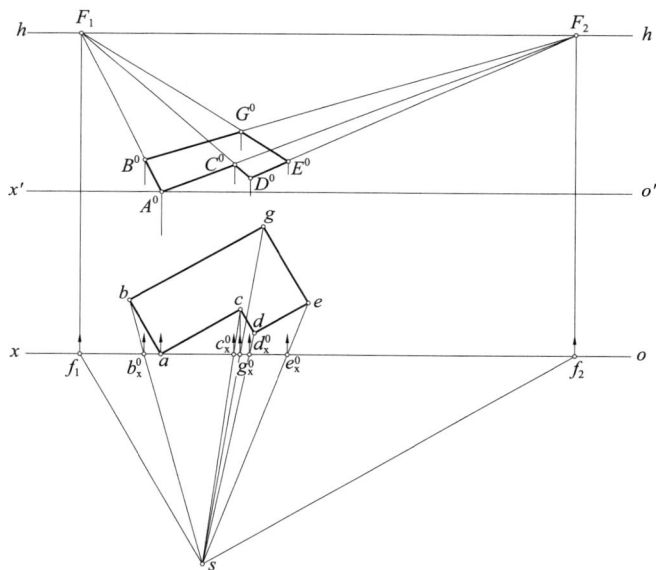

图9-16　基面上平面的透视作法（视线法）

（2）作 AB 的透视：AB 位于基面上，故其灭点在视平线 $h—h$ 之上，过 s 作 ab 的平行线交 ox 于 f_1，过 f_1 向上作连系线交 $h—h$ 于 F_1，为 AB 的灭点。过 a 向上作连系线交 $o'x'$ 于 A^0，为 A 点透视，同时也为 AB 迹点，F_1A^0 为 AB 的全透视。连接 sb 与 ox 交于 b_x^0，过 b_x^0 向上作连系线交 F_1A^0 于 B^0，A^0B^0 是 AB 的透视；

（3）同理作 AC 的透视：过 s 作 ac 平行线交 ox 于 f_2，过 f_2 向上作连系线交 $h—h$ 于 F_2，F_2

为 AC 的灭点，F_2A^0 为 AC 的全透视。连接 sc 与 ox 交于 c_x^0，过 c_x^0 向上作连系线交 F_2A^0 于 C^0，A^0C^0 是 AC 的透视；

（4）作 CD 的透视：由于 CD 平行于 AB，所以 CD 与 AB 为同一灭点 F_1，连接 F_1C^0（延长线），为 CD 的全透视。连接 sd 与 ox 交于 d_x^0，过 d_x^0 向上作连系线交 F_1C^0 的延长线于 D^0，C^0D^0 是 CD 的透视；

（5）作 DE 的透视：DE 平行于 AC，所以 DE 与 AC 为同一灭点 F_2，连接 F_2D^0 为直线 DE 的全透视，连接 se 与 ox 交于 e_x^0，过 e_x^0 向上作连系线交 F_2D^0 于 E^0，D^0E^0 是 DE 的透视；

（6）同理，作 EG 的透视 E^0G^0，连接 G^0B^0，加粗 $A^0B^0C^0D^0E^0G^0A^0$，就是平面 $ABCDEG$ 的透视。

方法二：交线法，如图9-17所示。

作图步骤：

（1）同上，A 点透视 A^0 为其本身，作出两灭点 F_1、F_2；

（2）作 AB 的透视：A^0 为 AB 的迹点，F_1A^0 为 AB 的全透视。延长 bg 与 ox 交于1，过1向上作连系线交 $o'x'$ 于 $1'$，F_2 为 BG 的灭点，$1'$ 为 BG 的迹点，F_21' 为 BG 的全透视，F_1A^0 与 F_21' 交于 B^0，为点 B 的透视；

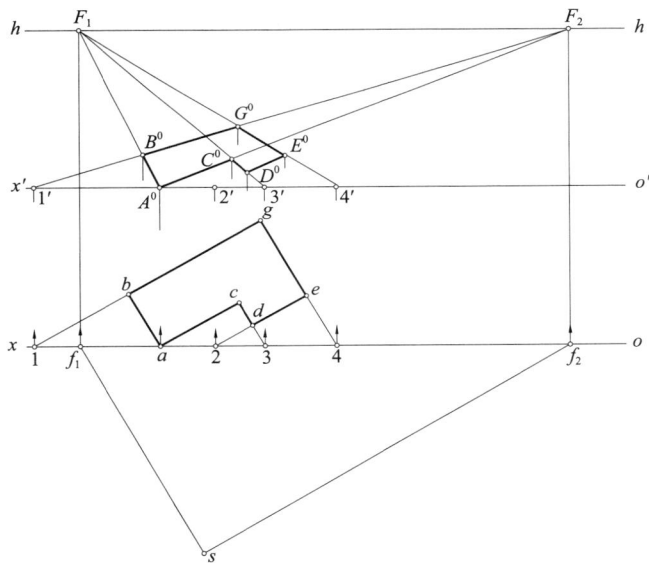

图9-17　基面上平面的透视作法（交线法）

（3）作 AC 的透视：AC 与 BG 平行，所以它们的灭点同为 F_2，F_2A^0 为直线 AC 的全透视。延长 cd 与 ox 交于3，过3向上作连系线交 $o'x'$ 于 $3'$，直线 CD 与 AB 平行，所以它们的灭点同为 F_1，$3'$ 为 CD 的迹点，F_13' 为直线 CD 的全透视。F_2A^0 与 F_13' 交于 C^0，为点 C 的透视；

（4）同理，可以作出点 D、E、G 的透视 D^0、E^0、G^0，连接并加粗 $A^0B^0C^0D^0E^0G^0A^0$，就是平面 $ABCDEG$ 的透视。

对于基面平行面的透视就是将基面上平面透视的迹点垂直升高到该平面与基面的距离，再利用其灭点就可作出 H 面平行面的透视。

2. 基面垂直面的透视

如图9-18所示，已知平面 $ABCD$ 为基面垂直面（可以想象成教室的窗户），其 H 面的投

影为 $abcd$，AB、CD 为基面平行线，距基面的距离分别为 H_1、H_2，AD、BC 为基面垂直线，作 $ABCD$ 的透视。

分析：可将平面扩大与画面相交，交线反映直线 AB、CD 的真高，交线称为真高线。

在此需要注意一点，前面作透视图的时候延续投影制图的规范，在图面上将画面 V 面放在基面 H 面垂直上方，考虑到后续作图的需要，从这道题开始将 V 面与 H 面的投影互换。在透视图部分这两个投影之间仅存在上下对位关系，所以互换后并不影响透视图的表达。

作图步骤：

（1）延长 ab（cd）与 ox 交于 n，过 n 向下作连系线交 $o'x'$ 于 n'；

（2）在 nn' 上量取 $n'A_1$、$n'D_1$，分别等于 H_1、H_2，A_1、D_1 分别是 AB、CD 的迹点；

（3）过 s 作 ab（cd）的平行线交 ox 于 f，过 f 向下作连系线交 h—h 于 F，为 AB、CD 的灭点；

（4）连接 FA_1、FD_1 分别是 AB、CD 的全透视，连接 sa（sd）、sb（sc）交 ox 于 d_x^0（a_x^0）、c_x^0（b_x^0），过 d_x^0（a_x^0）、c_x^0（b_x^0）向下作连系线，交 FA_1、FD_1 于 A^0、B^0、C^0、D^0，连接并加粗 $A^0B^0C^0D^0A^0$，就是平面 $ABCD$ 的透视。

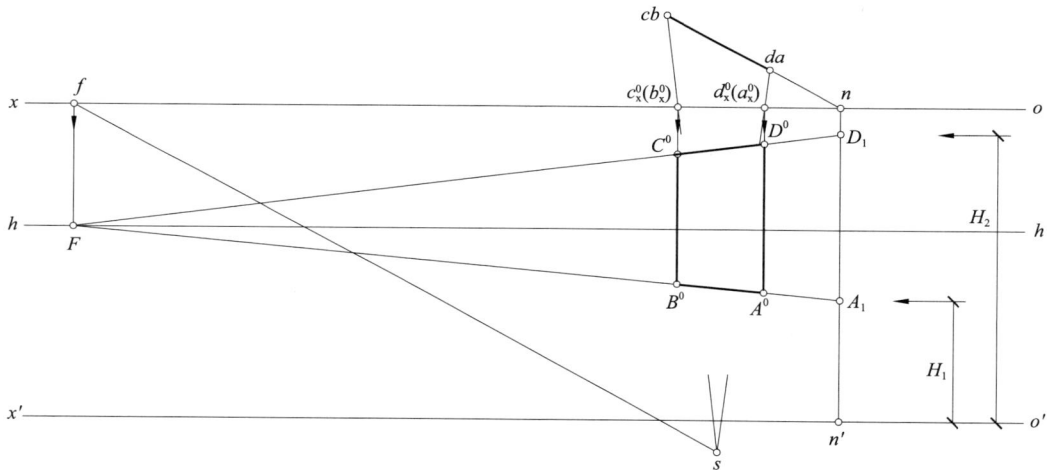

图9-18　基面垂直面的透视作法

3. 画面平行面的透视

如图9-19所示，已知平面 $ABCD$ 为画面的平行面（可以想象成教室黑板），其 H 面的投影为 $abcd$，AB、CD 为基面平行线，距基面距离分别为 H_1、H_2，AD、BC 为基面垂直线，作 $ABCD$ 的透视。

分析：由于该平面为画面的平行面，故没有迹点和灭点。所以分别过 A、D 作两条画面的垂直线（方法同画面平行线透视作法）。平面 $ABCD$ 的边线与其透视互相平行。

作图步骤：

（1）过 a 向下作垂直线分别交 ox、$o'x'$ 于 n、n'；

（2）在 nn' 上量取 $n'A_1$、$n'D_1$，分别等于 H_1、H_2，A_1、D_1 分别是过 A、D 两点作的画面垂直线的迹点；

（3）过 s 作垂直线交 h—h 于主点 s'，连接 $s'A_1$、$s'D_1$ 分别是过 A、D 两点作的画面垂直线的全透视；

（4）连接 sd（sa）、sc（sb）交 ox 于 d_x^0（a_x^0）、c_x^0（b_x^0）；

（5）分别过 d_x^0（a_x^0）向下作连系线，交 $s'A_1$、$s'D_1$ 于 A^0、D^0，过 A^0、D^0 作水平连系线，过 b_x^0、（c_x^0）向下作连系线与水平连系线交于 B^0、C^0，连接并加粗 $A^0B^0C^0D^0A^0$，就是平面 $ABCD$ 的透视。

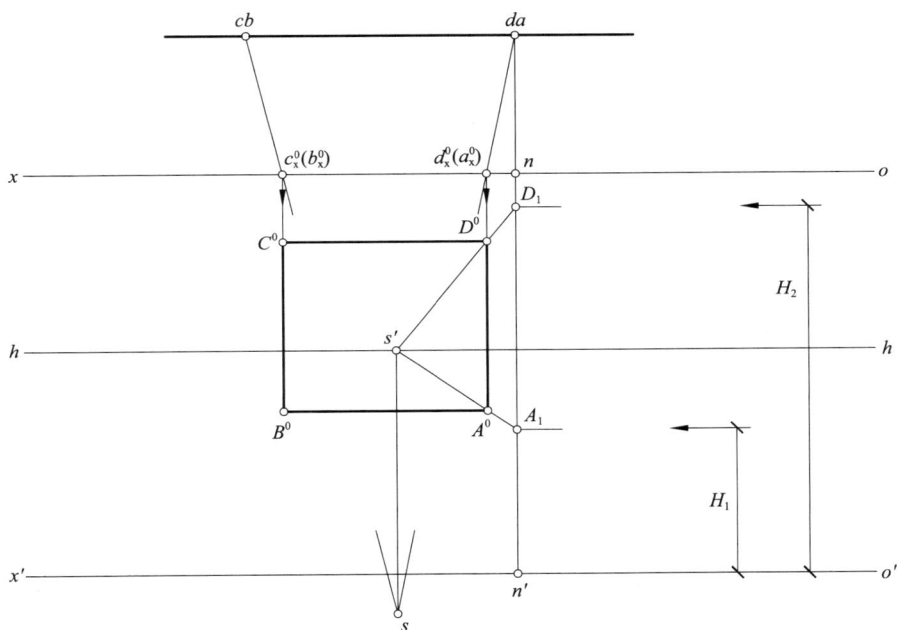

图9-19　V面平行面的透视作法

第五节　透视图参数的设定

当视点、视距、视高、画面、角度等相关参数不同时，将产生形状和大小迥异的透视图。为了透视图上所表达的建筑物的形状满足表现需求，相关参数应针对不同的建筑物和表达要求加以设定。

一、透视图类型选择以及与画面关系

1. 一点透视

建筑物有两组主要棱线平行于画面，第三组垂直于画面，灭点即为主点，这样一个立面平行于画面的透视，又称正面透视。一点透视主要适用于对称建筑、街道、庭院、大门入口和室内等正立面的表现，显得庄严宏大。如图9-20所示，中心对称较为严肃，体现庄重的氛围。

图9-20　一点透视图

2. 两点透视

建筑物仅有铅垂棱线与画面平行，另两组水平棱线与画面斜交，在画面上形成两个灭点的透视，又称成角透视。如图9-21所示，两点透视的应用最广泛，透视生动活泼，符合人们大部分视角观察建筑物的情况，普遍应用于单体建筑物。

3. 三点透视

三点透视是指画面与建筑物各面均倾斜的透视，又称斜透视。画面对三个方向的直线均不平行，因此有三个灭点，如图9-22所示。该透视常用于表现高耸建筑物或建筑物群体，可增强视觉冲击力。

图9-21　两点透视图

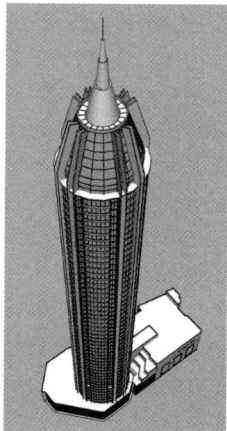

图9-22　三点透视图

二、画面与建筑相对位置

1. 画面与建筑立面偏转角

建筑物的立面与画面的偏转角越小，则该立面上水平线的灭点越远，透视收敛则越平缓、宽阔。偏转角适当，则立面的透视非常接近于立面高、宽的实际比例；偏转角越大，则该立面上水平线的灭点越近，透视收敛则越急剧、狭窄。两点透视中，如图9-23所示，正面对画面的偏转角 θ 最好30°左右；偏转角 θ 大于45°后，侧面太宽，失去了原有建筑物的长宽比；偏转角 θ 太小，侧面显得有点窄，形体对比较弱。在绘制透视图时，可根据该透视规律，恰当地确定画面与建筑物立面的偏角，如果有意识地去突出表现侧立面的特色，偏转角可以采用大于45°。

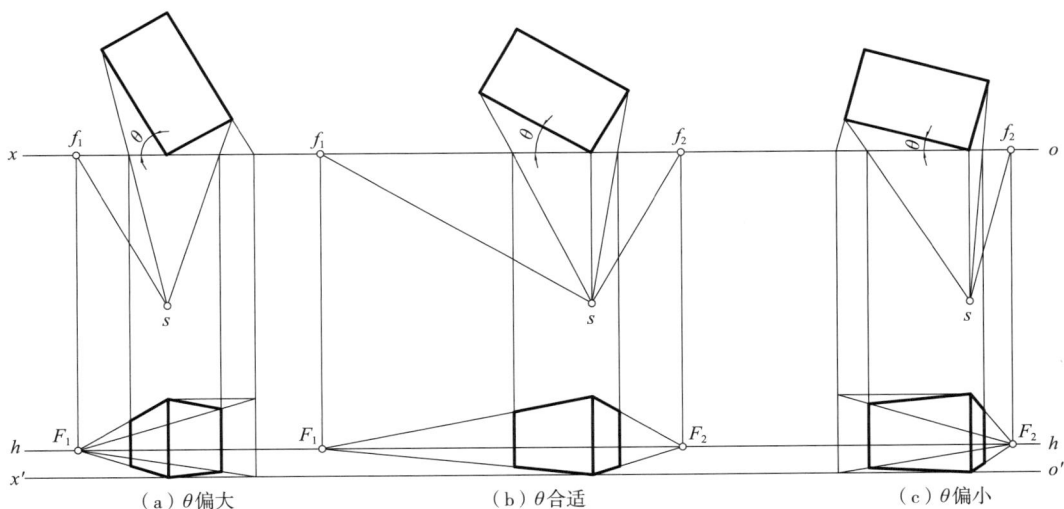

（a）θ偏大　　　　　　　（b）θ合适　　　　　　　（c）θ偏小

图9-23　两点透视的偏转角

2. 画面与建筑物前后关系

画面与建筑物的角度确定后，画面与建筑物的前后关系也需要明确。

（1）画面置于建筑物之前，即画面置于建筑物与视点之间，如图9-24中 o_1x_1 的位置。此时，建筑物上除画面交线外均处于缩小状态，故也称为缩小透视。

（2）画面置于建筑物中部，如图9-24中 o_2x_2 位置，一般来说将画面通过建筑物的某竖向棱线，保证了棱线的真高，且使某些水平线的迹点在该线上，方便作图。

（3）画面置于建筑物之后，如图9-24中 o_3x_3 的位置，建筑物上除画面交线外均处于放大状态，故也称为放大透视。在这种情况下，灭点较远，会受图面大小限制。但透视图面变大，便于细节的表现。

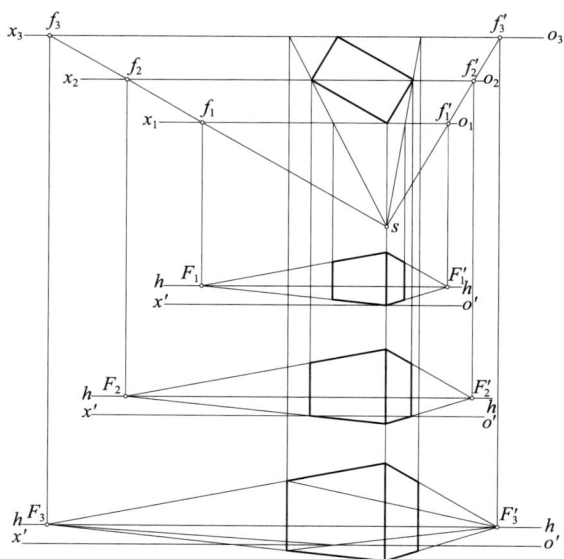

图9-24　画面与建筑物前后关系

三、视点的相关参数

1. 视距

视距的远近将产生不同的变形透视图。视距越大，透视收敛则越平缓，透视变形较小；视距越小，透视收敛则越急剧，变形越大。如图9-25所示，s 离 ox 的距离越大，建筑变形越小，越能反映建筑的真实尺度。对于长度远大于高度的建筑物，取建筑物宽度1至2.0倍为宜；对于高耸建筑物、视点低于或高于建筑物时的视距，取建筑物高度或者视点到建筑物顶或底的高度1.5～2.0倍为宜。

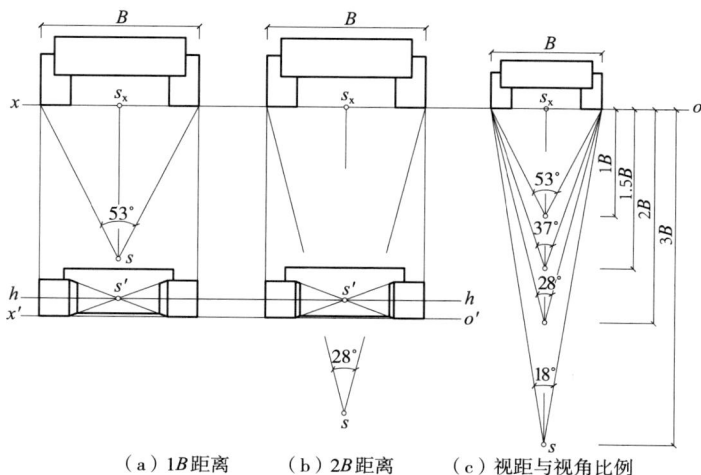

（a）1B距离　　（b）2B距离　　（c）视距与视角比例

图9-25　视距与视角关系

2. 视角范围

视点到建筑端部之间形成的视野范围称为视角范围，一般控制在60°以内，以30°至40°为宜。超过90°画出来的物体将失真严重。视角太小，非但因视点离物体、画面远而灭点会越出图纸，而且所有水平线的透视方向极为平坦，缺乏透视效果。所以，绘制透视图时视点位置很重要，必须使视角在合适的范围内。

对于低平的建筑物，且视点低于建筑物时，视角的大小可以由水平方向的两侧视线间夹角来控制，其大小可以用H面的投影来表达。这时应当注意建筑物两侧视线间的夹角，当主视线位于中间1/3时，才是视角的真正大小，如图9-26（a）所示。而在图9-26（b）中，虽然两侧视线间的夹角仅30°，但是主视线的H面投影ss_x不位于中间1/3，因而视角的真正大小等于ss_x与最旁边的视线间夹角50°的一倍，即100°了。这个约束对于两侧视线间的夹角，接近上限60°左右时，更为重要。

对于高耸的建筑物，视点低于或高于建筑物较多时，视角的大小，应由竖直方向的视角控制，即应由最下方或最上方视线同主视线间夹角的一倍来控制。

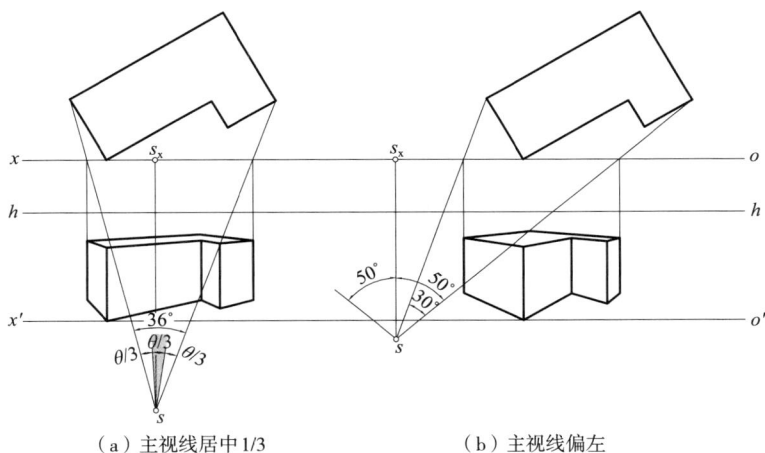

（a）主视线居中1/3   （b）主视线偏左

图9-26　水平视角范围

3. 视高

（1）仰视图：视点低于建筑物时的透视，如图9-27中所示视平线h_1—h_1的位置，这时视线的仰角以不超过30°为宜。仰视图多用于山下观看山上的建筑物或者观看檐口等情况，绘制出来的建筑具有净化背景、突出主体、能夸大建筑的高度，具有很强的视觉冲击力。

（2）一般的透视，即视点位于建筑高度范围内：如图9-27中所示视平线h_2—h_2的位置。当人立于水平的地面上，视高可取人眼高度，一般为1.5～1.8m。绘制室内透视时，若房间高度大，取视高1.0～1.3m，如坐着观看一样，这样房间显得空间大而宽敞。但若要表现家具摆放，则视高可适当提高。对于礼堂、剧场、运动场等的描绘，为了显示座位排列，则视点可根据实际情况更高一些。

（3）鸟瞰图：视点高于建筑物顶面时的透视，称为鸟瞰图。如图9-27所示视平线 h_3—h_3 的位置，这时好像在空中、山上或其他更高的位置上观看的情况。鸟瞰图除能表示建筑物顶部的形状外，主要用于表现大范围的建筑群规划和建筑围合内部空间。

4. 视点位置的确定

绘制建筑物的透视时，除了考虑前述的视角、视高、视距、画面等条件外，由于建筑物的表现要求不同，殊难有统一的方法。但在设置视点时，一般应考虑到下面几点：

（1）反映建筑的主要立面和全貌：如图9-28所示，（a）图视点位于建筑主前方，能较全面地反映出建筑整体的形状，坡屋顶的十字交叉关系体现较为充分；（b）图视点位于建筑后方，不能够反映建筑的主要部分和屋顶关系。

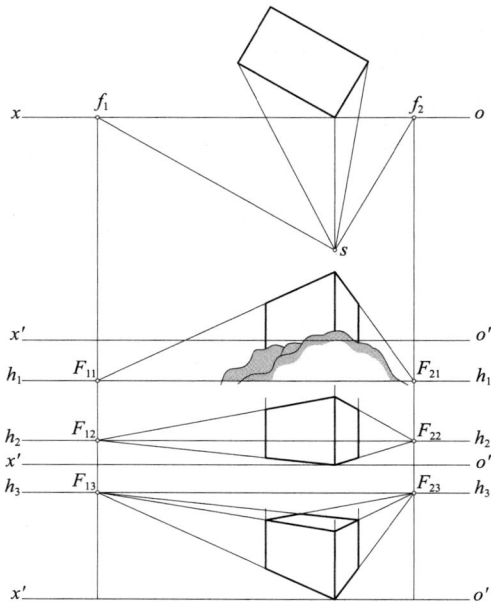

图9-27　视高的选择

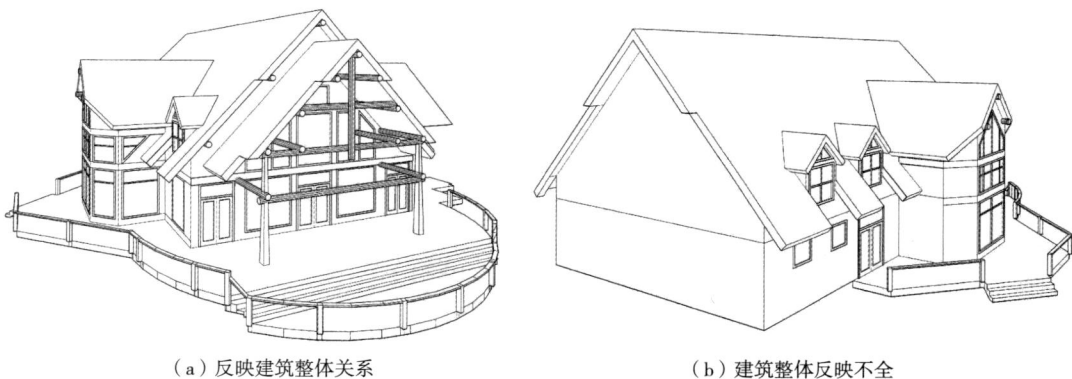

（a）反映建筑整体关系　　　　　　　（b）建筑整体反映不全

图9-28　透视反映建筑全貌

（2）反映出建筑重点、特色部分：图9-29所示，（a）图视点位于主入口的斜方，能看到进门、凹角，主要特色体现较为充分；（b）图视点位于建筑左侧后方，不能够反映建筑的主要入口和空间特色。如图9-30所示，当视点合适位置时，能反映出亭子的四根柱子；当视点位置不合适时，就只能看见三根柱子。同时应避免某些主要棱线的透视仅成一点，主要棱面的透视仅成一直线情况的出现。

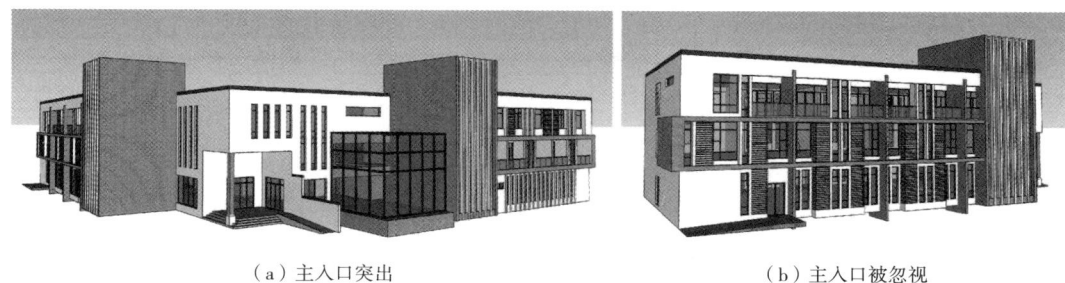

（a）主入口突出 （b）主入口被忽视

图9-29　透视反映主要部分

（a）充分展示四根柱子 （b）只体现三根柱子

图9-30　透视体现建筑各部分

（3）整体合理安排：在透视图上，透视图形的大小应适当，既不宜太大也不宜太小，也不要过于偏向一旁。一般天空宜留空多一些，地面留空少一些，建筑物的主要立面前应留有空余。在图形的横向竖向正中，不应有一条很长的竖直线或水平线，以免把图形对剖开来。在实际绘制透视图时，应按建筑物的形状具体安排。透视图要达到的要求不同，有时采用非常规的作法，反而具有特色，能起到特殊的效果。

四、参数设置步骤

1. 定画面方向

大致考虑视点位置后，先决定用一点透视、两点透视还是三点透视，如不是一点透视，应确定画面与立面间的夹角。然后决定视点的左右位置和高度。这时，应结合具体的建筑物和表达要求，考虑前述的一些条件，在合适的视角范围内选定视点。

如图9-31所示，过平面转角 a 作画面线 ox，使 ab 成 θ 角（θ 角按照需要和作图方便程度，设定合理值），即为画面的 H 面投影 ox 的方向，再按画面的前后位置，作出 ox 轴。所定视角宜为30°、45°或60°，便于利用三角板来定出站点 s 的位置。

2. 定站点位置

过转角 c 和 d 向 ox 作垂线，得到透视的近似宽度 B，在近似宽度内选定主点 H 面投影 s_x 的位置，图 9-31（a）图中 θ 角为 30°，s_x 位置可位于中心点偏左些，便于侧面的展现；图 9-31（b）图中 θ 角为 40°，s_x 位置可位于中心，并使 ss_x 的距离大约等于画面宽度的 1.5~2 倍。

3. 定视高

站点决定后，再由视高决定视点所示的高低位置。

无论何种步骤，都应根据具体情况予以调整。甚至先以小比例画出建筑物的一些主要轮廓，决定所得透视图形的形状、大小等是否合适，必要时再调整视点和画面位置。

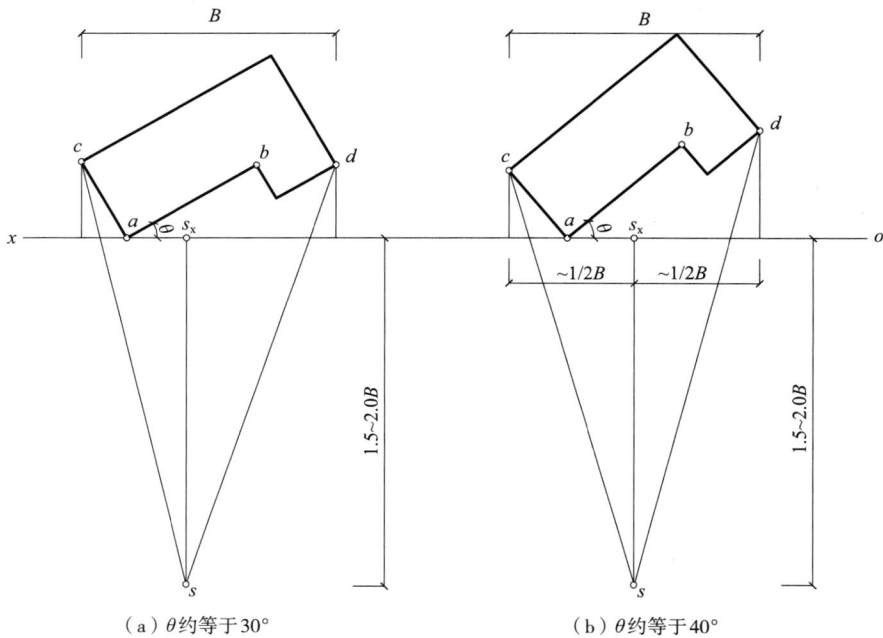

（a）θ 约等于 30°　　　　　（b）θ 约等于 40°

图 9-31　参数设置步骤

第十章

平面立体的透视

平面立体的透视实为棱面的透视，棱面又转化为棱线的透视，利用直线的透视特性来完成。按照前一章节的分类标准，分别对一点透视、两点透视展开讲解。

第一节　两点透视

立体的主要立面与画面成一定角度，高度方向与画面平行，长度和宽度方向均与画面相交的透视，称为两点透视。由于长度和宽度均与画面相交，将有两个灭点。

例10-1　如图10-1所示，已知一组合体的投影以及具体的画面、视点、视高，作该组合体的透视（从绘图角度出发，V 面投影仅作为真高量取使用，为了便于绘图，将其底面与 $o'x'$ 对齐，放于画面侧面）。

分析：该组合体底面位于基面上，共分为两组高度不同的形体：高度方向和画面平行，没有灭点；长度和宽度与画面相交，有两个灭点。

作图步骤：

（1）首先作组合形体长度和宽度两个方向的灭点 F_1、F_2：从 s 出发，作 ab、ac 两个方向的平行线交 ox 于 f_1、f_2，分别过 f_1、f_2 向下作连系线交 h—h 于 F_1、F_2，为与 AB、AC 平行的棱线的共同灭点；

（2）作低形体的透视：棱线 A 位于画面上，其透视与其本身重合，反映真高。过 a 向下作连系线交 $o'x'$ 于 A^0，高度由 a_1' 作水平线交 A^0 的竖直线于 A_1^0，分别过 A^0、A_1^0 与 F_1 相连为棱线 AB、A_1B_1 全透视，用视线法确定 B^0、B_1^0（即连接 sb 与 ox 相交于 b_x^0，过 b_x^0 向下作连系线交 F_1A^0、$F_1A_1^0$ 于 B^0、B_1^0）。同理，分别过 A^0、A_1^0 与 F_2 相连为棱线 AC、A_1C_1 全透视，用视线法确定 C^0、C_1^0（即连接 sc 与 ox 相交于 c_x^0，过 c_x^0 向下作连系线交 F_2A^0、$F_2A_1^0$ 于 C^0、C_1^0）。将 B_1^0 与 F_2、C_1^0 与 F_1 相连，两线相交于 G_1^0，为点 G_1 的透视；

（3）作高形体透视：这个长方体因为没有和画面相交，没有真高线，所以采取将平面 GDD_2G_2 扩大与画面相交于 I，反映真高。延长 gd 与 ox 相交于 1_x^0，过 1_x^0 向下作连系线交 $o'x'$ 于 1^0，高度由 d_2' 作水平线交 1^0 竖直线于 1_2^0，分别过 1^0、1_2^0 与 F_1 相连为棱线 GD、G_2D_2 全透视，用视线法确定 D^0、D_2^0，过 G_1^0 向上作垂线交 $F_1 1_2^0$ 于 G_2^0。同理，分别过 D^0、D_2^0 与 F_2 相连为棱线 DE、D_2E_2 全透视，用视线法确定 E^0、E_2^0，将 E_2^0 与 F_1、G_2^0 与 F_2 相连，两线相交于 L_2^0，最后加粗可见棱线的透视，即为该组合的形体透视。

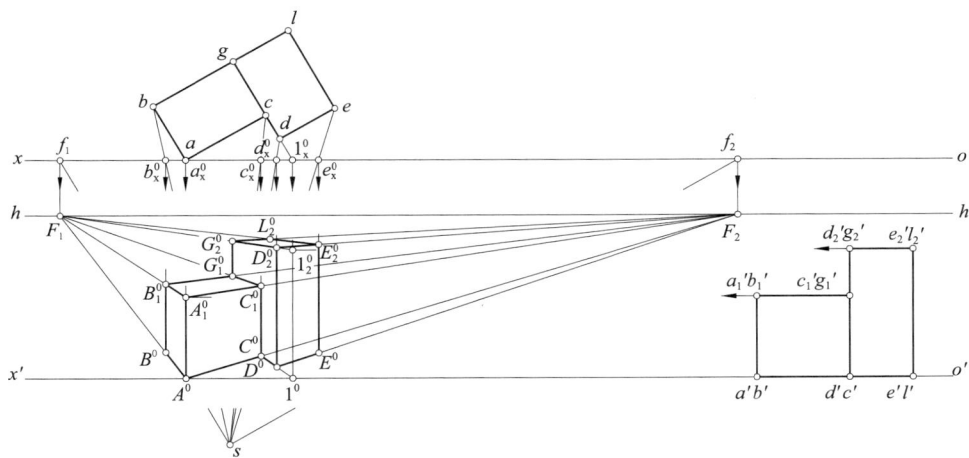

图 10-1 组合体的透视

例 10-2 如图 10-2 所示，已知平顶建筑投影和画面、视点、视高，作该建筑透视。

作图步骤：

（1）首先作建筑长度和宽度两个方向的灭点 F_1、F_2（作法同前，此处不再赘述）；

（2）屋身透视的作法同上题矮长方体，此处不再赘述；

（3）屋顶的透视：屋檐与画面相交于 I、II，为屋檐两个侧面与画面的交线，反应真实高度。分别过 1^0_x、2^0_x 向下作连系线与过 d'_1、d'_2 的水平线交于 $1^0_1 1^0_2$、$2^0_1 2^0_2$，分别过 1^0_1、1^0_2 与 F_1 相连为棱线 $D_1 E_1$、$D_2 E_2$ 全透视，用视线法确定 D^0_1、D^0_2、E^0_1、E^0_2。同理，分别过 2^0_1、2^0_2 与 F_2 相连（延长线）为棱线 $D_1 G_1$、$D_2 G_2$ 全透视，用视线法确定 G^0_1、G^0_2。将 E^0_1 与 F_2、G^0_1 与 F_1 相连，最后加粗可见棱线的透视即为该建筑透视。

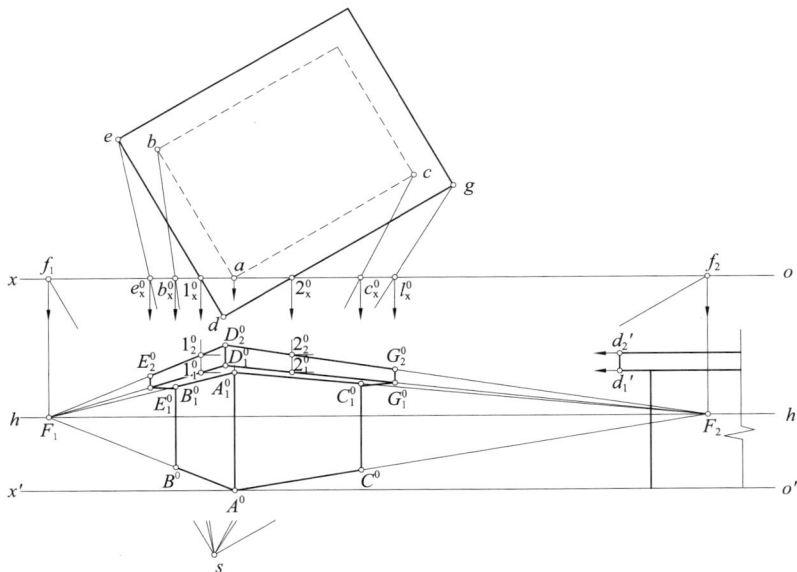

图 10-2 平屋顶建筑的透视作法

例10-3 如图10-3所示，已知一坡顶的建筑投影以及具体的画面、视点、视高，作该建筑的透视。

分析：除屋身为 L 形长方体外还有双坡屋顶和檐口，屋脊高度一致。

作图步骤：

（1）首先作建筑长度和宽度两个方向的灭点 F_1、F_2（作法同前）；

（2）由于屋顶透视会遮挡部分屋身透视，故先作屋顶檐口的透视：屋檐 GJ 与画面相交于 I。过 1_x^0 向下作连系线与过 g_1'、g_2' 的水平线交于 $1_2^0 1_2^0$，分别过 1_1^0、1_2^0 与 F_2 相连为 G_1J_1、G_2J_2 全透视，用视线法确定 G_1^0、G_2^0、J_1^0、J_2^0。分别过 J_1^0、J_2^0 与 F_1 相连为 J_1K_1、J_2K_2 全透视，用视线法确定 K_1^0、K_2^0。分别过 K_1^0、K_2^0 与 F_2 相连，用视线法确定 L_1^0、L_2^0。分别过 G_1^0、G_2^0 与 F_1 相连，用视线法确定 U_1^0、U_2^0；

（3）作屋脊的透视：为了找到真高，延长 pq 与画面相交于 3_x^0，反映真高。过 3_x^0 向下作连系线与过 q_1'、q_2' 的水平线交于 3_1^0、3_2^0，分别过 3_1^0、3_2^0 与 F_2 相连，用视线法确定 Q_1^0、Q_2^0、P^0。再延长 pt 与画面相交于 5_x^0，反映真高。过 5_x^0 向下作连系线与过 q_1'、q_2' 的水平线交于 5_1^0、5_2^0，分别过 5_1^0、5_2^0 与 F_1 相连，用视线法确定 T_1^0、T_2^0。连接 $P^0J_2^0$ 为斜脊的透视；

（4）作屋顶山墙面屋檐的透视：连接 $U_1^0Q_1^0$、$U_2^0Q_2^0$、$G_1^0Q_1^0$、$G_2^0Q_2^0$、$K_1^0T_1^0$、$K_2^0T_2^0$、$L_1^0T_1^0$、$L_2^0T_2^0$、$U_1^0U_2^0$、$G_1^0G_2^0$、$K_1^0K_2^0$、$L_1^0L_2^0$、$L_1^0F_1$（可见部分）、$U_1^0F_2$（可见部分）；

（5）作屋身的透视：先通过真高线棱 A 来确定屋身侧棱的透视，棱线 A 位于画面上，其透视与其本身重合。过 a 向下作连系线交 $o'x'$ 于 A^0，高度为过 d_1' 的水平线交过 A^0 竖直线于 A_1^0，分别过 A^0、A_1^0 与 F_1 相连为棱线 AB、A_1B_1 全透视。用视线法确定 B^0、B_1^0，连接 A^0F_2 确定

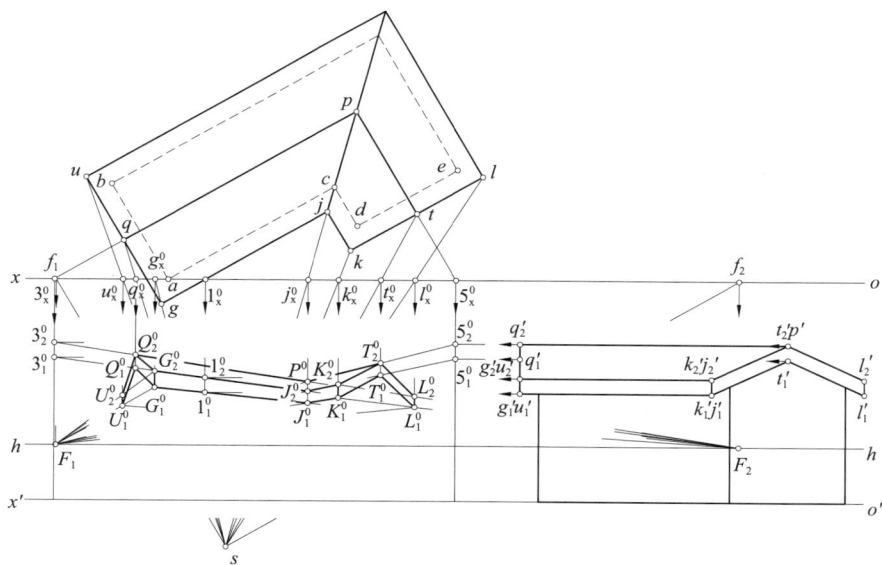

（a）建筑屋顶部分的透视求作

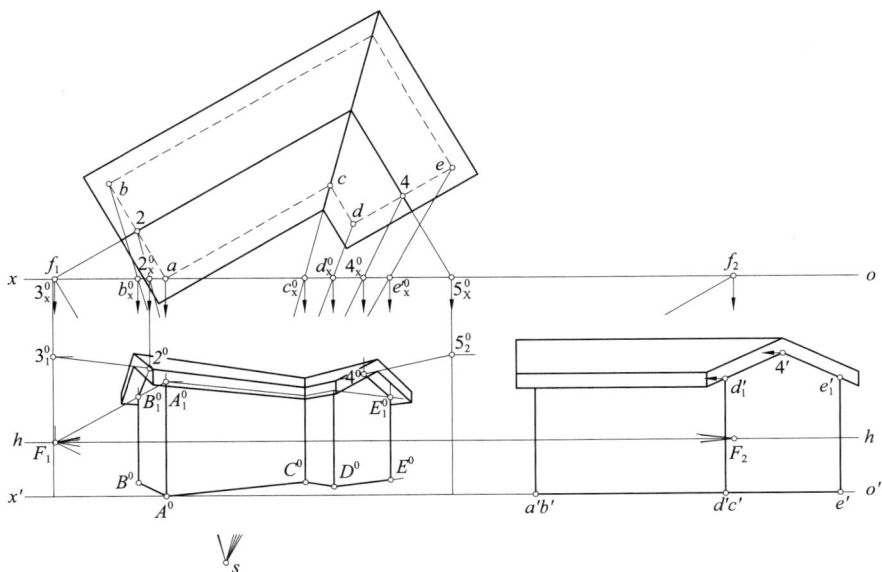

（b）建筑屋身部分的透视求作

图 10-3　坡顶建筑的透视作法

C^0，连接 C^0F_1 确定 D^0，连接 D^0F_2 确定 E^0。再确定屋身与屋顶的交点 Ⅱ 的透视：过屋脊线延长后与画面相交的真高线 Ⅲ 上确定 Ⅱ 的真高，过 3_1^0 与 F_2 相连，用视线法确定 2^0。连接 $B_1^02^0$ 为屋身与坡屋顶交线的透视，另一斜交线不可见，不用绘制。用同样的方法作另一屋身与坡屋顶交线的透视 $E_1^04^0$，最后将可见的透视部分加粗即为该坡屋顶的透视。

例 10-4　如图 10-4 所示，已知台阶投影和具体的画面、视点、视高，作该台阶透视。

分析：该题特点是，在图面上只能作出一个灭点 F_1 的透视（另一灭点在图面之外），在此就讲述如何用一个灭点来完成两点透视。

作图步骤：

（1）先作出台阶宽度方向的灭点 F_1；

（2）作台阶的透视：台阶与画面不相交，故需用延长线来找出真高线。延长 ab 与画面相交于 1_x^0，反映真高。过 1_x^0 向下作连系线交 $o'x'$ 于 1^0，高度为过 b_1' 的水平线交过 1^0 的竖直线 1_1^0，分别过 1^0、1_1^0 与 F_1 相连为棱线 AB、A_1B_1 全透视，用视线法确定 A^0、B^0、A_1^0、B_1^0。同理，延长 dc 与画面相交于 2_x^0，过 2_x^0 向下作连系线交 $o'x'$ 于 2^0，高度为过 b_1' 的水平线交过 2^0 的竖直线于 2_1^0，分别过 2^0、2_1^0 与 F_1 相连，用视线法确定 C^0、C_1^0。用同样方法作上两层台阶的透视；

（3）作扶手的透视：延长 kg 与画面相交于 3_x^0，反映真高。过 3_x^0 向下作连系线交 $o'x'$ 于 3^0，高度为过 e_1'、l_3' 的水平线交过 2^0、3^0 的竖直线于 2_2^0、2_3^0、3_2^0、3_3^0，分别与 F_1 相连，用视线法确定 E^0、G^0、E_2^0、G_2^0、J_3^0、L_3^0、D_2^0、D_3^0、K_3^0。连接可见的台阶透视轮廓线，最后将可见的透视部分加粗即为该台阶的透视。

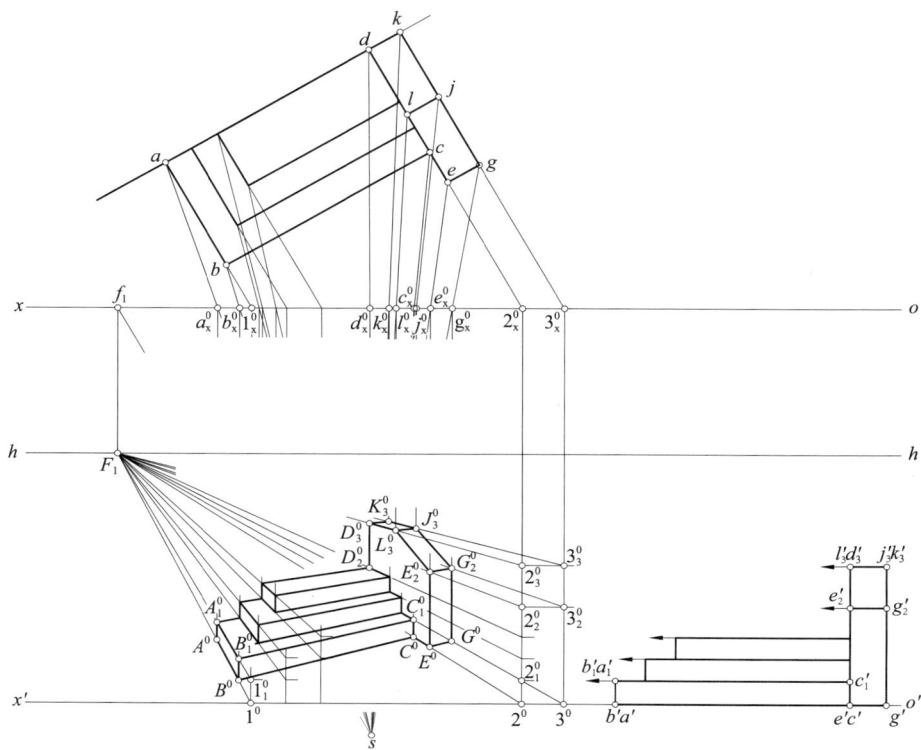

图 10-4　台阶的透视作法

第二节　一点透视

立体主要立面在长度和高度方向均平行于画面，所以该立面透视没有灭点，而深度方向与画面垂直，其透视的灭点即为主点，所以称为一点透视。一点透视一般用于广场、会场、室内等局部透视图的表现上。

例 10-5　如图 10-5 所示，已知台阶的投影以及具体的画面、视点、视高，作该台阶的透视图。

分析：该透视为一点透视，台阶的侧立面位于画面上，故其透视为其本身。与画面垂直的线的灭点为主点 s'。

作图步骤：

（1）由于台阶侧面位于画面之上，其透视为其本身，故将位于画面台阶前端的立面完全复制，过 s 作垂线交 h—h 于 s'，s' 为画面垂直线的灭点；

（2）将与画面垂直的所有台阶的棱线从侧立面上各顶点与 s' 相连，连线即为与画面垂直的棱线的全透视，再用视线法依次求出台阶棱线另一端点的透视；

（3）作出扶手在画面上的实形（与侧立面完全重合），再按照台阶透视的作法作出扶手的透视，最后将可见棱线的透视加粗即为该台阶的透视。

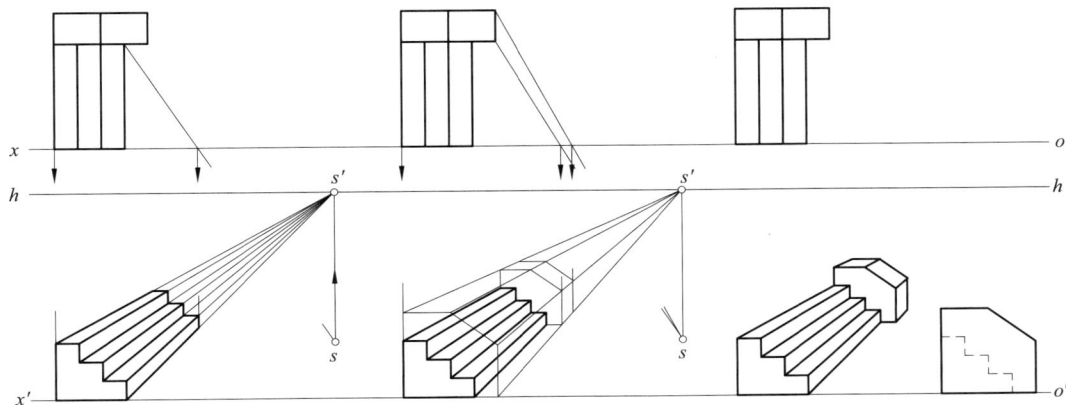

图10-5　台阶的透视

例10-6　如图10-6所示，已知地铁车站的投影以及具体的画面、视点、视高位置，作该车站的透视图（地铁车站左右对称，考虑到图面尺度，V面投影只表示了一半）。

分析：画面从车站中间穿过，故在画面上部分透视为其本身。与画面相垂直的线的灭点为主点s'。由于视点位于该地铁车站的中心线上，透视左右对称，在此只讲解一半，另一半可同理作出。

作图步骤：

（1）先作柱子的透视：与画面相交的柱子棱线A、B位于画面上，其透视与其本身重合，位置可从基面投影向下垂直作出。A^0、B^0位于基面上，其透视就在$o'x'$上，A_1^0、B_1^0的位置反映真高，高度可从V投影上获得。该柱子后面的棱线C与棱线B高度相同且位于垂直于画面的一个平面上，将棱线B的上、下两个点B^0、B_1^0分别与s'相连即为BC、B_1C_1的全透视。再利用视线法定出C^0、C_1^0。用同样的方法可以作出所有柱子的透视；

（2）作地铁轨道的透视：轨道与画面相剖，该剖面上物体与其本身重合。设画面上的轨道截面棱线为D、E，D^0、E^0点位于轨道下端，D_1^0位于地面，E_1^0位于轨道顶面，位置可从H面投影向下垂直作出，高度可从V投影上获得。D、E可认为是过D、E的地铁轨道侧面且垂直于画面平面的迹点，可将棱D^0、D_1^0、E^0、E_1^0分别与s'相连即为该四条棱线的全透视。再利用视线法作出轨道前后截面的位置；

（3）同理可作出吊顶的透视。

地铁车站的另一半用同样的方法可作出，对于透视不可见部分可不用作出，将可见部分加粗即为该地铁的透视。

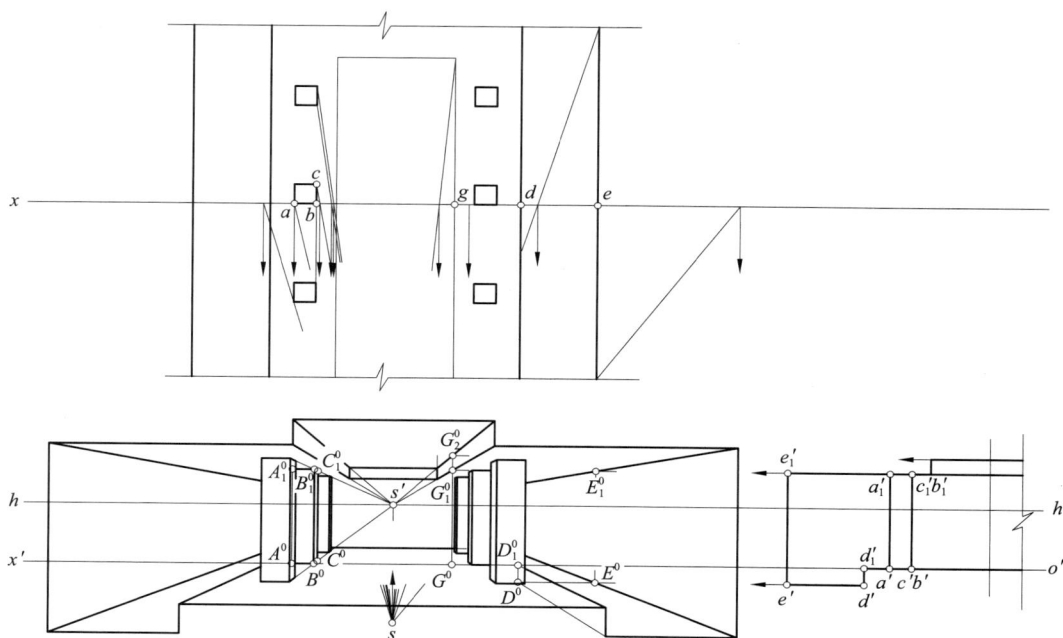

图 10-6　地铁车站的透视作法

第十一章

曲线、曲面、曲面立体的透视

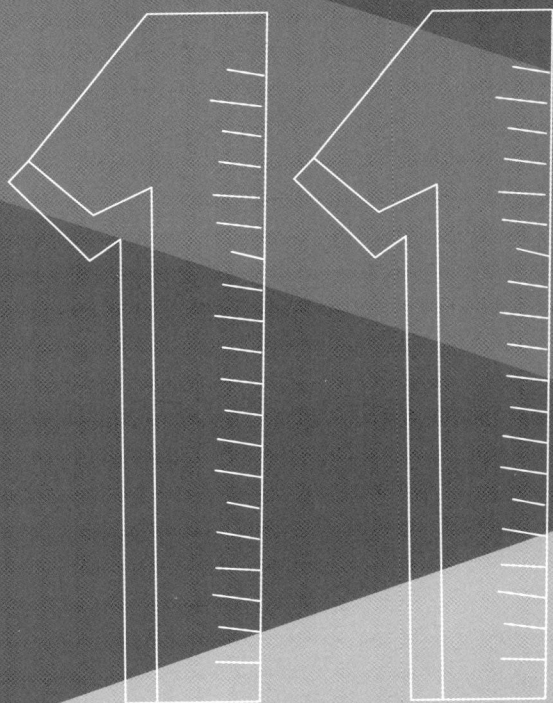

第一节　曲线与曲面的透视

一、基本概念

　　曲线的透视一般仍为曲线。由于立体曲面的透视求作较为复杂，现已由计算机完成，本章节所述曲线、曲面均指平面曲线、平面曲面。当曲线在画面上时，其透视与其本身重合。当曲线与画面平行时，其透视为一相似图形。当曲线所在的平面通过视点时，其透视为一直线。

　　曲线的透视可以采用辅助线法，如图11-1所示，在曲线上取一些能确定形状的点，再利用过这些点的辅助直线作出点的透视，最后再用平滑的曲线相连即可。也可采用网格法，如图11-2所示，将曲线放置在一网格中，通过网格的透视来定出网格内曲线上点的透视，并用顺滑曲线相连即可。

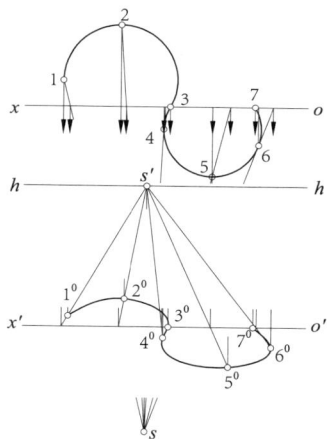

图11-1　曲线的透视作法—辅助线法

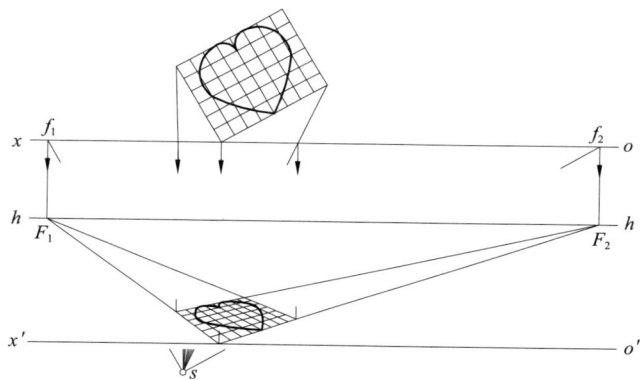

图11-2　曲线的透视作法—网格法

二、圆周的透视

　　当圆周平行于画面时，其透视仍为一圆。当圆周平面通过视点时，其透视为一直线。当圆周在画面上时，透视为其本身。当圆周位于其他位置时，根据与画面的相对位置的不同，透视可为椭圆、抛物线或双曲线。

　　例11-1　如图11-3所示，已知H面上的圆周投影、视点、视高、画面位置，作圆周的透视。

分析：该圆周的透视为椭圆，本题采用八点法作出该圆周的透视椭圆。

作图步骤：

（1）作出该圆周的 H 面投影的外切正方形 $abcd$，连接对角线，定出对角线与圆周的四个交点2、4、6、8，再加上四个切点1、3、5、7，即为八点，并连接24、68，与外切正方形边线相交于9、10；

（2）A 点在画面上，其透视 A^0 为其本身。从视点 s 出发，作 ab、ad 的平行线交 ox 于 f_1、f_2，再分别过 f_1、f_2 向下作连系线交 h—h 于 F_1、F_2。用视线法确定 B^0、C^0、D^0；

（3）在 A^0B^0、A^0D^0 上用视线法确定 9^0、1^0、10^0、3^0，并将 9^0、1^0、10^0 与 F_1 相连，3^0 与 F_2 相连；

（4）连接正方形透视的对角线 A^0C^0、B^0D^0，通过交点进一步定出 2^0、4^0、5^0、6^0、7^0、8^0，最后用光滑的曲线顺次连接的各点就是该圆周的透视。

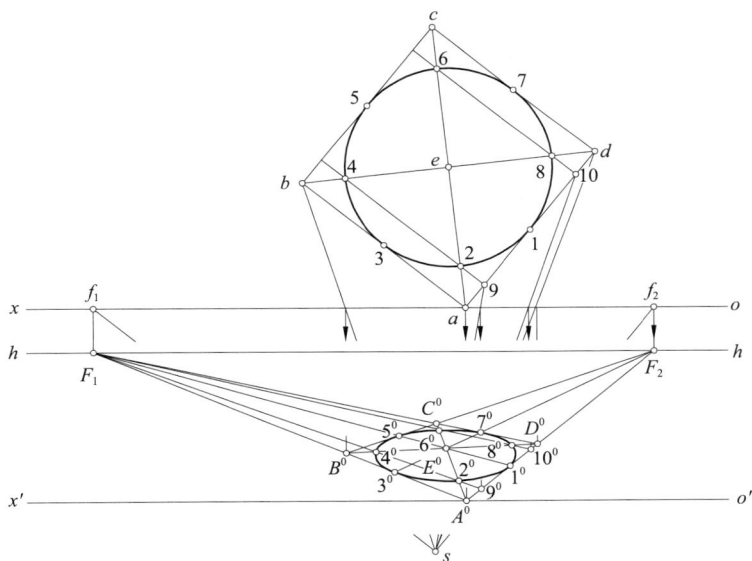

图 11-3　水平圆周的透视作法

对于外切正方形的边线与画面的位置不同，会有不同的作图过程，本题可采用正方形边线两边与画面平行的一点透视的方法作出该圆周的透视，如图11-4所示。

作图步骤：

（1）作出该圆周的 H 面投影的外切正方形 $abcd$ 的透视 $A^0B^0C^0D^0$，ad、bc 与 ox 轴平行，ab、cd 与 ox 轴垂直，由于正方形与画面没有相交，所以延长 ba、cd、42、68、$e1$ 与画面相交，其交点透视为 A_1^0、D_1^0、9_1^0、1_1^0、10_1^0，用视线法确定 A^0、B^0、C^0、D^0、9^0、1^0、5^0、10^0；

（2）连接正方形透视的对角线 A^0C^0、B^0D^0 交于 E^0，过 E^0 作水平线交 A^0B^0、C^0D^0 于 3^0、7^0，并通过交点进一步定出 2^0、4^0、6^0、8^0，最后用光滑的曲线顺次连接的各点就是该圆周的透视。

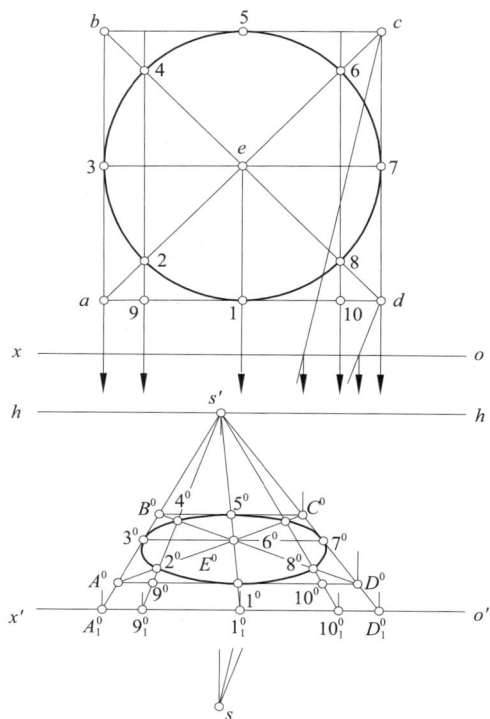

图 11-4　水平圆周的透视作法

例 11-2　如图 11-5 所示，已知与基面垂直且相切的圆周投影、视点、画面，作圆周的透视。

分析：本题采用八点法作出该圆周的透视，圆周外切正方形为 $ABCD$，AB、CD 与基面平行，AD、BC 与基面垂直（与画面平行）。

作图步骤：

（1）从视点 s 出发，作 ab 平行线交 ox 于 f，再过 f 向下作垂直连系线交 h—h 于 F；

（2）由于该圆周与画面没有交线，故需延长该圆所在的平面与画面相交，交线反映真高，真高尺寸可从圆周的 H 面投影中得到。延长 ba 与 ox 交于 n，过 n 向下作连系线交 $o'x'$ 于 n'，过 n' 垂直向上量取 Nn' 等于圆周的直径；

（3）以 Nn' 为直径向右作半圆，利用八点法，过直径中点 e' 向右上、右下作 45° 直线交圆周于 2、4。再过 2、4 作水平线交直径于 9_1^0、10_1^0，过 N、n' 与 F 相连，为 AB、CD 的全透视。用视线法确定 A^0、B^0、C^0、D^0；

（4）连接正方形透视的对角线 A^0C^0、B^0D^0 交于 E^0，过 9_1^0、10_1^0、e' 与 F 相连，过 E^0 作竖直线交 A^0B^0、C^0D^0 于 1^0、5^0，并利用交点进一步定出 2^0、3^0、4^0、6^0、7^0、8^0。

用光滑的曲线顺次连接的各点就是该圆周的透视。

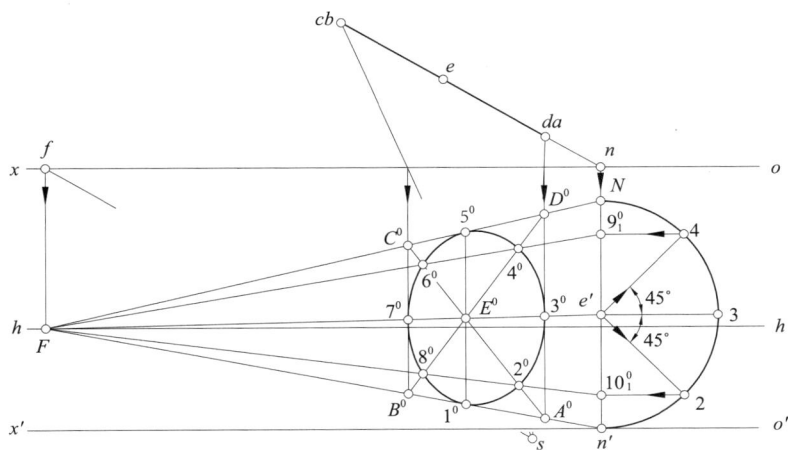

图 11-5　垂直圆周的透视作法

第二节　曲面立体的透视

一、基本概念

曲面立体是由曲面和平面组成的立体，常见的是圆柱、圆锥和圆台的透视，此处就这几种常见的曲面立体进行讲解。

圆柱的透视：分别求出圆柱上、下底圆的透视，再作出它们的外切素线，即为圆柱的透视。

圆锥的透视：分别求出圆锥底圆和顶点的透视，再过顶点作底圆的外切素线，即为圆锥的透视。

圆台的透视：分别求出圆台上、下底圆的透视，再作出它们的外切素线，即为圆台的透视。

例 11-3　如图 11-6 所示，已知竖放于基面上的正圆柱的投影、真高 H_1、视点、视高、画面，作圆柱的透视。

分析：该圆柱的上、下底圆与基面平行，透视为椭圆，所以先确定顶、底圆的透视，再作出顶、底圆的外切素线即可。

作图步骤：

（1）用八点法作出底圆透视，此处不再重复（由于可见性问题，只需作出可见部分）；

（2）对于顶圆的透视，可先通过位于画面上的外切正方形顶点 A_1^0，反映顶圆的真高

H_1，再用八点法作出顶圆透视；

（3）作出上、下顶圆的外切素线，加粗可见部分透视，即为该圆柱透视。

例 11-4 如图 11-7 所示，已知横放于基面上、前后顶面平行于画面的空心圆桶的投影，以及视点、视高、画面，作圆桶的透视。

分析：该圆桶的前、后顶面与画面平行，透视仍为圆，本题需采用一点透视法求作。先确定前、后圆心和半径的透视，再作出前、后圆的外切素线即可。

作图步骤：

（1）圆桶前顶面在画面上，透视与其本身重合，圆心透视为 C^0，内径和外径的透视为 A^0、B^0。以 C^0 为圆心，C^0A^0、C^0B^0 为半径画圆即为前顶面的透视；

（2）分别过 C^0、A^0、B^0 和主点 s' 相连，再用视线法确定 C_1^0。过 C_1^0 作水平线与 A^0s'、B^0s' 交于 A_1^0、B_1^0，以 C_1^0 为圆心，以 $C_1^0A_1^0$、$C_1^0B_1^0$ 为半径画圆为后顶面的透视。

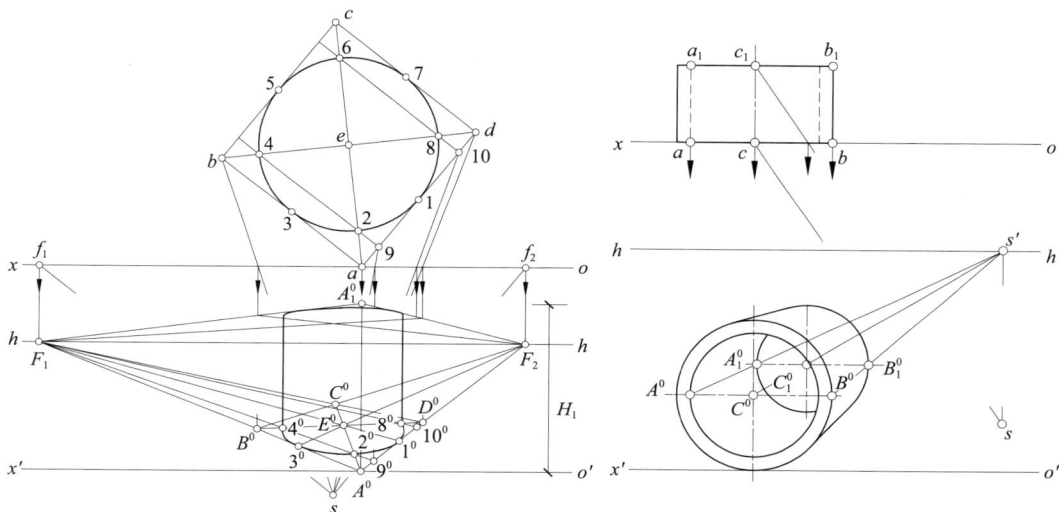

图 11-6　垂直圆柱的透视作法

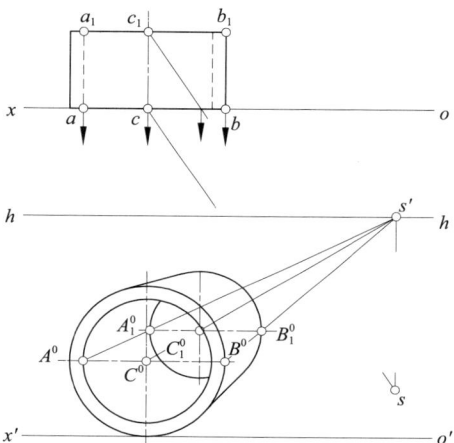

图 11-7　水平圆桶的透视作法

例 11-5 如图 11-8 所示，已知建筑形体的投影、视点、视高、画面，作拱形雨棚及门洞建筑形体的透视。

分析：该拱形雨棚及门洞的前、后弧面均与画面平行，透视仍为圆弧，采用一点透视法求作。先确定前、后圆心和半径的透视位置，再作出前、后圆的外切素线即可。该形体与视点左右对称，故左右作法相同。

作图步骤：

（1）拱形雨棚的前圆在画面上，透视与其本身重合，后圆与画面平行，具体作法同上例。分别过 C^0、A^0 和主点 s' 相连，用视线法确定 A_1^0、C_1^0，以 C_1^0 为圆心，$C_1^0A_1^0$ 为半径画圆即为雨棚的透视，右边雨棚作法相同；

（2）同理，分别过 C_2^0、D^0 和主点 s' 相连，用视线法确定 C_3^0、C_4^0、D_1^0、D_2^0，以 C_3^0、C_4^0 为圆心，$C_3^0D_1^0$、$C_4^0D_2^0$ 为半径画圆即为门洞的透视，左边门洞作法相同；

（3）门洞下部透视此处不再赘述，作出其余部分的透视，再根据可见性加粗部分透视，即为该建筑形体的透视。

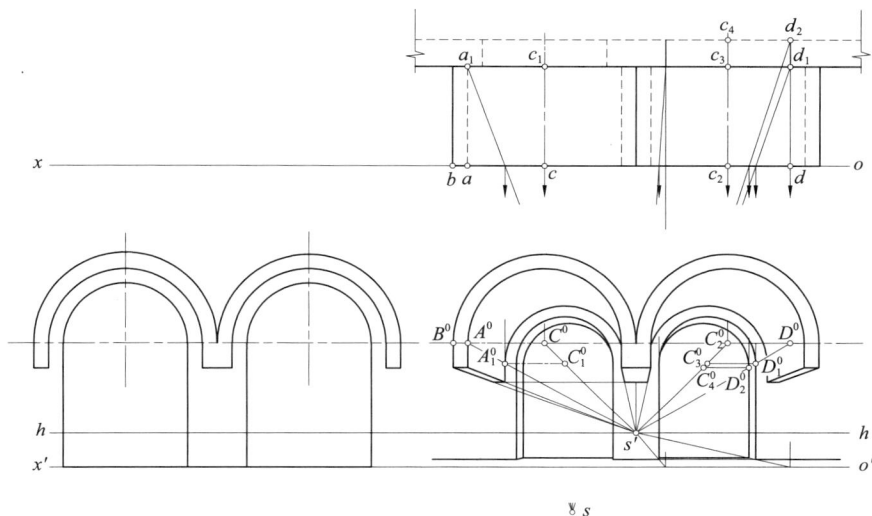

图 11-8　建筑形体的透视作法

例 11-6　如图 11-9 所示，作圆门洞的透视，已知圆门洞的投影、视点、视高、画面。

分析：该圆门洞是在长方体内的一个门洞，可以先确定长方体的透视，再作门洞下面长方体部分的透视，最后用八点法完成圆拱门部分的透视。

作图步骤：

（1）先作出长方体长度和宽度两个方向的灭点 F_1、F_2。过 s 作 dg、de 的平行线交 ox 于 f_1、f_2，再分别过 f_1、f_2 向下作连系线交 $h—h$ 于 F_1、F_2；

（2）门洞棱线 D_1D_2 与画面相交反映真高，D_1^0、D_2^0 分别与 F_1、F_2 相连，并用视线法确定 G_1^0、G_2^0、E_1^0、E_1^0；

（3）门洞圆弧高为 D_1A_1 和门洞下面长方体侧棱高为 D_1C_1，可在真高 $D_1^0D_2^0$ 上量取 A_1^0、C_1^0 位置，将 A_1^0、C_1^0 与 F_1 相连，用视线法定出 A^0、B^0、C^0、1^0、3^0、5^0，为圆拱门洞前半部分与外切正方形八点法透视位置（实际只需五点）；

（4）在 V 面投影上确定 $2'$、$4'$ 的位置（方法同八点法），在真高线上确定 2_1^0，2_1^0 与 F_1 相连，将 C^0 分别与 A^0、B^0 相连，连线与 $2_1^0F_1$ 的交点即为 2^0、4^0 的透视；

（5）用同样方法作出圆拱门洞后半部分透视，最后将可见部分加粗即为该圆洞的透视。

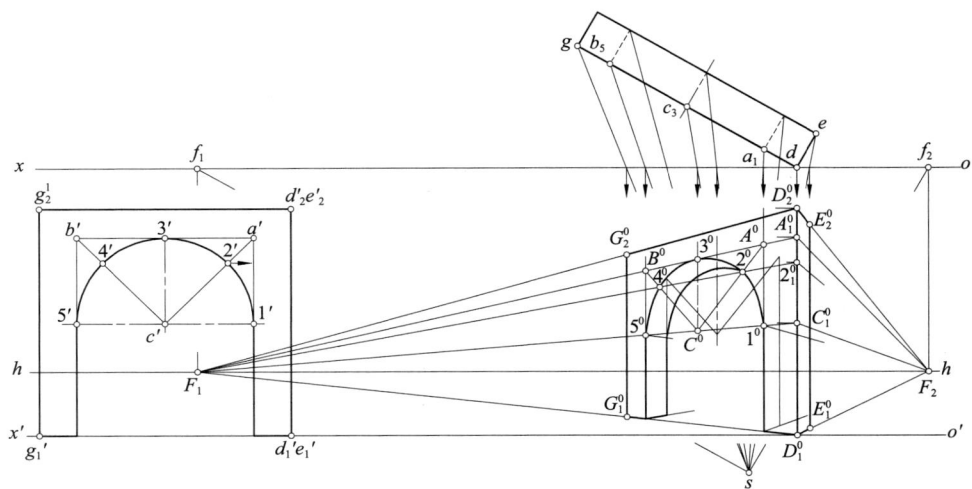

图 11-9 圆门洞的透视作法

第十二章

投影制图

第一节　视图基本概念

将工程形体向投影面作正投影所得到的图形称为视图，投影部分中有关正投影特性的均适用于视图。

一、组合体视图

对于组合体视图而言，可以先将其分解成若干个基本形体，如棱柱、棱锥、圆柱、圆锥、圆球等；再分析它们的组成关系；最后逐一将它们的投影叠加、切割形成复杂的形体。

在基本形体的投影形成复杂形体时，应注意组合面投影的准确表达，若表面共面或相切时，表面投影之间不应画线，若表面不共面时，表面投影之间应画线。

如图12-1所示，为一座U型桥台视图和形体分析图，分析该形体可采用切割法。桥台可视为由长方体A减去一块小长方体C组成的基座；上部是以长方体B减去一块长方体E和一倒四棱台D组成。对于H面的投影所有棱线均可见，V面和W面均有棱线不可见，用虚线表达。（点划线表示形体对称关系的对称轴）

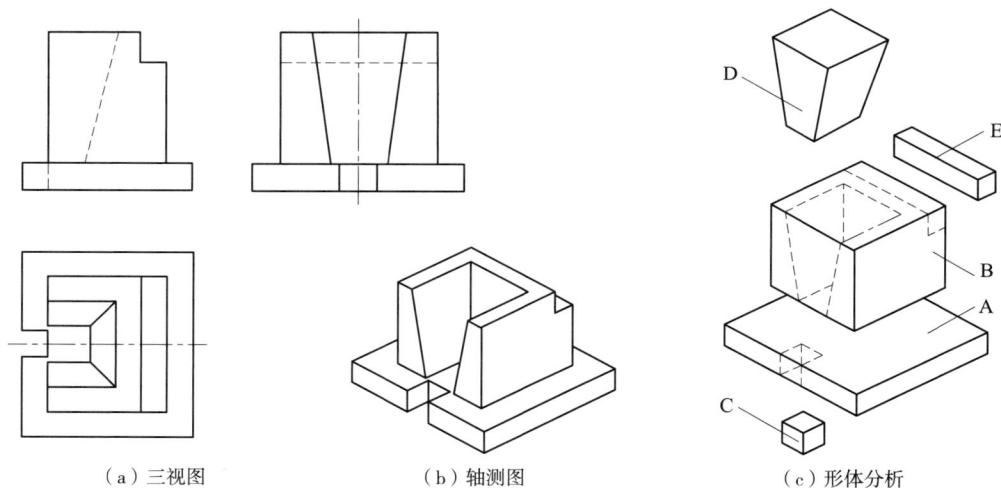

（a）三视图　　　　　　（b）轴测图　　　　　　（c）形体分析

图12-1　U型桥台视图

二、三视图和六视图

1. 三视图

一个形体的表达，常用水平投影面（H面）、正立投影面（V面）、侧立投影面（W面）组成的投影面体系，将形体在三个投影面上分别作出正投影，即水平投影、正面投影和侧面投影。在工程制图中将它们分别称为平面图、正立面图和左侧立面图。排列规则为：平面图在正立面图下方，左侧立面图在正立面图右方。平面图反映物体左右和前后关系，即长度和宽度；立面图反映物体左右和上下关系，即长度和高度；左侧立面图反映物体上下和前后关系，即高度和宽度。三视图的投影规律为：正立面图和平面图——长对正；正立面图和左侧立面图——高平齐；平面图和左侧立面图——宽相等。

2. 六视图

对于复杂的工程形体，仅用三视图无法准确、完整地表达其空间状况，这时就需要再增加三个投影面，它们分别平行于H、V、W面，称为H_1、V_1、W_1面，分别是从下向上、从后向前、从右向左投影所得，依次称为底面图、背立面图和右侧立面图。

如图12-2所示，六视图排列规则为：原三视图位置不变，底面图位于正立面图正上方，右侧立面图位于正立面图正左方，背立面图位于左侧立面图正右方。

六视图的投影规律为：正立面图、平面图和底面图——长对正，正立面图、左侧立面图、右侧立面图和背立面图——高平齐，平面图、左侧立面图和右侧立面图——宽相等。

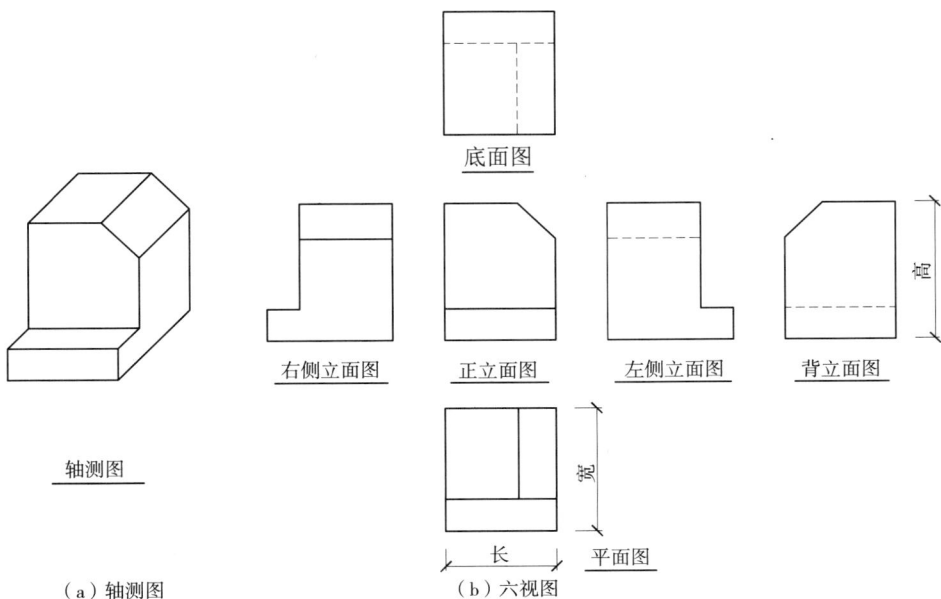

图12-2 六视图的基本配置

（a）轴测图　　　　　　（b）六视图

六视图的排列位置如上所说，可省略视图名称，否则必须注写，如图12-3所示。

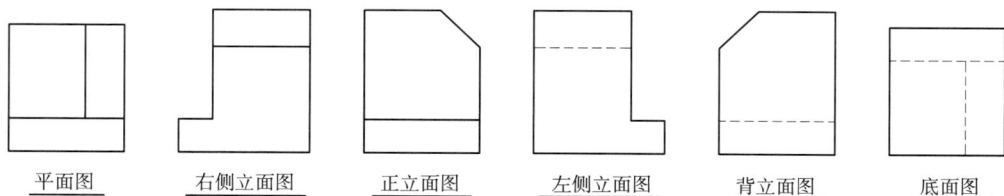

| 平面图 | 右侧立面图 | 正立面图 | 左侧立面图 | 背立面图 | 底面图 |

图12-3　非标准配置的六视图

三、镜像视图

工程形体用六视图仍无法表达清楚形体状况时，可用镜像投影法绘制视图，称为镜像视图，但应在图名后加注"镜像"两字。它和前述的投影法绘制的平面图不同，如图12-4所示，相当于在物体的下面放置镜子，代替水平投影面，在镜面中投射得到的图像。

四、局部视图

有些工程形体需将形体某一部分向基本投影面投影，由此得到的视图称为局部视图。绘制局部视图时需要用箭头注明观看方向，并注写视图名称，一般用大写字母表示，并在视图下方同样用该大写字母注写。局部视图范围内的完整部分以轮廓线表示，不完整的部分用波浪线或折断线表示，如图12-5所示。

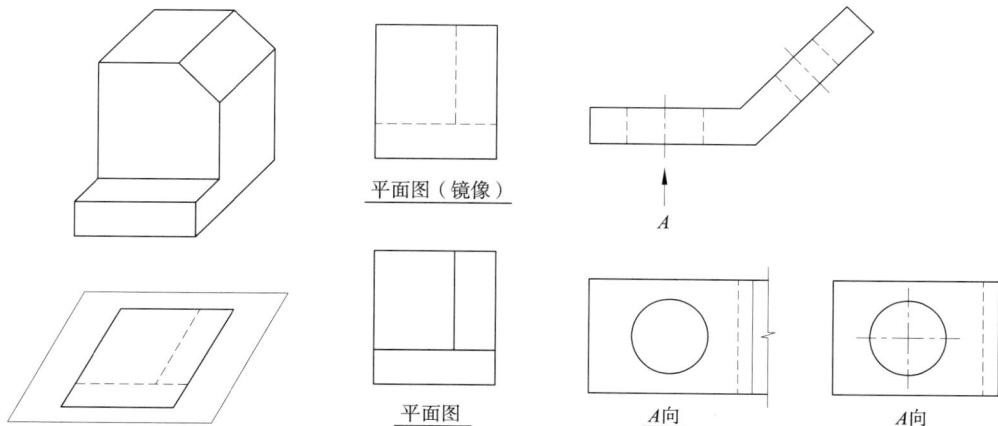

平面图（镜像）

平面图

图12-4　镜像视图

A向　　　　A向

图12-5　局部视图

五、斜视图

当工程形体一部分与基本投影面不平行时，其投影将无法反映实形，这时加设一平行于该部分的倾斜投影面，在此投影面上的视图就能反映实形，称为斜视图。

斜视图下方必须用大写字母注写名称，并在相应视图上用箭头和相同字母表明投影的部位和方向。斜视图一般绘制在所在箭头附近，必要时允许将其平移至适当位置，在不致引起误解时也可将图形旋转至水平位置，但必须在图名称后加注"旋转"两字。斜视图同样是表示形体部分的视图，其与形体其他部分断裂的地方用波浪线或折断线分开，如图12-6所示。

六、展开视图

对于表面有转折的工程形体，其任何一个视图都无法全面而完整地反映形体表面实形，这时可采用分段绘制，立面图与投影面倾斜的部分采用斜视图表示，再将其组成一张完整反映实形的立面图。这时，需要在图名后加注"展开立面"二字，如图12-7所示。

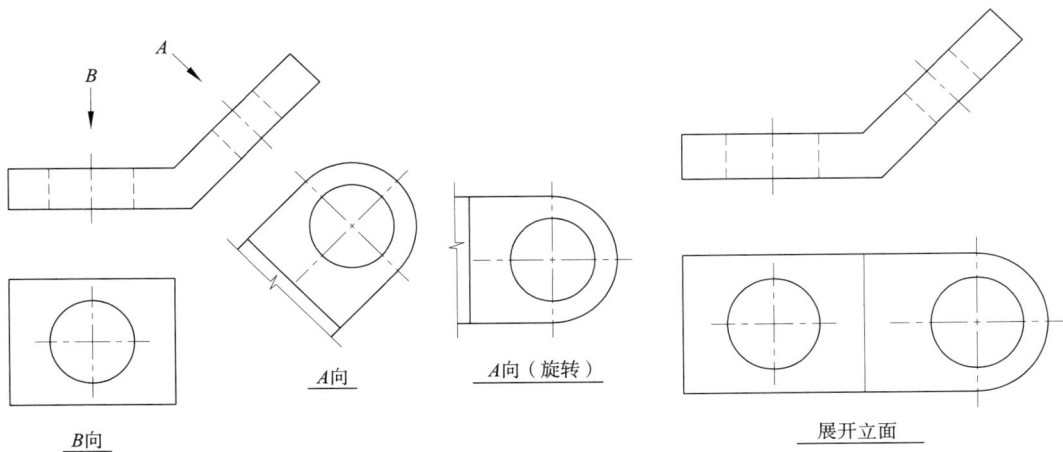

图 12-6 斜视图

图 12-7 展开视图

七、视图的简化画法

根据《房屋建筑制图统一标准》（GB/T—500001–2017）中的规定，对于一些特殊工程形体在不影响形体表达的前提下，可采用一些简化画法。

（1）对称省略画法：形体的图形对称，可以以对称中心为界，只画对称图形的一半，并画上对称符号，视图有两条对称线，可只画该视图的1/4。对称符号由对称线和两端两对

第十二章　投影制图

平行线组成。对称线用细单点长画线绘制；平行线用细实线绘制，其长度宜为6~10mm，每对的间距宜为2~3mm；对称线垂直平分于两对平行线，两端超出平行线宜为2~3mm，如图12-8（a）所示。

形体也可稍超出对称线，此时可不画对称符号，而在超出对称线部分画上折断线，如图12-8（b）所示。

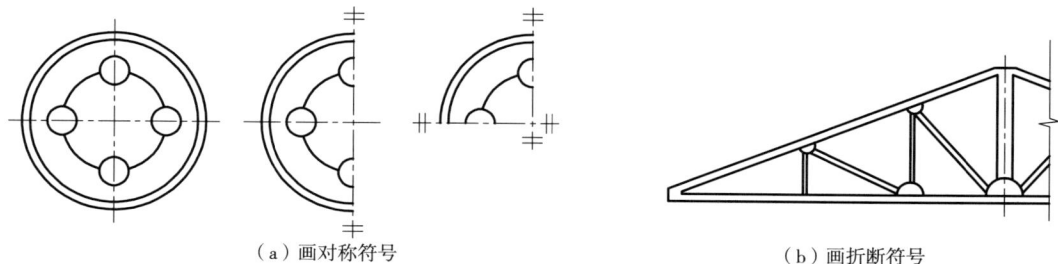

（a）画对称符号　　　　　　　　　　　　　（b）画折断符号

图12-8　对称省略画法

（2）形体内有多个完全相同而连续排列的构造要素，可仅在两端或适当位置画出其完整形状，其余部分以中心线或中心线交点表示，如图12-9（a）、（b）所示。

如果相同构造要素少于中心线交点，则除在适当位置画出其完整形状外，其余部分应在相同要素位置中心线交点处用小圆点表示，如图12-9（c）所示。

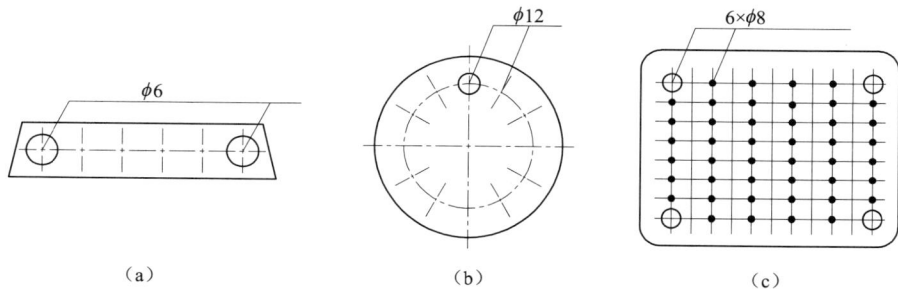

（a）　　　　　　　　　（b）　　　　　　　　　（c）

图12-9　相同要素省略画法

（3）较长的构件，如沿长度方向的形状相同或按一定规律变化，可断开省略绘制，断开处应以折断线表示，如图12-10所示。

（4）同一个构件，当绘制位置不够时，可将该构件分成几个部分绘制，并以连接符号表示相连。连接符号应以折断线表示需连接的部位，并以折断线两端靠图样一侧用相同的大写英文字母标注连接编号，如图12-11所示。

（5）当绘制的构件图形与另一构件的图形仅部分不相同时，可只画另一构件不同的部分，但应在两个构件的相同部分与不同部分的分界线处，分别绘制连接符号，两个连接符号应对准同一条线，如图12-12所示。

图 12-10 折断省略画法　　　图 12-11 同一构件连接画法　　　图 12-12 构件局部不同简化画法

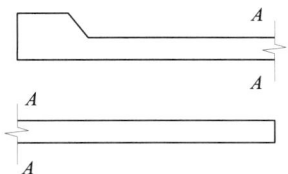

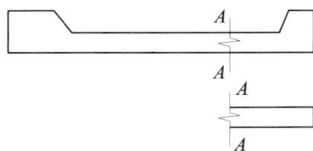

第二节　剖面图

一、基本概念

以上各种视图基本上能把物体外部的空间状况表达清楚，但对于内部形体复杂的构造，仅用虚线是无法表达清楚的，这时往往需要采用剖面图解决这一问题。

剖面图即用一辅助平面作为剖切平面，将物体切开后，移去投射方向的出发点与剖切平面之间的形体后，所剩下的部分形体所作的视图，如图12-13所示。

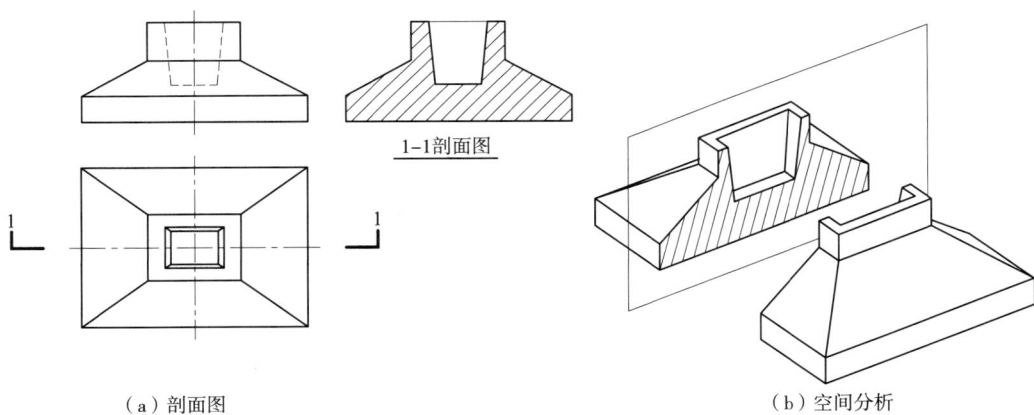

（a）剖面图　　　　　　　　　　　　　　　　　　（b）空间分析

图 12-13　杯形基础剖面图

二、剖切符号与图例

1. 剖切平面

剖切平面一般设置成平行于某个基本投影面，该平面在另一投影面上的视图就会积聚成一直线，即表明了剖切平面的位置为剖切位置线，简称剖切线。剖切线用分开的、位于剖切形体之外的两段粗实线表示，长度为6～10mm。剖切线不可与图面上的其他图线相交或重合。

2．剖视方向

剖视方向为物体剖切后，除去移开部分，对剩下部分进行投影的视图方向，一般应垂直于剖切线，是在剖切位置线外部向剖视方向所画的两段短粗实线，长度为 4～6mm。绘制时，剖视符号不应与其他图线相交或重合。

3．编号

编号一般采用阿拉伯数字，应注写在剖视方向线前部，以水平方向书写，并在剖面图下方注写出该数字及名称。

对于一些形体复杂的物体，剖面图可能不止一个，应从"1-1"开始逐一标注，按剖切顺序由左至右、由下向上连续编排。

4．图例

在剖面图中，应对剖切到的部分轮廓线用粗实线表示，剖切到的部分应画上材料图例。当不需要标注材料图例时，可采用等距、同方向的45°细线来表示，称为剖面线，对于使用不同剖面线绘制材料时，应采用错开或方向相反的细线绘制；当形体比例较小，无法用剖面线或材料图例表示时，可采用涂黑或留白线表达，用文字加以注明。

5．注意事项

（1）剖切位置平面一般平行于某基本投影面；

（2）剖面图上对于剖切到的部分采用粗实线或剖面线表达，对于未剖切到的可见部分用细实线完整绘出；

（3）剖面图中不可见的部分一般不需表达出来，所以一般不存在虚线。

三、剖面图分类

按照剖切方式的不同，可将剖面图分为全剖面图、半剖面图、局部剖面图、转折剖面图和旋转剖面图等。

1．全剖面图

对于一些形体比较简单且不对称的物体，可以采用一个剖切平面将形体全部切开后绘制的剖面图称为全剖面图。

如图12-14所示，该建筑剖面是用平行于侧立投影面的剖切平面，将房屋切开，移去房屋的左边部分，再向右投影而得。

平面图实际上也是一个全剖面图，它是假设用一个水平的剖切平面，沿窗台上方或地面向上1.1m的位置将房屋水平切开后移去上面部分，向下投影所得，习惯上称为平面图。

平面图不需要标注剖切符号和名称，对于各层平面图也是采用每层窗台上方或楼面上方1.1m的位置水平剖切所得。

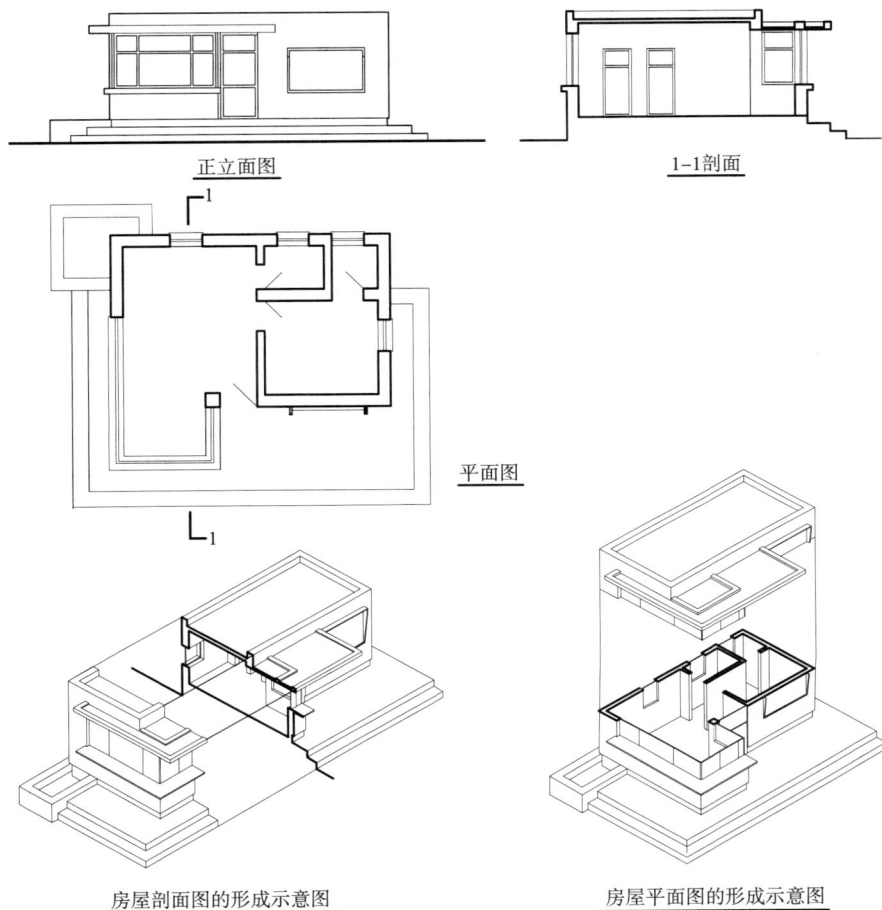

正立面图　　　　　　　　　　　　　　　　　　1–1剖面

平面图

房屋剖面图的形成示意图　　　　　　　　　房屋平面图的形成示意图

图12-14　建筑的平面图、立面图、剖面图

2. 半剖面图

当物体左右对称时，为了节省绘图时间，可采用一半为剖面图，一半为视图组合而成，称为半剖面图，它们之间用细点划线表示。

如图12-15所示，在半剖面图中，如果表示的形体是左右对称时，一般剖面图绘制在图形垂直细点划线的右侧；当表示的形体是上下对称时，一般剖面图绘制在图形水平细点划线的下方。当剖切平面与物体的对称平面重合，且半剖面图位于基本视图位置时，可不标注剖切符号和编号；但当剖切平面不通过物体的对称平面时，则需要标注剖切符号和编号。

3. 局部剖面图

对于仅表达物体内部构造，不需要用全剖面图或半剖面图来剖切，可采用对物体局部剖切后再绘制，称为局部剖面图。物体大部分未进行剖切，所以仍用基本视图表达，也不需要标注剖切符号和编号。

如图 12-16（a）所示，对于物体内部构造较为复杂的形体，可采用分层局部剖面图反映内部不同层次的材料和构造。如图 12-16（b）所示，局部剖面图与正常视图之间用波浪线分开，且波浪线不应超出物体外形的轮廓线。

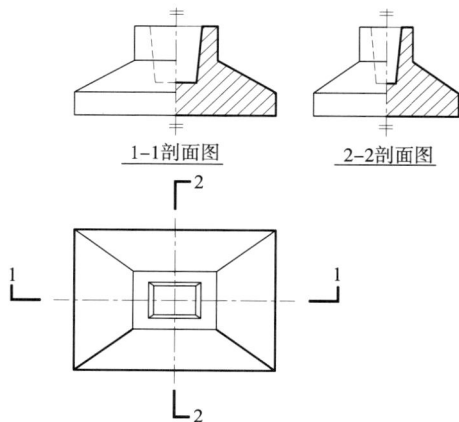

1-1剖面图   2-2剖面图

图 12-15 半剖面图

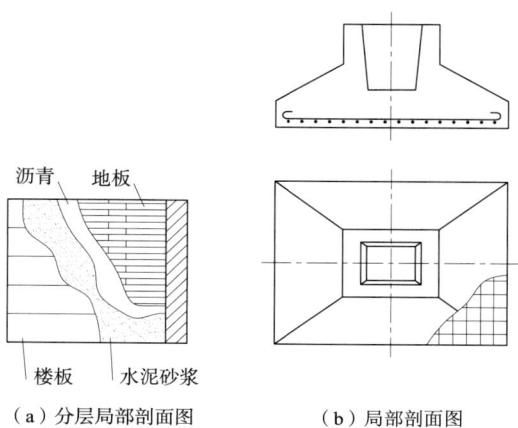

沥青 地板

楼板 水泥砂浆

（a）分层局部剖面图   （b）局部剖面图

图 12-16 局部剖面图

4. 转折剖面图

若用一个剖切平面仍不能将物体内部构造表达清楚，而且该形体并不复杂无须两个剖面图剖切时，可以采用一个平面转折成两个互相平行的剖切平面，将物体沿需要表达的地方剖切开，再将剖切到的两个部分合并成一张完整的剖面图，称为转折剖面图或阶梯剖面图。

转折剖面图中，不需要绘出两个剖切平面的分界交线，且应使用相同的剖切编号，一般来说，为了使转折剖面图表达准确、清楚，转折位置最好选在同一空间内，如图 12-17 所示。

5. 旋转剖面图

用两个相交的剖切平面（交线垂直于基本投影面）剖开物体，把两个平面剖切得到的图形旋转到平行于基本投影面的位置，然后进行投影，得到的剖面图称为旋转剖面图。

旋转剖面图中不应画出两个相交的剖切平面的交线，并且使用相同的编号，在转角的外侧加注与该符号相同的编号，在剖面图图名后加注"展开"字样，如图 12-18 所示。

1–1剖面图

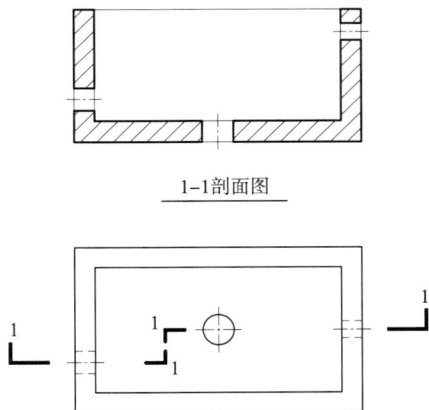

图 12-17　转折剖面图

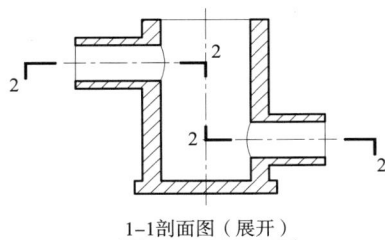

1–1剖面图（展开）

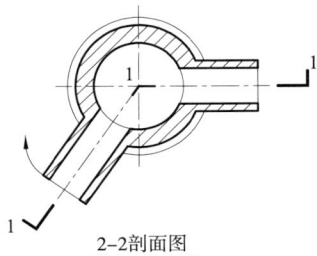

2–2剖面图

图 12-18　旋转剖面图

第三节　断面图

一、基本概念

用剖切平面将物体剖切开后，仅绘制剖切平面与物体相交处的图形称为断面图。它是一个截面图，实际上是属于剖面图的一部分。由于它不存在投影方向，所以断面符号仅保留剖切线，用粗实线绘制，长度6～10mm。断面剖切符号和断面图采用相同的编号，但无须加注"断面图"三个字。编号仍然采用阿拉伯数字，并注写断面剖切位置线的剖视方向一边。断面图的编号不宜与同套图纸上的剖面图编号相同。

断面图轮廓线用粗实线绘制，内部图例绘制要求同剖面图，如图12-19所示。

二、断面图分类

根据断面图在视图上的不同位置，可分为移出断面图、重合断面图和中断断面图。

1. 移出断面图

断面图绘制在基本视图以外，称为移出断面图，如图12-20所示。

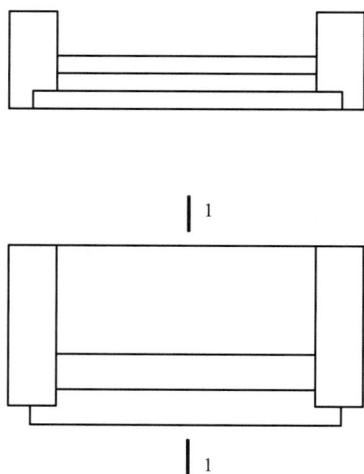

图 12-19 台阶踏步断面图

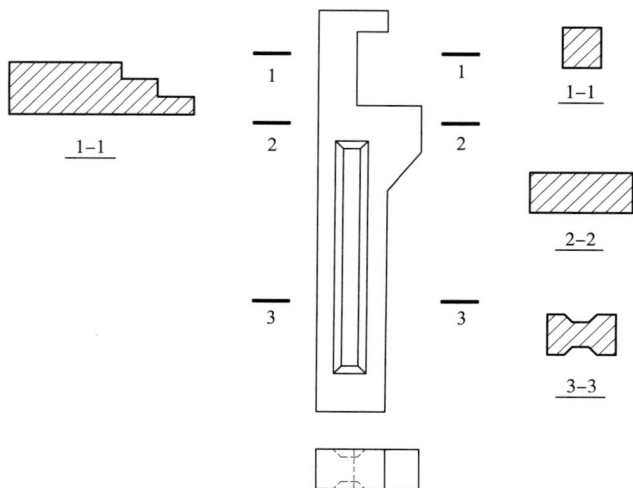

图 12-20 移除断面图

2. 重合断面图

断面图绘制在视图之内，称为重合断面图，通常不标注剖切符号和编号。且为了避免与视图的线条相混淆，重合断面图采用细实线绘制，并绘制相应的图例，视图不应断开，应完整绘制，如图 12-21 所示。

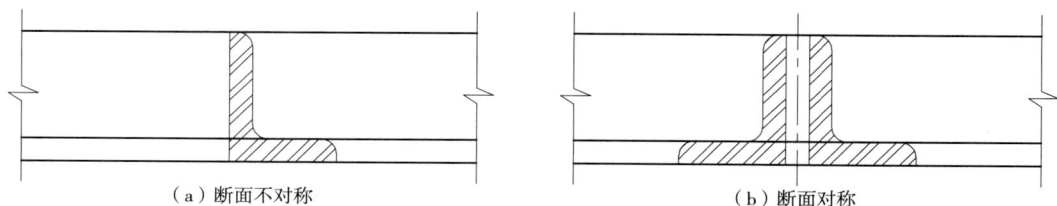

（a）断面不对称　　　　　　　　　　　（b）断面对称

图 12-21　重合断面图

3. 中断断面图

断面图绘制在视图中断处，称为中断断面图。中断断面图无须标注剖切符号和编号，用粗实线绘制，如图 12-22 所示。

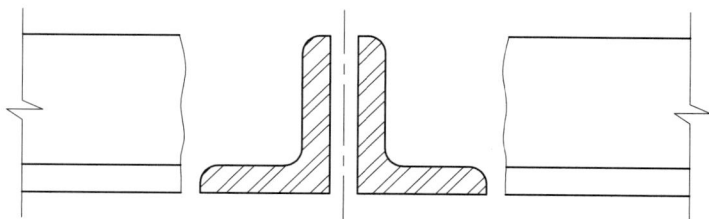

图 12-22　中断断面图

第四节　制图基本规定

为了统一建筑制图标准，保证制图质量，提高制图效率，做到图面清晰简明，便于识读，满足设计、施工和存档要求，国家制定了《房屋建筑制图统一标准》（GB/T 50001—2017）、《建筑制图统一标准》（GB 50104—2010）和《技术制图字体》（GB/T 14691—93），下面介绍相关标准的一些基本内容。

一、图幅及格式

1.图幅

图幅即图纸幅面，图框是图纸上划定的绘图范围的界限。为了统一和方便交流与管理，所有图纸的图幅和图框大小应符合表12-1的规定。

表12-1　图纸幅面及图框尺寸

尺寸代号	幅面代号及尺寸（mm）				
	A0	A1	A2	A3	A4
$b \times l$	841×1189	594×841	420×594	297×420	210×297
c	10			5	
a	25				

当图纸需要加长时，其短边一般不应加长，长边可以加长，但应符合表12-2的规定。

表12-2　图纸长边加长尺寸

幅面代号	长边尺寸（mm）	长边加长后尺寸（mm）
A0	1189	1486(A0+1/4l)、1783(A0+1/2l)、2080(A0+3/4l)、2378(A0+l)
A1	841	1051(A1+1/4l)、1261(A1+1/2l)、1471(A1+3/4l)、1682(A1+l)、1892(A1+4/5l)、2102(A1+3/2l)
A2	594	743(A2+1/4l)、891(A2+1/2l)、1041(A2+3/4l)、1189(A2+l)、1238(A2+4/5l)、1486(A2+3/2l)、1635(A2+7/4l)、1783(A2+2l)、1932(A2+9/4l)、2080(A2+5/2l)
A3	420	630(A3+1/2l)、841(A3+l)、1051(A3+3/2l)、1261(A3+2l)、1471(A3+5/2l)、1682(A3+3l)、1892(A3+7/2l)

图纸以长边作为水平边时称为横式，以短边作为水平边时称为立式，$A0 \sim A3$图纸宜横

式使用，必要时，也可立式使用。一个工程设计中，每个专业所使用的图纸，不宜多于两种幅面（不含目录及表格所采用的A4幅面）。

图纸的标题栏、图框线、幅面线、装订边线和对中标志的位置如图12-23所示。为了方便图纸复制和缩微摄影的需要，在图纸各边中点处都绘有对中标志，线宽不小于0.25mm，长度为纸边界向内5mm。

标题栏、会签栏尺寸参见图12-24，根据工程的需要选择确定其尺寸、格式及分区（由于现在各设计单位都有自己的标题栏，所以该尺寸也仅作为参考尺寸）。签字栏应包括实名列和签名列，并应符合下列规定：

（1）涉外工程的标题栏内，各项主要内容的中文下方应附有译文，设计单位的上方或左方，应加"中华人民共和国"字样。

（2）在计算机制图文件中使用电子签名与认证时，应符合国家有关电子签名法的规定。

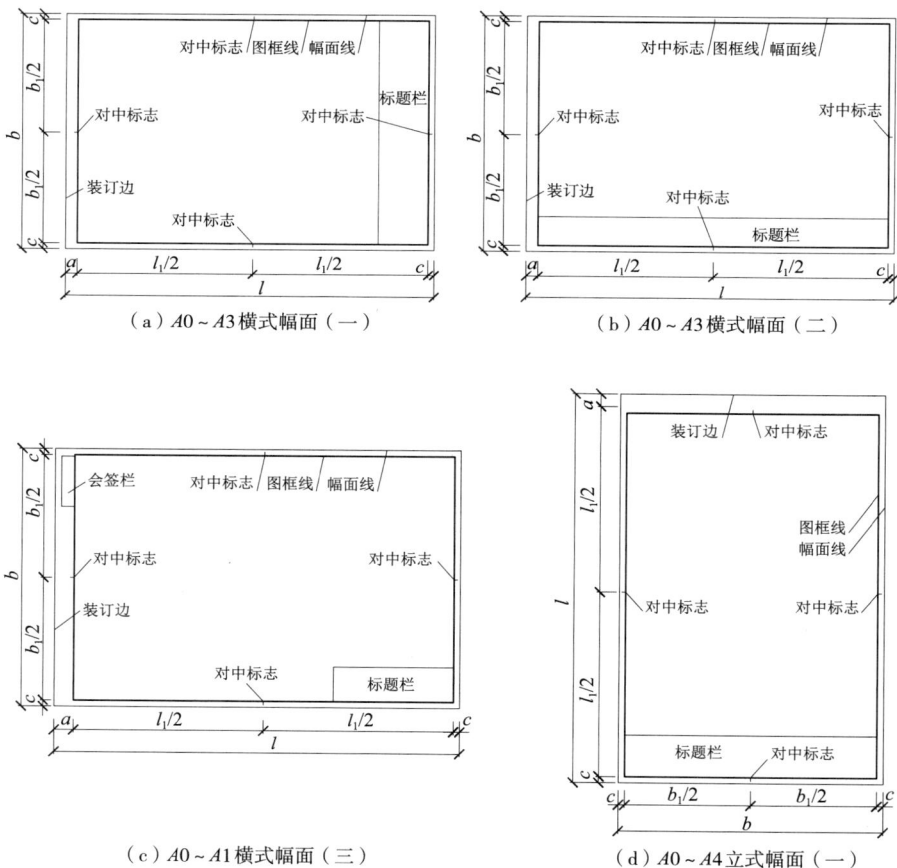

（a）A0~A3横式幅面（一）

（b）A0~A3横式幅面（二）

（c）A0~A1横式幅面（三）

（d）A0~A4立式幅面（一）

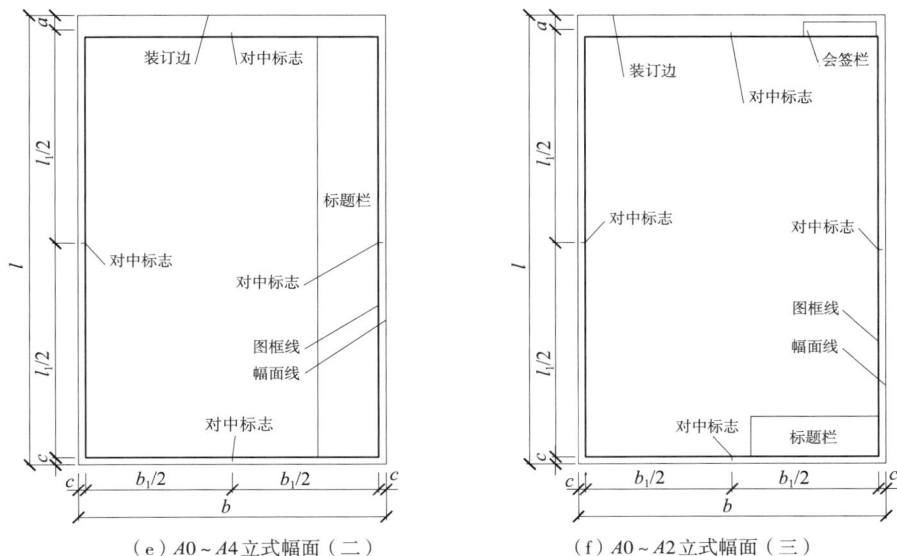

（e）A0～A4立式幅面（二）   （f）A0～A2立式幅面（三）

图12-23　图幅

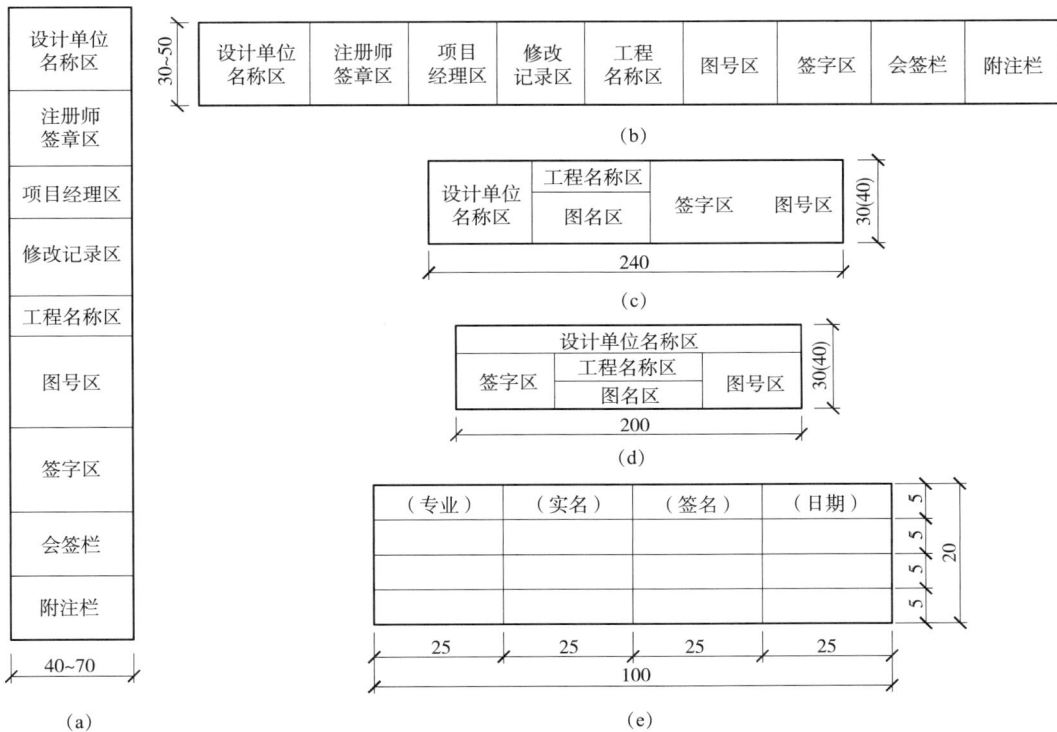

（a）

设计单位名称区	注册师签章区	项目经理区	修改记录区	工程名称区	图号区	签字区	会签栏	附注栏

（b）

设计单位名称区	工程名称区	签字区	图号区
	图名区		

240

（c）

设计单位名称区			
签字区	工程名称区		图号区
	图名区		

200

（d）

（专业）	（实名）	（签名）	（日期）

| 25 | 25 | 25 | 25 |

100

图12-24　标题栏与会签栏

2. 图线

　　为了使图纸上不同内容主次清楚，国家制图标准对线型、线宽及相应使用范围制定了相应的规范，如表12-3、表12-4所示。同一张图纸内相同比例的各图样，应选用相同的线宽组。

表12-3　线宽组

线宽比	线宽组（mm）			
b	1.4	1.0	0.7	0.5
$0.7b$	1.0	0.7	0.5	0.35
$0.5b$	0.7	0.5	0.35	0.25
$0.25b$	0.35	0.25	0.18	0.12

　　注　需要微缩的图纸不宜采用0.18mm及更细的线宽。同一张图纸内，各不同线宽中的细线，可统一采用较细的线宽组的细线。

表12-4　图线

名称		线型	线宽	一般用途
实线	粗		b	①平、剖面图中被剖切的主要建筑构造（包括构配件）的轮廓线 ②建筑立面图或室内立面图的外轮廓线 ③建筑构造详图中被剖切的主要部分的轮廓线 ④建筑构配件详图中的外轮廓线 ⑤平、立、剖面的剖切符号
	中粗		$0.7b$	①平、剖面图中被剖切的次要建筑构造（包括构配件）的轮廓线 ②建筑平、立、剖面图中建筑构配件的轮廓线 ③建筑构造详图及建筑构配件详图中的一般轮廓线
	中		$0.5b$	小于$0.7b$的图形线、尺寸线、尺寸界限、索引符号、标高符号、详图材料做法引出线、粉刷线、保温层线、地面、墙面的高差分界线等
	细		$0.25b$	图例填充线、家具线、纹样线等
虚线	粗		b	新建建筑物的不可见轮廓线
	中粗		$0.7b$	①建筑构造详图及建筑构配件不可见的轮廓线 ②平面图中的梁式起重机（吊车）轮廓线 ③拟建、扩建建筑物轮廓线
	中		$0.5b$	投影线、小于$0.5b$的不可见轮廓线
	细		$0.25b$	图例填充线、家具线
单点划线	粗		b	起重机（吊车）轨道线
单点长划线	细		$0.25b$	分水线、中心线、对称线、定位轴线
折断线			$0.25b$	不需要画全的断开界线
波浪线			$0.25b$	不需要画全的断开界线

　　注　地平线宽可用1.4b。

　　图纸的图框和标题栏线，可采用表12-5的线宽。

表12-5　图框线、标题栏线的宽度

幅面代号	图框线	标题栏外框线	标题栏分割线、会签栏线
A0、A1	b	0.5b	0.25b
A2、A3、A4	b	0.7b	0.35b

线形交接要求，如图12-25所示。

（1）相互平行的图例线，其净间隙或线中间隙不宜小于0.2mm；

（2）虚线、单点长画线或双点长画线的线段长度和间隔，宜各自相等；

（3）单点长画线或双点长画线，当在较小图形中绘制有困难时，可用实线代替；

（4）单点长画线或双点长画线的两端，不应是点。点画线与点画线交接点或点画线与其他图线交接时，应采用线段交接；

（5）虚线与虚线交接或虚线与其他图线交接时，应是线段交接。虚线为实线的延长线时，不得与实线相接；

（6）图线不得与文字、数字或符号重叠、混淆，不可避免时，应首先保证文字的清晰。

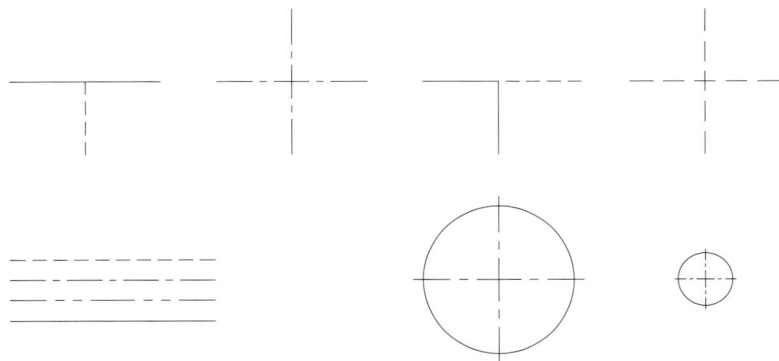

图12-25　实线、虚线、点划线画法

3. 字体

工程图纸上常用的文字有汉字、英文字母、阿拉伯数字、罗马数字、符号等，要求笔画清晰、字体端正，排列整齐、准确，标点符号使用应清楚正确。

（1）文字。文字的字高，可从表12-6中选用。字高大于10mm的文字宜采用True Type字体，如需书写更大的字，其高度应按$\sqrt{2}$的倍数递增。

表12-6　文字的字高（mm）

字体种类	汉字矢量字体	True Type字体及非汉字矢量字体
字高	3.5、5、7、10、14、20	3、4、6、8、10、14、20

图样及说明中的汉字，宜优先采用True Type字体中的宋体字型，采用矢量字体时应为长仿宋体字型。同一图纸字体种类不应超过两种。矢量字体的宽高比宜为0.7，且应符合表12-7的规定，打印线宽宜为0.25～0.35mm；True Type字体宽高比宜为1。大标题、图册封面、地形图等处的汉字，也可书写成其他字体，但应易于辨认，其宽高比宜为1。

表12-7　长仿宋体字高宽关系

字高（mm）	20	14	10	7	5	3.5
字宽（mm）	14	10	7	5	3.5	2.5

（2）数字与字母。阿拉伯数字、英文字母、罗马数字若与汉字同时书写时，宜优先采用True Type字体中Roman字形，书写规则应符合表12-8的规定。当英文字母单独作代号或符号使用时，不可以用I、O、Z三个字母，以免同阿拉伯数字1、0、2混淆。数字、字母当需要写成斜体时，其斜度应是从字的底线逆时针向上倾斜75°。斜体字的高度和宽度应与相应的直体字相等。字母、数字的字高不应小于2.5mm。

数量的数值注写，应采用正体阿拉伯数字。各种计量单位凡前面有量值的，均应采用国家颁布的单位符号注写，且单位符号应采用正体字母。

分数、百分数和比例数的注写，应采用阿拉伯数字和数学符号。

当注写的数字小于1时，应写出各位的"0"，小数点应采用圆点，齐基准线书写。

表12-8　字母及数字的书写规则

书写格式	字体	窄字体
大写字母高度	h	h
小写字母高度（上下均无延伸）	$7/10h$	$10/14h$
小写字母伸出的头部或尾部	$3/10h$	$4/14h$
笔画宽度	$1/10h$	$1/14h$
字母间距	$2/10h$	$2/14h$
上下行基准线的最小间距	$15/10h$	$21/14h$
词间距	$6/10h$	$6/14h$

二、比例

比例是图形大小与实物相应尺寸之比。比例的符号为"："，应以阿拉伯数字表示。比例宜注写在图名的右侧，字的基准线应取平；比例的字高宜比图名的字高小一号或二号，如图12-26所示。比值大于1的为放大比例，如2:1、5:1等；比值小于1的为缩小比例，如1:2、1:100、1:500等。选用比例的大小应根据图纸的用途和表达对象的复杂程度来确定。

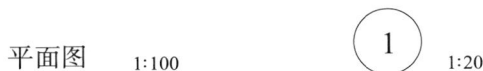

平面图 ___ 1:100　　　　　①　1:20

图12-26　比例的注写

建筑专业、室内设计专业制图选用的各种比例，宜符合表12-9的规定。

表12-9　建筑制图常用比例

图　名	比　例
建筑物或构筑物的平面图、立面图、剖面	1:50、1:100、1:150、1:200、1:300
建筑物或构筑物的局部放大图	1:10、1:20、1:25、1:30、1:50
配件及构造详图	1:1、1:2、1:5、1:10、1:15、1:20、1:25、1:30、1:50

一般情况下，一个图样应选用一种比例。根据专业制图需要，同一图样可选用两种比例。特殊情况下也可自选比例，这时除应注出绘图比例外，还必须在适当位置绘制出相应的比例尺。需要缩微的图纸应绘制比例尺。

第五节　材料图例

标准只规定常用建筑材料的图例画法，对其尺度比例不作具体规定。使用时，应根据图样大小而定，并应注意下列事项：图例线应间隔均匀，疏密适度，做到图例正确，表示清楚；不同品种的同类材料使用同一图例时（如某些特定部位的石膏板必须注明是防水石膏板时），应在图上附加必要的说明；两个相同的图例相接时，图例线宜错开或使倾斜方向相反；两个相邻的涂黑图例间应留有空隙，其净宽度不得小于0.5mm。

下列情况可不加图例，但应加文字说明：

（1）一张图纸内的图样只用一种图例时。

（2）图形较小无法画出建筑材料图例时。

（3）需画出的建筑材料图例面积过大时，可在断面轮廓线内沿轮廓线作局部表示。

当选用本标准中未包括的建筑材料时，可自编图例，但不得与本标准所列的图例重复。

绘制时，应在适当位置画出该材料的图例，并加以说明。

在工程图纸上常用的图例如图12-27所示。

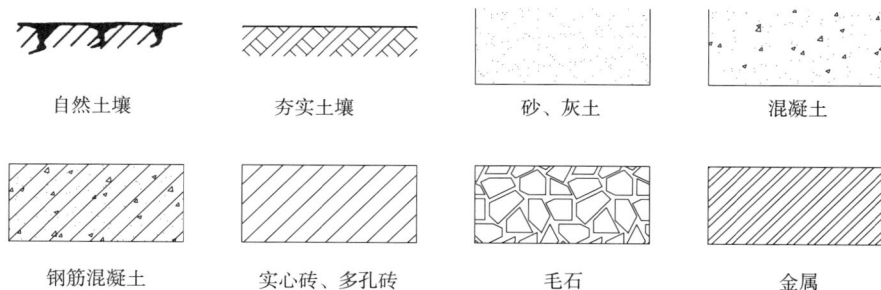

自然土壤　　　　　夯实土壤　　　　　砂、灰土　　　　　混凝土

钢筋混凝土　　　实心砖、多孔砖　　　　毛石　　　　　　金属

图12-27　建筑常用图例

第六节　尺寸标注

由于图纸上图形是按照一定比例绘制的，所以为了准确明了地表达物体实际大小，需要在图形上标注物体实际的大小尺寸。尺寸分为总尺寸、定位尺寸、细部尺寸三种。绘图时，应根据设计深度和图纸用途确定所需注写的尺寸。

物体的投影视图及剖、断面图基本可以清楚表达物体的形状，但为了更准确地表达物体各个部分的尺寸关系，就必须标明物体的实际大小和相对位置关系。

一、尺寸标注的组成及要求

图纸上的尺寸由尺寸界线、尺寸线、尺寸起止符号、尺寸数字组成。

尺寸界线应采用细实线绘制，应与被注长度垂直，其一端应离开图样轮廓线不小于2mm，另一端宜超出尺寸线2～3mm。图样轮廓线可用作尺寸界线。

尺寸线应用细实线绘制，应与被注长度平行，两端宜以尺寸界限为边界，也可超出尺寸界线2～3mm。图样本身的任何图线均不得用作尺寸线，如图12-28所示。

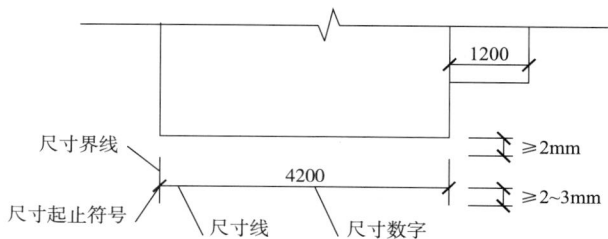

图12-28　尺寸的组成

尺寸起止符号一般用中粗斜短线绘制，其倾斜方向应与尺寸界线成顺时针45°角，长度宜为2~3mm。轴测图中用小圆点表示尺寸起止符号，小圆点直径1 mm。半径、直径、角度与弧长的尺寸起止符号，宜用箭头表示，箭头宽度不宜小于1 mm，如图12-29所示。

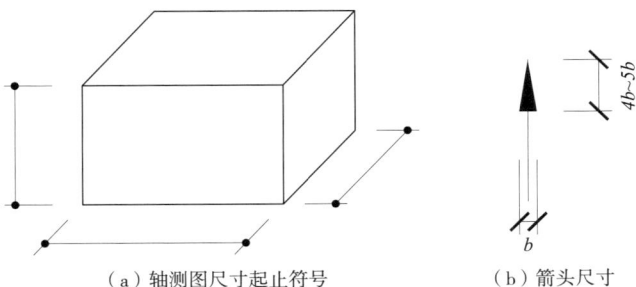

（a）轴测图尺寸起止符号　　　　（b）箭头尺寸

图12-29　尺寸起止符号

图样上的尺寸，应以尺寸数字为准，不得从图上直接量取。图样上的尺寸单位，除标高及总平面以米为单位外，其他必须以毫米为单位。尺寸数字的方向，应按图12-30（a）的规定注写。若尺寸数字在30°斜线区内，也可如图12-30（b）的形式注写。

尺寸数字应依据其方向注写在靠近尺寸线的上方中部。如没有足够的注写位置，最外边的尺寸数字可注写在尺寸界线的外侧，中间相邻的尺寸数字可上下错开注写，可用引出线表示标注尺寸的位置。尺寸宜标注在图样轮廓以外，不宜与图线、文字及符号等相交，如图12-31所示。

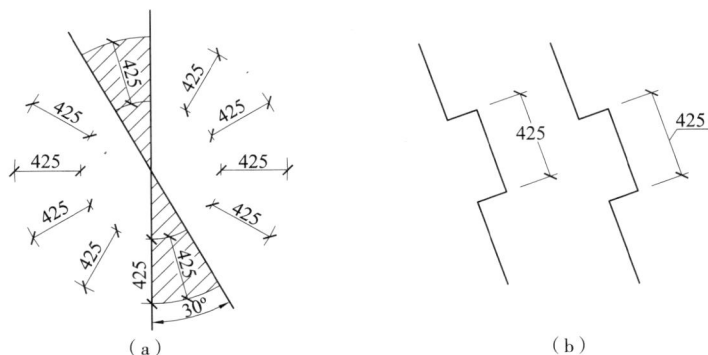

（a）　　　　　　　　　　　　　（b）

图12-30　尺寸数字的注写方向

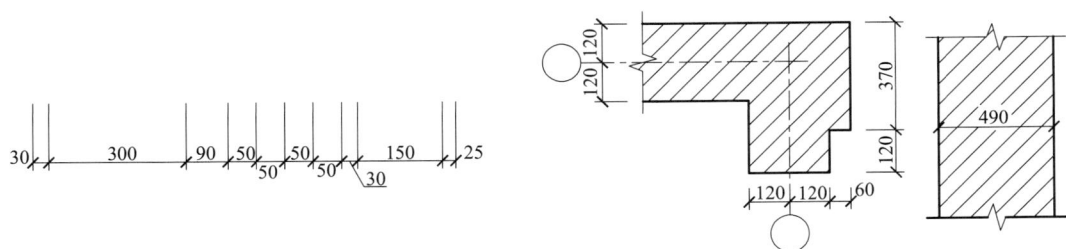

图12-31　尺寸数字的注写位置

互相平行的尺寸线，应从被注写的图样轮廓线由近向远整齐排列，较小尺寸应离轮廓线较近，较大尺寸应离轮廓线较远。图样轮廓线以外的尺寸界线，距图样最外轮廓之间的距离，不宜小于10mm。平行排列的尺寸线的间距，宜为7～10mm，并应保持一致。

总尺寸的尺寸界线应靠近所指部位，中间的分尺寸的尺寸界线可稍短，但其长度应相等，如图12-32所示。

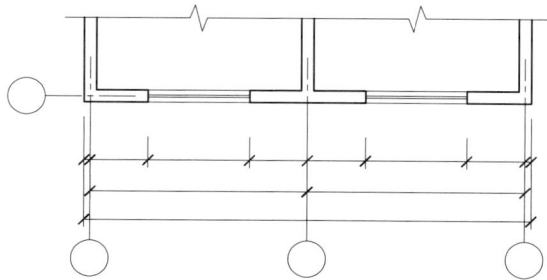

图12-32　尺寸的排列

二、尺寸的分类

对于一个物体所标注的尺寸，按照其性质分为定形尺寸、定位尺寸和总尺寸。

（1）定形尺寸：是确定组成物体的各基本形体大小的尺寸，如图12-33所示；

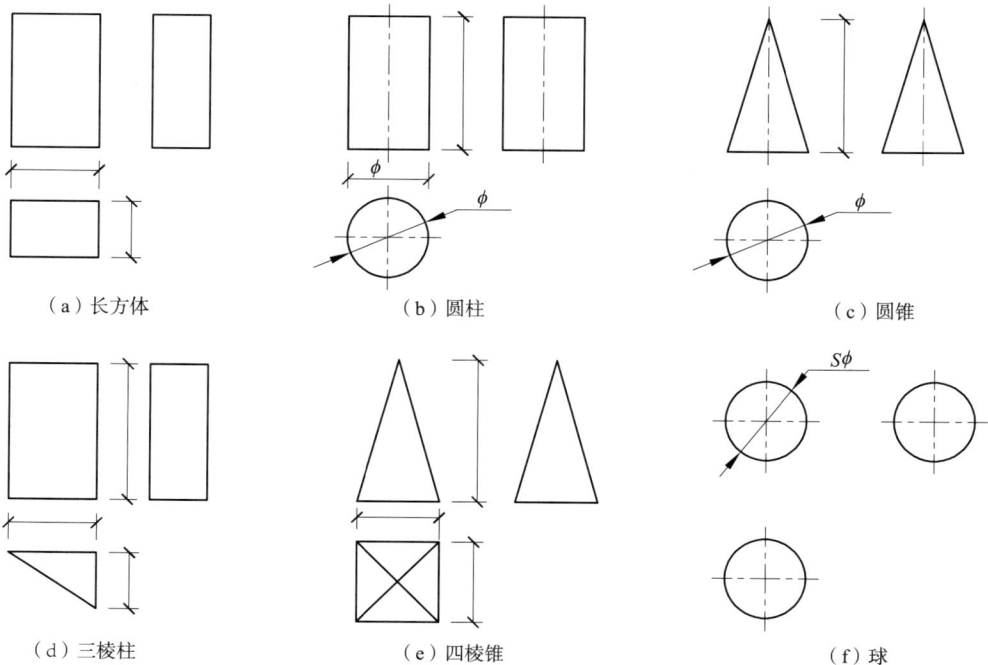

（a）长方体　　　　　　（b）圆柱　　　　　　（c）圆锥

（d）三棱柱　　　　　　（e）四棱锥　　　　　　（f）球

图12-33　几何形体的定型尺寸

（2）定位尺寸：是确定组成物体的各基本形体之间的相对位置尺寸，如图12-34所示；

（3）总尺寸：是确定物体外形的总长、宽、高的尺寸，有些尺寸是重复的，只标注一个即可，不必重复标注，如图12-35所示。

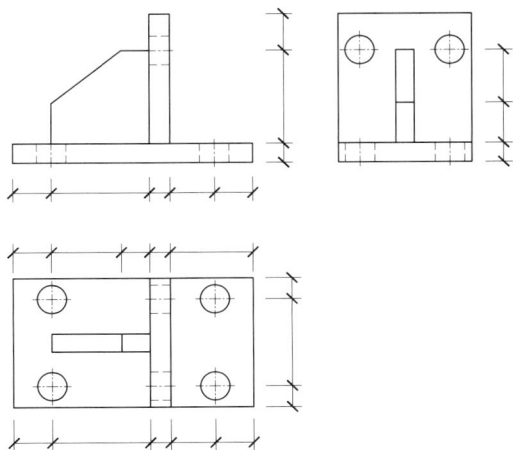

图12-34　几何形体的定位尺寸

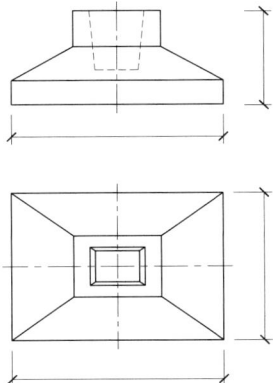

图12-35　几何形体的总尺寸

三、尺寸配置原则

在工程图中，对于物体除了尺寸齐全、正确外，还应清晰、明显、整齐，所以在标注尺寸时应注意以下几点：

（1）尺寸标注要齐全，不能有遗漏。应根据先标注定形尺寸，再标注定位尺寸，最后标注总尺寸的顺序依次标注；

（2）尺寸标注要明显。尺寸标注一般在物体轮廓线外，并靠近相应轮廓线，一些细部尺寸允许标注在视图之间，但应避免与视图上的图线相交或遮挡；

（3）尺寸标注要相对集中、整齐。物体同一方向的定形、定位尺寸应相对集中布置成几道，遵循由内向外，从小尺寸到大尺寸，最后是总尺寸的原则。

四、半径、直径、角度标注

（1）半径的尺寸标注应从圆心开始，另一端画箭头指向圆弧，并在尺寸数字前加注符号"*R*"。较小的圆弧可将箭头移至弧外，较大的则可用带箭头的直线指向圆心的方向标注，如图12-36所示；

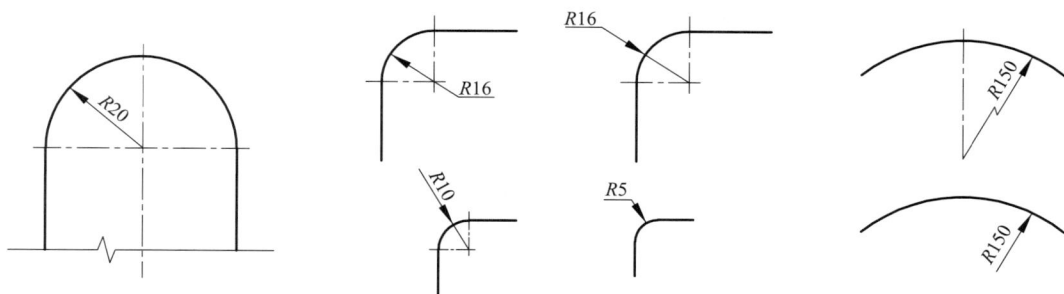

图 12-36 半径标注方法

（2）直径的尺寸标注是用两端带箭头的直径来标注，并在尺寸数字前加注符号"ϕ"。在圆内标注的尺寸线应通过圆心，两端画箭头指至圆弧。当尺寸数字无法标注在圆内时，可以引出圆弧外，如图 12-37 所示；

（3）标注球的半径尺寸时，应在尺寸前加注符号"SR"。标注球的直径尺寸时，应在尺寸数字前加注符号"$S\phi$"。注写方法与圆弧半径和圆直径的尺寸标注方法相同，如图 12-38 所示；

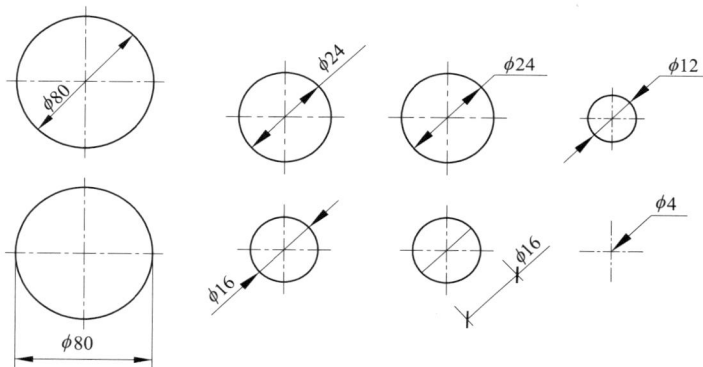

图 12-37　直径的标注方法

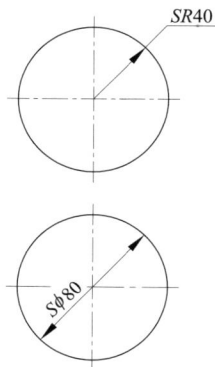

图 12-38　球的标注方法

（4）角度的尺寸线应以圆弧表示。圆弧的圆心应是角的顶点，角的两条边为尺寸界线。起止符号应以箭头表示，如没有足够位置画箭头，可用圆点代替，角度数字应沿尺寸线方向注写，如图 12-39 所示；

（5）标注圆弧的弧长时，尺寸线应以与该圆弧同心的圆弧线表示，尺寸界线应垂直于该圆弧的弦，起止符号用箭头表示，弧长数字上方应加注圆弧符号"⌒"，如图 12-40 所示；

（6）标注圆弧的弦长时，尺寸线应以平行于该弦的直线表示，尺寸界线应垂直于该弦，起止符号用中粗斜短线表示如图 12-41 所示。

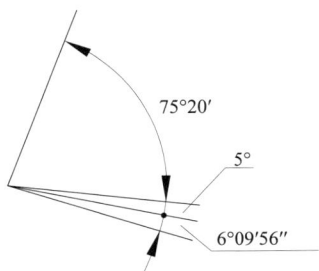

图12-39　角度标注方法　　　　图12-40　弧长标注方法　　　　图12-41　弦长标注方法

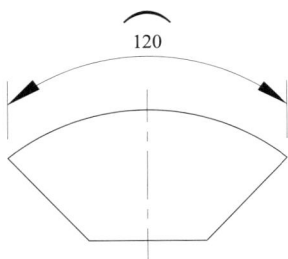

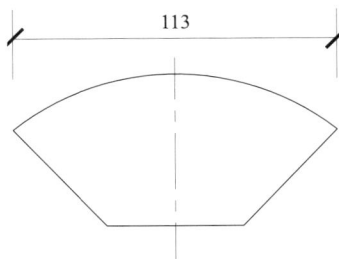

五、坡度及非圆线

（1）坡度的标注应以坡度的坡向比例或百分比形式表示，并在数字下加注"←"或"⟋"，箭头应指向下坡方向。坡度也可用直角三角形的形式标注，如图12-42所示；

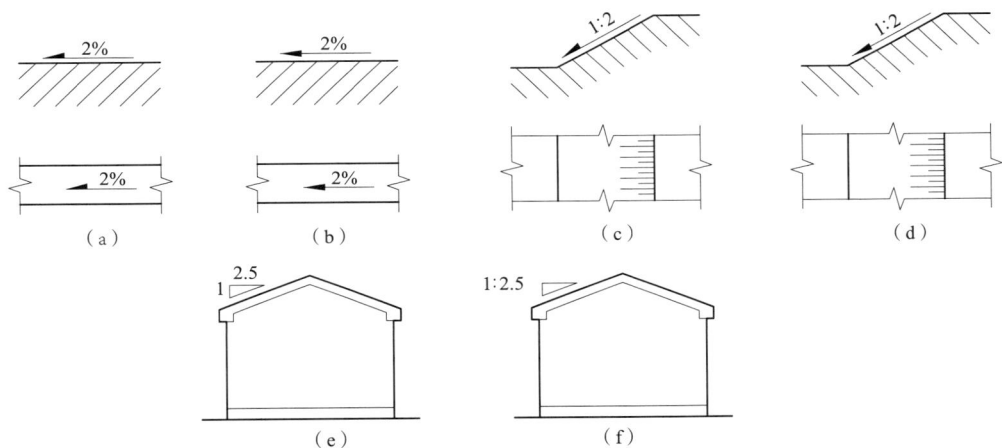

（a）　　　　　（b）　　　　　（c）　　　　　（d）

（e）　　　　　（f）

图12-42　坡度标注方法

（2）对于非圆线可采用坐标形式或网格形式表示，如图12-43、图12-44所示。

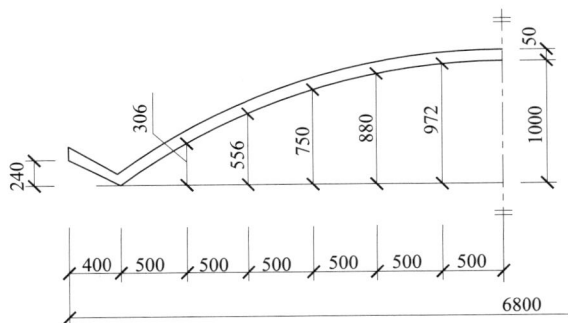

图12-43　坐标法标注曲线尺寸　　　　图12-44　网格法标注曲线尺寸

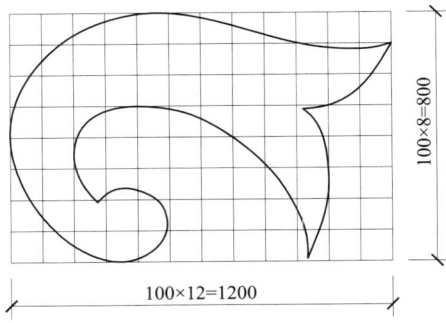

六、尺寸的简化标注

（1）杆件或管线的长度，在单线图（桁架简图、钢筋简图、管线简图）上，可直接将尺寸数字沿杆件或管线的一侧注写，如图12-45所示；

（2）对于连续等长的尺寸，可采用"等长尺寸×个数＝总长"的形式标注或"总长（等分个数）"，如图12-46所示；

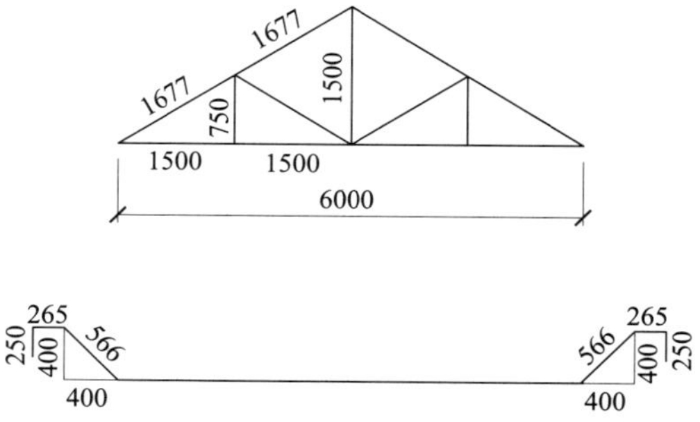

图12-45　单线图尺寸标注方法

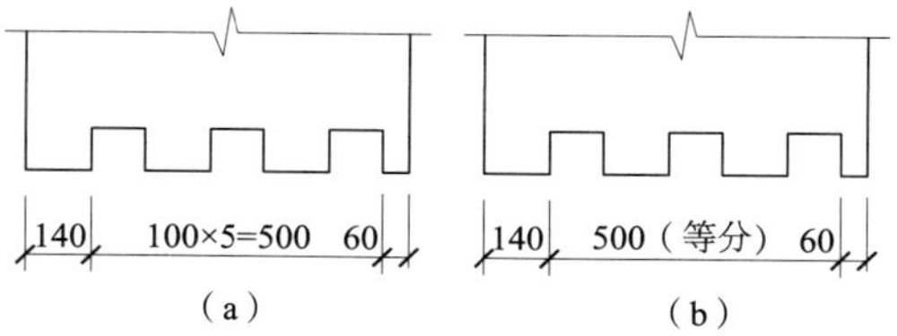

（a）　　　　　　　（b）

图12-46　等长尺寸简化标注方法

（3）构配件内的构造要素（如孔、槽等）如相同，可仅标注其中一个要素的尺寸，如图12-47所示；

（4）对称构配件采用对称省略画法时，该对称构配件的尺寸线应略超过对称符号，仅在尺寸线的一端画尺寸起止符号，尺寸数字应按整体全尺寸注写，其注写位置宜与对称符号对齐，如图12-48所示；

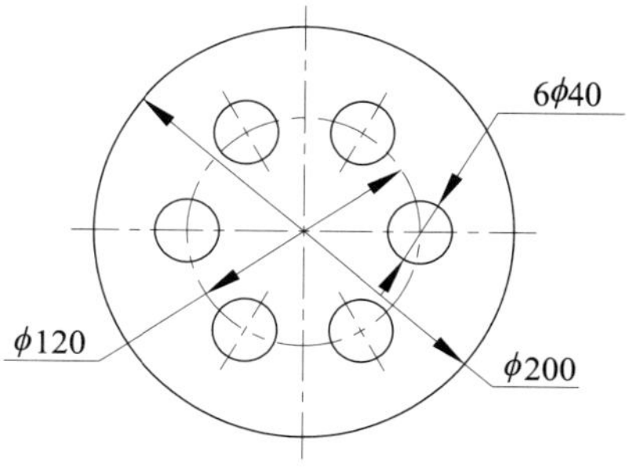

图12-47　相同要素尺寸标注方法

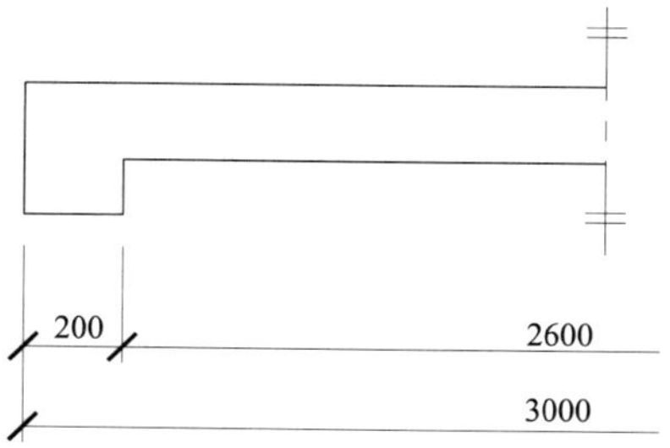

图12-48　对称构件尺寸标注方法

（5）两个构配件如仅个别尺寸数字不同，可在同一图样中将其中一个构配件的不同尺寸数字注写在括号内，该构配件的名称也应注写在相应的括号内，如图12-49所示；

（6）数个构配件如仅某些尺寸不同，这些有变化的尺寸数字，可用拉丁字母注写在同一图样中，另列表格写明其具体尺寸，如图12-50所示。

图 12-49　相似构件尺寸标注方法

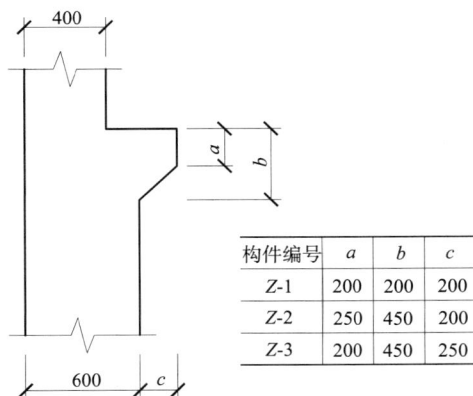

构件编号	a	b	c
Z-1	200	200	200
Z-2	250	450	200
Z-3	200	450	250

图 12-50　相似构配件尺寸表格式标注方法

第十三章

建筑施工图

第一节　引言

　　建筑施工图是按照国家标准，用正投影的方法准确地将建筑各组成部分的内容表达出来的工程图纸，主要表示建筑物的总体布局、建筑外形、内部布置、细部构造、内外装饰以及一些固定设施和施工要求的图样，它是建筑物施工放线、砌筑、安装、装修、编制施工概算及施工组织计划的主要依据。

　　建筑设计按表达程度分为初步设计、扩初设计和施工图设计三个阶段。

　　初步设计的图纸内容包括总平面图、建筑各层平面图、主要立面图、剖面图、设计说明、经济指标和建筑效果图等。

　　扩初设计图纸除包括以上部分外，还需要其余立面图及结构、采暖、通风、给排水、电气等系统说明等。

　　施工图图纸则为扩初阶段的所有图纸的进一步深化，主要包括图纸目录、施工总说明、总平面图、平面图、立面图、剖面图、详图及门窗表等，以满足施工及其他相关专业的施工。除此之外，还包括其他相关专业的施工图，如结构、给排水等，但对于本专业的学生来说，一般涉及的是建筑施工图，此处就针对建筑施工图进行讲述。

一、建筑的组成

　　建筑在使用功能、结构形式上有不同的类型，但对于一般建筑而言，基本上由基础、墙体、梁柱、楼（地）面、屋顶、楼梯、电梯和门窗等构件组成。此外，还有台阶、雨棚、阳台、窗台、落水管、散水、勒角、明沟，以及其他的一些构配件和装饰。

　　如图13-1所示，为一住宅的剖轴测示意图，图中指出了各组成部分的名称。

　　基础位于墙或柱的最下部，是建筑与地基接触的部分，起支承建筑物的作用，并把建筑物的全部荷载传递给地基。墙起抵御风霜雨雪和分隔建筑内部空间的作用，按受力情况可分为承重墙和非承重墙。承重墙起传递荷载给基础的承重作用，按位置和方向分为外墙和内墙，纵墙和横墙。柱是将上部结构所承受的荷载传递给基础的承重构件。梁则是将支承在其上的结构所承受的荷载传递给墙或柱的承重构件。地面、楼板是将建筑的内部空间在垂直方向分隔成若干层，并承受作用在其上的荷载，连同自重一起传给墙或其他承重构件。楼梯、电梯是建筑的垂直交通设施。屋顶位于建筑的最上部，它是承重结构，也是围护结构，承受作用在其上的荷载，连同自重起传给墙或其他的承重构件，同时起抵御风霜雨雪和保温隔热等作用。门的功能是水平交通和疏散，窗的功能是采光、通风和维护，还可供眺望之用。

　　一般的民用建筑常用砖砌筑承重墙，而梁、柱、楼板、楼梯、屋面板等则常用钢筋混凝土构件，这样的建筑结构形式称为混合结构。若由梁和柱组成框架共同抵抗使用过程中出现的水平荷载和竖向荷载，构成承重体系的结构，墙体不承重，仅起到围护和分隔作用，这样的建筑结构形式称为框架结构。

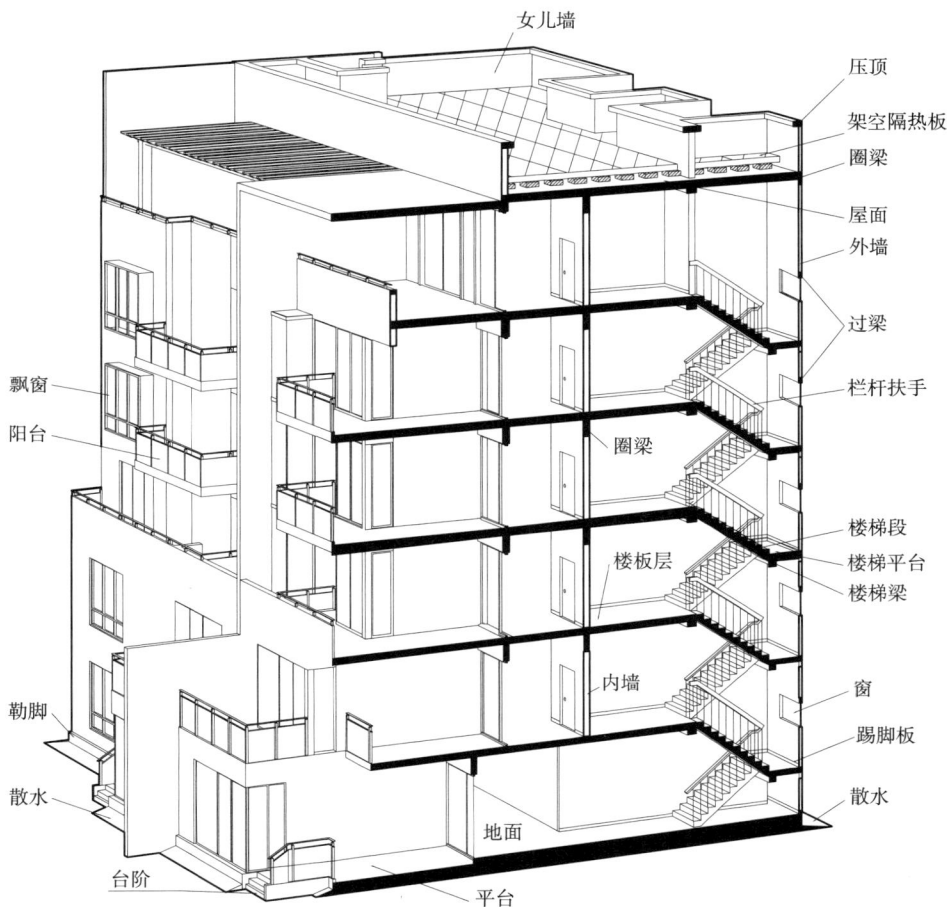

女儿墙　压顶　架空隔热板　圈梁　屋面　外墙　过梁　栏杆扶手　楼梯段　楼梯平台　楼梯梁　窗　踢脚板　散水　飘窗　阳台　圈梁　楼板层　内墙　勒脚　散水　台阶　平台　地面

图 13-1　房屋组成部分示意图

二、建筑施工图绘制规定

　　绘制和阅读建筑施工图，应依据正投影原理和遵守《房屋建筑制图统一标准》（GB/T 50001—2017）、《总图制图标准》（GB/T 50103—2010）、《建筑制图标准》（GBT 50104—2010）。这里简要说明其中的一些基本规定。

1. 定位轴线及其编号

定位轴线是建筑物墙体及承重构件系统施工定位和放线的重要依据。凡是承重墙、柱子等主要承重构件都应标注相应的轴线和编号，以明确其位置，对于非承重的填充墙、隔墙和次要的承重构件，也可用轴线或分轴线确定其位置。

定位轴线采用细单点长划线绘制，其端部用直径为8~10mm细实线圆表示，在圆内标注轴线代号，定位轴线圆的圆心应在定位轴线的延长线上或延长线的折线上。平面图上定位轴线的编号，宜标注在图样的下方及左侧，或在图样的四面标注。横向编号应用阿拉伯数字，从左至右顺序编写；竖向编号应用大写英文字母，从下至上顺序编写，不得使用字母I、O、Z用作轴线编号，如图13-2所示。当字母数量不够使用时，可增用双字母或单字母加数字注脚。

组合较复杂的平面图中的定位轴线可采用分区编号，编号的注写形式应为"分区号—该分区定位轴线编号"，分区号宜采用阿拉伯数字或大写英文字母表示；多子项的平面图中定位轴线可采用子项编号，编号的注写形式为"子项号—该子项定位轴线编号"，子项号采用阿拉伯数字或大写英文字母表示，如"1-1""1-A"或"A-1""A-2"。当采用分区编号或子项编号，同一根轴线有不止1个编号时，相应编号应同时注明，如图13-3所示。

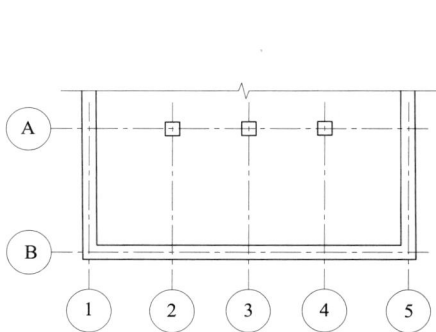

图13-2　定位轴线的编号顺序

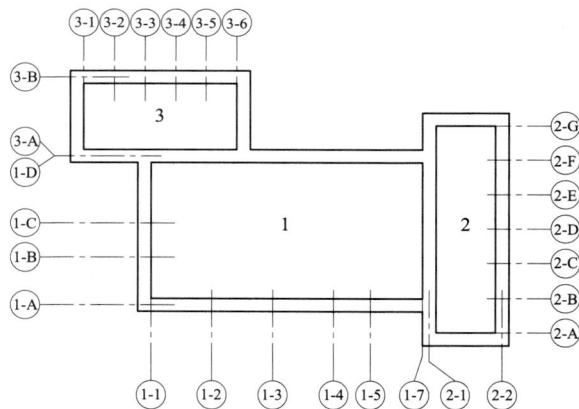

图13-3　定位轴线的分区编号

附加定位轴线的编号应以分数形式表示，两根轴线之间的附加轴线，应以分母表示前一轴线的编号，分子表示附加轴线的编号，编号应用阿拉伯数字顺序编写；1号轴线或A号轴线之前的附加轴线的分母应以01或0A表示。

一个详图适用于几根轴线时，应同时注明各有关轴线的编号，如图13-4所示。通用详图中的定位轴线，应只画圆，不注写轴线编号。

折线形平面图中定位轴线的编号可按图13-5的形式编写。

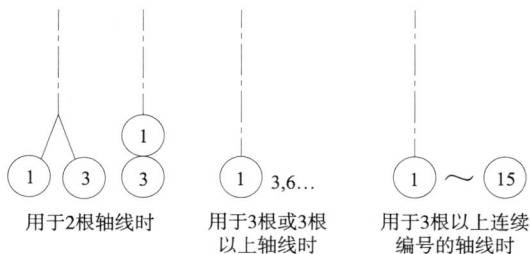

图13-4 详图的轴线编号

用于2根轴线时　　用于3根或3根　　用于3根以上连续
　　　　　　　　　以上轴线时　　　　编号的轴线时

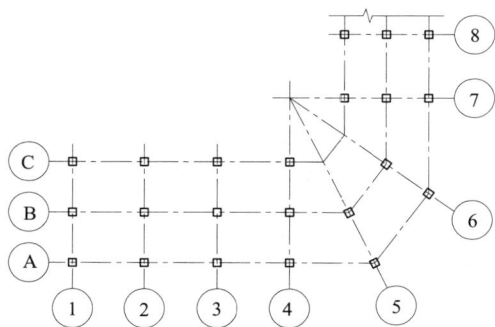

图13-5 折线形平面定位轴线的编号

圆形与弧形平面图中的定位轴线，其径向轴线应以角度进行定位，编号宜用阿拉伯数字表示，从左下角或 $-90°$（若径向轴线很密，角度间隔很小）开始，按逆时针顺序编写；其环向轴线宜用大写英文字母表示，从外向内顺序编写，如图13-6、图13-7所示。圆形与弧形平面图的圆心宜选用大写英文字母编号（I、O、Z除外），如 P。有不止1个圆心时，可在字母后加注阿拉伯数字进行区分，如 $P1$、$P2$、$P3$。

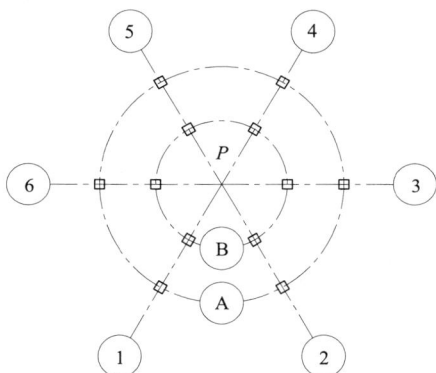

图13-6 圆形平面定位轴线的编号

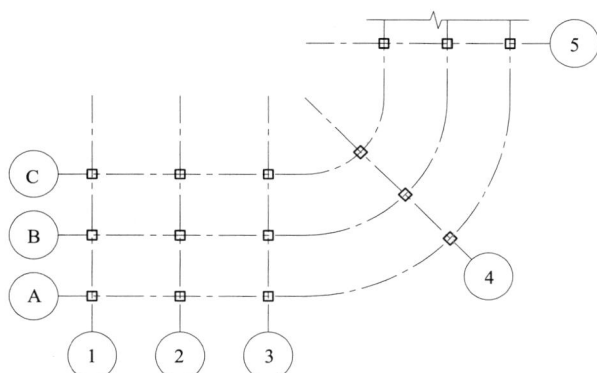

图13-7 弧形平面定位轴线的编号

2. 标高

标高符号应以等腰直角三角形表示，并应按图13-8（a）所示形式用细实线绘制，如标注位置不够，可按图13-8（b）所示形式绘制。标高符号的具体规格按图13-8（c）（d）所示。

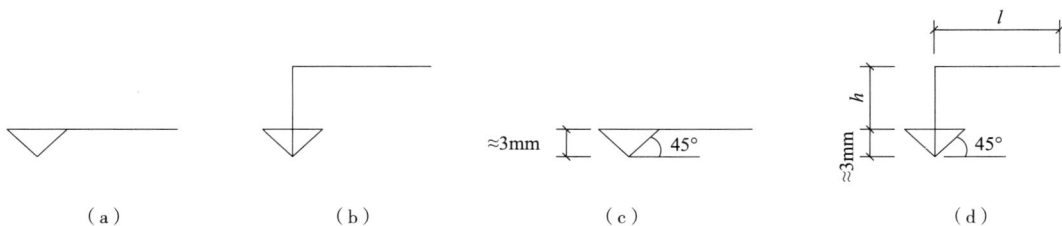

（a）　　　　　　（b）　　　　　　（c）　　　　　　（d）

图13-8 标高符号（l—取适当长度注写标高数字；h—根据需要取适当高度）

总平面图室外地坪标高符号宜用涂黑的三角形表示，具体画法可按图13-9所示。

标高符号的尖端应指至被注高度的位置。尖端宜向下也可向上。标高数字应注写在标高符号的上侧或下侧，如图13-10所示。

标高数字应以米为单位，注写到小数点以后的第三位。在总平面图中，可注写到小数点后的第二位。零点标高应注写成±0.000，正数标高不注"+"，负数标高应注"-"，例如3.200、-0.450。在图样的同一位置需表示几个不同的标高时，标高数字可按图13-11的形式注写。

图13-9　总平面室外地坪标高　　　　图13-10　标高的指向　　　　图13-11　同一位置注写多个标高

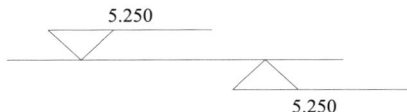

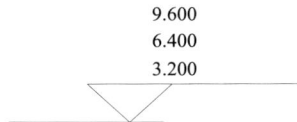

标高分为绝对标高和相对标高两种。

绝对标高：以青岛附近某处黄海的平均海平面定为绝对标高零点，其他各地点的标高都是以它作为基准测量所得。

相对标高：除总平面以外，一般都采用相对标高，以底层室内主要地坪定为相对标高零点，建筑物其他标高都是以其作为基准设计的。

同时应在设计注明中注明相对标高与绝对标高之间的关系。

3. 指北针及风玫瑰图

指北针是指明建筑物朝向的符号，采用细实线绘制，圆的直径一般为24mm，指针底部宽度宜为3mm，并在指针前注明"北"或"N"符号。需用较大直径绘制指北针时，指针尾部的宽度宜为直径的1/8，如图13-12所示。

风玫瑰是当地风向及风向频率的玫瑰图，简称风玫瑰图，是根据多年统计平均各个风向的次数同总次数百分数，并按一定比例绘制的。其上部仍指向正北方向，所以可以与指北针合二为一，如图13-13所示。图上实线部分表示常年风向的频率，虚线部分表示夏季6、7、8三个月风向的频率。

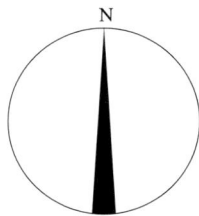

图13-12　指北针　　　　　　　　　　图13-13　风玫瑰

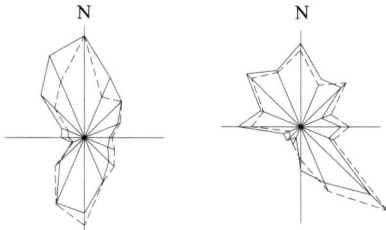

4. 索引、详图符号、引出线

图纸上某一局部构件无法清晰表示时，则需用详图表达，并在相应部位标注索引符号，在详图上加注详图符号。索引符号由细实线绘制的直径为 8 ~ 10mm 的圆和水平直径组成，详图符号是用粗线绘制的直径为 13mm 的圆。具体表达方法参见表 13-1。

表 13-1　索引、详图符号

详图索引标志			详图标志
⑤ ——详图的编号 ——详图在本张纸上	⑤/3 ——详图的编号 ——详图所在的图纸编号	J103 ⑤/3 ——标准详图编号 ——详图所在的图纸编号	⑤ ——详图的编号 （被索引的在本张图纸上）
——⑤ 局部剖面详图的编号 ——剖面详图在本张图纸上	——⑤/3 局部剖面详图的编号 ——剖面详图所在的图纸编号		⑤/2 ——详图的编号 ——被索引的图纸编号 （被索引的不在本张图纸上）

引出线宜采用水平方向的细实线，或与水平方向成 30°、45°、60°、90° 的直线，并经上述角度再折成水平线。文字说明宜注写在水平线的上方或端部。索引详图的引出线，应与水平直径线相连接，如图 13-14 所示。

同时引出的几个相同部分的引出线，宜互相平行，也可画成集中于一点的放射线，如图 13-15 所示。

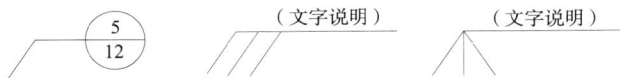

图 13-14　引出线　　　　图 13-15　共用引出线

多层构造共用引出线，应通过被引出的各层，并用圆点示意对应各层次。文字说明宜注写在水平线的上方或端部，说明的顺序应由上至下，并应与被说明的层次对应一致：如层次为横向排序，则由上至下的说明顺序应与由左至右的层次对应一致，如图 13-16 所示。

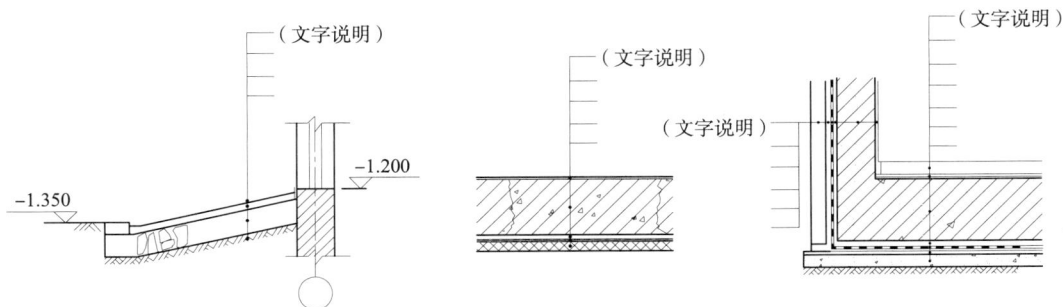

图 13-16　多层引出线

第二节 建筑总平面图

一、概述

总平面图是建设工程及其周边环境的水平正投影，是表明基地所在范围内总体布置的图样，主要反映当前工程的平面轮廓形状和层数与原有建筑物的相对位置、周围环境、地形地貌、道路和绿化的布置等情况。

总平面图应按上北下南方向绘制，根据场地形状或布局，可向左或右偏转，但不宜超过45°。一般采用1:500、1:1000或1:2000的比例绘制，以图例表明新建、原有、拟建的建筑物以及附近的地物环境、交通和绿化布置。《总图制图标准》（GB/T 50103—2010）中列出了相关图例，与工程无关的对象可省略不画。表13-2列出了总平面图常用的图例，若制图标准中图例不敷应用，必须另行设定图例时，则应在总平面图上专门另行画出自定的图例，并注明其名称。

在总平面图中的每个图样所用的图线，应根据其所表示的不同重点，采用不同粗细的线型。主要部分选用粗线，其他部分选用中线和细线。如新建建筑物采用粗实线，原有的建筑物用细实线表示。绘制管线综合图时，管线采用粗实线。

表13-2 总平面图常用图例

图例	名称	图例	名称	图例	名称
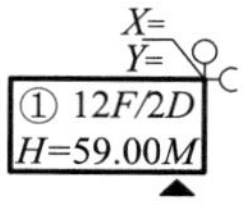 $X=$ $Y=$ ① 12F/2D $H=59.00M$	新建建筑物	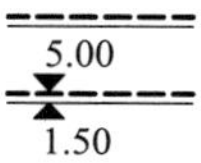 5.00 1.50	挡土墙	 123.00 ▼	室外地坪标高
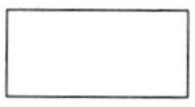	原有建筑物	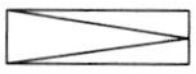	地下车库入口		原有道路
	计划扩建的预留地或建筑物	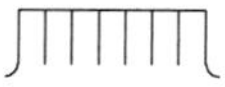	地面露天停车场		计划扩建的道路
	拆除的建筑物	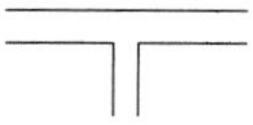	人行道	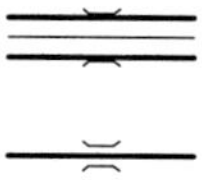	桥梁
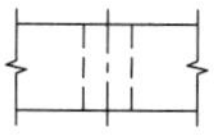	建筑物下面的通道		烟囱		填挖边坡

图例	名称	图例	名称	图例	名称
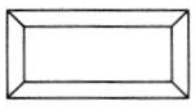	散装材料露天堆场		围墙及大门	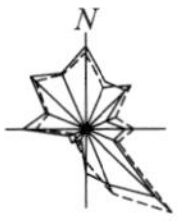	风向频率玫瑰图
	其他材料露天堆场或露天作业场	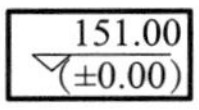 $\boxed{\triangledown \frac{151.00}{(\pm0.00)}}$	室内地坪标高	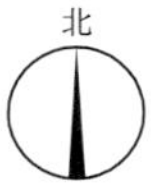 北	指北针

二、总平面图的图示内容

（1）建筑物：建筑物分为新建、扩建、原有及拆除等，以 ±0.00 标高处的外墙轮廓线表示，需要时可用 ▲ 表示出入口，在图形右上角用点（·）数或数字表示层数；

（2）道路：道路分为新建、扩建、原有和拆除道路、人行通路、铁路等；

（3）构筑物：常见的构筑物有围墙（大门）、挡土墙、边坡、台阶、水池、桥涵等；

（4）场地：建设基地内除去建筑物、构筑物和道路以外的部分。有人工环境的场地，如广场、停车场、铺装、草坪等，也有自然环境的场地。场地地形起伏明显时，应绘出等高线；

（5）绿化：包括树木、草地、花坛、绿篱等，重要的古树名木和工程中需要保护的树木宜按实际位置和尺寸绘制，其他则仅作示意；

（6）其他地物和设施：如消火栓、管线、水井、电线杆等，当对工程有重要影响时，需要绘出；

（7）尺寸标注：主要有尺寸、坐标、标高和坡度。尺寸和坐标用于平面定位，只在水平方向进行度量。标高用于竖向定位，坡度则显示连续变化的竖向关系，多用于道路、场地、坡道等。总图中的坐标、标高、距离宜以米（m）为单位，并应至少取至小数点后两位，不足时以"0"补齐；

（8）文字说明和其他符号：主要包括图名、比例、建筑物名称或编号、道路名称、指北针或风向频率玫瑰图等。

三、总平面图的识读举例

现以某办公楼项目为实例，进行建筑总平面图的识读。

总平面图主要用于建筑定位以及反映与周边环境的关系。如图13-17所示，为办公楼项目的总平面图，绘图比例是1:500，指北针给出垂直向上为北。基地西面紧临城市规划道路，北面是和平路，两条道路交叉点标注了坐标，据此可以确定基地在城市中的位置。

基地中粗线框显示新建办公楼屋顶的平面，左上角以6F表示该建筑共六层。建筑西、南面沿路布置为机动车停车区域，北面为非机动车停车区域，基地内道路围绕建筑四周。建筑主入口一侧是绿化用地，用地主入口旁为门卫。

从图中的尺寸标注可知，办公楼与北侧围墙间距13.1m，与南侧道路边线间距9.0m，与西侧道路边线间距16.4m，右上角与东面围墙间距28.5m。据此，可确定新建办公楼准确的定位。另外，图中还分别标出了室外地坪的绝对标高4.0m，以便对办公楼进行竖向定位。

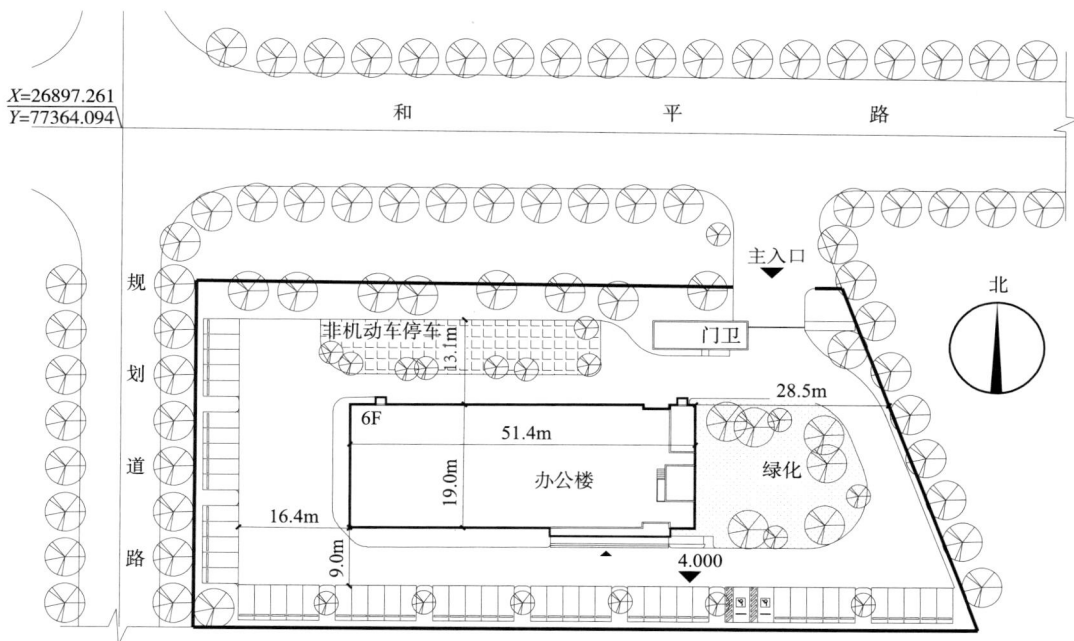

总平面图　1:500

图13-17　总平面图

第三节　建筑平面图

建筑平面图是用一假设的水平剖切平面沿建筑物各层窗台上方（或各层地坪向上1.1m处）位置将建筑物水平剖开，移去上面部分后，向下的正投影图。主要表示建筑物的平面形状、大小、墙柱位置、房间布局、门窗位置及开启方向、楼梯、走道及其相应尺寸等，它是施工中的重要依据。

　　建筑平面图包括底层平面图、中间层（标准层）平面图、顶层平面图，有些还包括地下层平面图和局部平面图。标准层平面图是要求除标高外，其他房间布置、门窗位置、大小均相同的平面。

一、图示内容

　　（1）墙、柱、房间名称或编号：墙体和柱围合出各种形状的房间，显示了建筑空间的平面组成，是平面图的主要内容。

　　（2）轴线位置及编号：定位轴线是表明建筑承重构件的位置，通过定位轴线，可以看出房间的开间、进深和规模。

　　（3）门窗位置及开启方向、编号：门窗是墙体上的洞口，多数可以被剖切到，绘制时将此处墙线断开，以相应图例显示。对于不能剖切到的高窗，则不断开墙线，用虚线绘制。门窗编号直接注写于门窗旁边。

　　（4）电梯、楼梯、扶梯、坡道、踏步上下方向、阶数、坡度及相应尺寸：在平面图中楼梯参照图例绘制，其中，楼梯段、休息平台、楼梯井、踏步和扶手应为真实投影线，此外还包括折断线、标高和指示行进方向的箭头与文字。

　　（5）阳台、雨棚、花池、落水管、排水沟以及各装饰性构件的位置尺寸、形状。厕所、盥洗室、浴室、厨房等房间内固定设施布置、位置尺寸、形状。标明检查孔、上人孔，预留孔洞位置、高度尺寸、标高，位于剖切面以上的或看不到的位置用虚线表示。

　　（6）文字说明及相关符号：主要包括图名、比例、构配件名称、作法引注等。图中如需另画详图或引用标准图集表达局部构造，应在图中的相应部位以索引符号索引。标明指北针、剖切符号、位置及编号（仅在底层平面图上绘制）。

　　（7）屋顶平面图上还须标明女儿墙、檐沟、屋面分水线、坡度、落水管、楼梯间、水箱、上人孔、消防梯及其他构筑物等的位置、尺寸，平屋面应绘出排水方向和坡度、分水线位置。有组织排水还应确定雨水口的位置。坡屋面采用有组织排水时，应绘出檐沟的排水方向和坡度、分水线、雨水口的位置。

　　（8）尺寸及标高：尺寸标注分为外部尺寸和内部尺寸两种，外部尺寸主要由三道组成：最外面的尺寸，为建筑物外包总尺寸，表示建筑物的总长、总宽；中间则为轴线尺寸，它是承重构件的定位尺寸，一般表示房间的开间和进深；最靠近建筑的是外墙细部的尺寸，表明门、窗洞，洞间墙的宽度和定位尺寸。内部尺寸主要包括墙体厚度和位置、洞口位置和宽度、踏步位置和宽度等。凡是在图上无法确定位置和大小，又未经专门说明的，都应标注其定位尺寸和定形尺寸。标注时，应注写与其最邻近的轴线间的尺寸。

标高分为室内的楼地面标高和室外的地坪标高。一般取底层室内地坪为零点标高，其他各处室内楼地面，凡竖向位置不同，都应标注其相对标高。底层平面图还应标注室外标高。

二、图示要求

（1）比例：建筑平面图中常用的比例为1:100、1:150、1:200等。当内容较少时，屋顶平面图常按1:200的比例绘制；局部平面图根据需要，可采用1:100、1:50、1:20、1:10等比例绘制。

（2）图线：被剖切到的墙、柱轮廓线采用粗实线绘制，未剖切到的可见构筑物轮廓线采用中粗线绘制。台阶、窗台、楼梯、雨棚等，尺寸线、标高符号、轴线、索引、材料图例等采用细实线绘制。对于看不到的高窗、孔洞等采用虚线绘制。

（3）编号及图例：平面图中门、窗为了便于施工需要进行编号，门以"M"开头，窗则以"C"开头，后面使用阿拉伯数字或拉丁字母，可自行对整套图纸进行编号（如M1321），也可采用通用图集上的编号（如HTC–21）。对于图上剖切到的钢筋混凝土部分的断面用涂黑表示，砖墙可不用图例，只用粗实线绘制轮廓线。

（4）定位轴线和楼梯参照制图标准绘制。

三、绘图步骤

先应根据所设计建筑物的形状、尺寸，在保证表达内容清晰、明确的前提下，根据建筑的规模和复杂程度确定绘图比例，然后按图样大小挑选合适的图幅。普通建筑的比例以1:100居多，图样大小应将外部尺寸和轴线编号一并考虑在内。

（1）绘制图框和标题栏，均匀布置图面，绘出定位轴线；

（2）绘出全部墙、柱断面和门窗洞口；

（3）绘出楼梯、台阶、卫生间、散水等所有的建筑构配件、卫生器具的图例或外形轮廓；

（4）标注尺寸、标高、剖切符号、门窗名称、图名、比例及说明等；

（5）校核。画稿完成后，需要仔细地校核。在校核无误后，再上墨或加深图线。

四、识图举例

现以与总平面相同的办公楼项目为实例,进行建筑平面图的识读。

如图13-18~图13-22所示,所有平面图的比例均为1:100。建筑坐北朝南,出入口有三处,主入口位于东南面,另外两个次要入口分别设在建筑的东北、西北方向。建筑平面外轮廓总长为51400mm(一、二层为51000mm),总宽为19000mm(一、二层左侧总宽为18400mm)。

建筑整体为框架结构,水平轴线网间距8400mm共6个开间,前后2个进深也为8400mm(B~C轴间增加附加1/B轴)。沿建筑水平有一条贯穿东西的内走廊将其分为南北两部分,南侧房间进深8400mm,北侧房间进深6100mm,走廊宽2300mm。

主入口右侧为两部电梯,走廊两端各有部楼梯,西侧为了方便运送货物增加一部电梯。室内楼梯采用的是开敞式楼梯间。每层设有卫生间,并带有残疾人使用的隔间。

建筑的墙体以空心砖为主,墙宽200mm(局部宽300mm),外墙为了造型需要做了局部凹凸处理,一、二层的外窗每开间三扇,三至六层的外窗每开间四扇,主入口及东北楼梯间旁采用竖向玻璃幕墙,门、窗具体尺寸参见图纸。

三个出入口上均设有钢结构雨棚,雨棚在一层没有剖切到,故用虚线表达。二层则以实线投影表达,三层以上无须表达(如果外形建筑有退台、凹凸,则建筑平面图一般上一层表达下一层屋顶,下层表达过的部分,上层则无须表达)。主入口和西北出入口设有三层踏步,东北出入口设在楼梯间下,为了方便行人出入和规范的要求,在楼梯间设有两层台阶,大门外设坡道进出。建筑物四周的三道外部尺寸分别显示了外廓总尺寸、轴线间距和门窗的定位及宽度。建筑内部的局部尺寸则分别显示各构配件的定位定形尺寸,如门窗、墙体、楼梯、台阶等。

从门厅处的标高可以看出,本层地面被设置为该项工程的相对零点标高,多数房间及走廊地面都处于此高度,只有卫生间和三个入口平台的最高点低于本层地面15mm,且有1%的坡度(在卫生间详图中注明)。根据室外标高-0.450m可知,室内外高差为450mm。

图13-18中,标注有一外墙详图索引,后面在详图部分将具体分析。还有两处剖切符号。为水平和垂直剖切,分别对应1-1、2-2的剖面图。

一层层高为3.9m、其余层高为3.6m,LT2直通屋顶,屋顶部分设有电梯间。

屋顶平面图主要显示屋顶的建筑构配件和排水组织,从图13-22中可以看出,该建筑屋顶为平屋面,中部设有分水线,两边标注了雨水口的位置,箭头及坡度的标注则表明了排水组织。

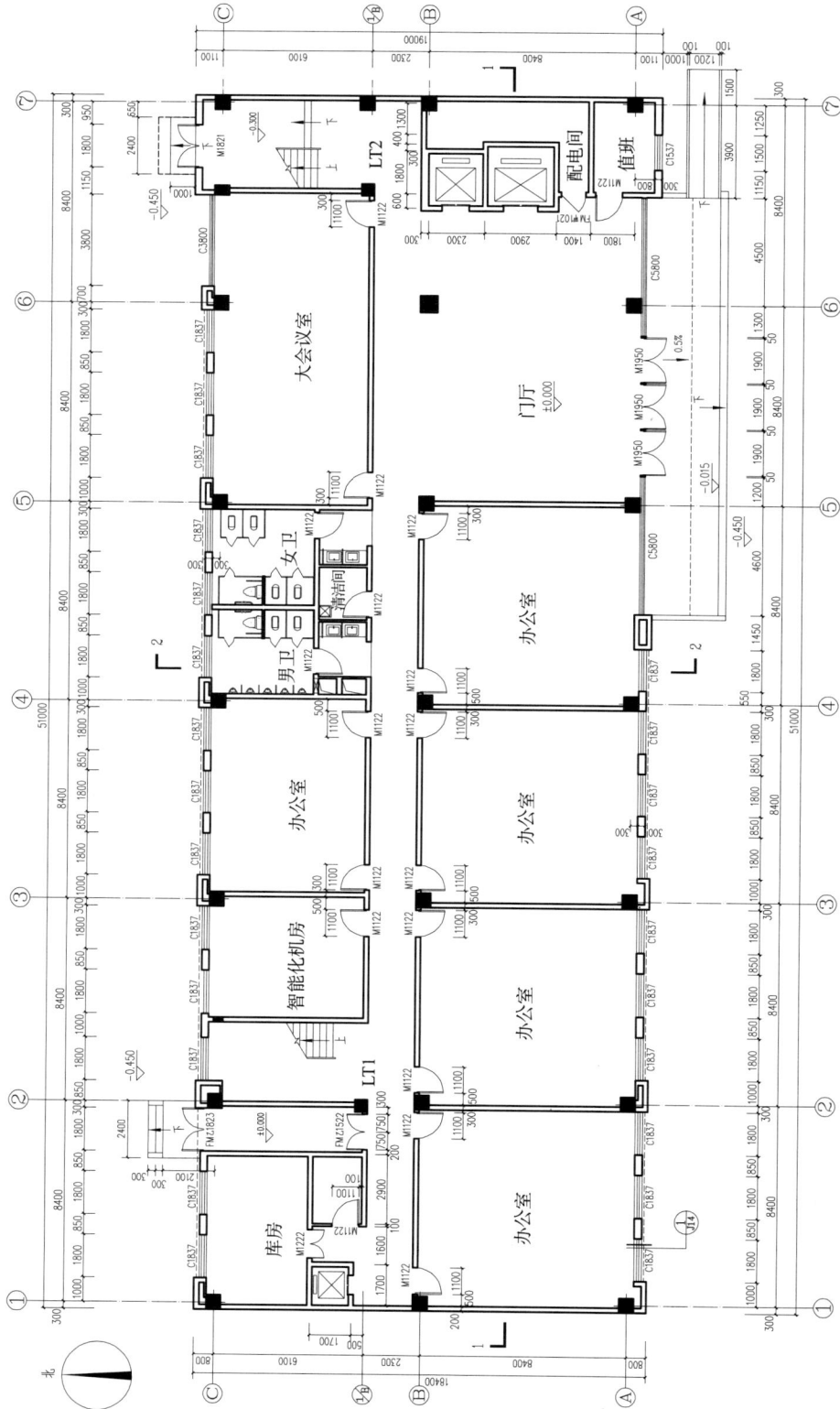

一层平面图 1:100

图13-18　一层平面图

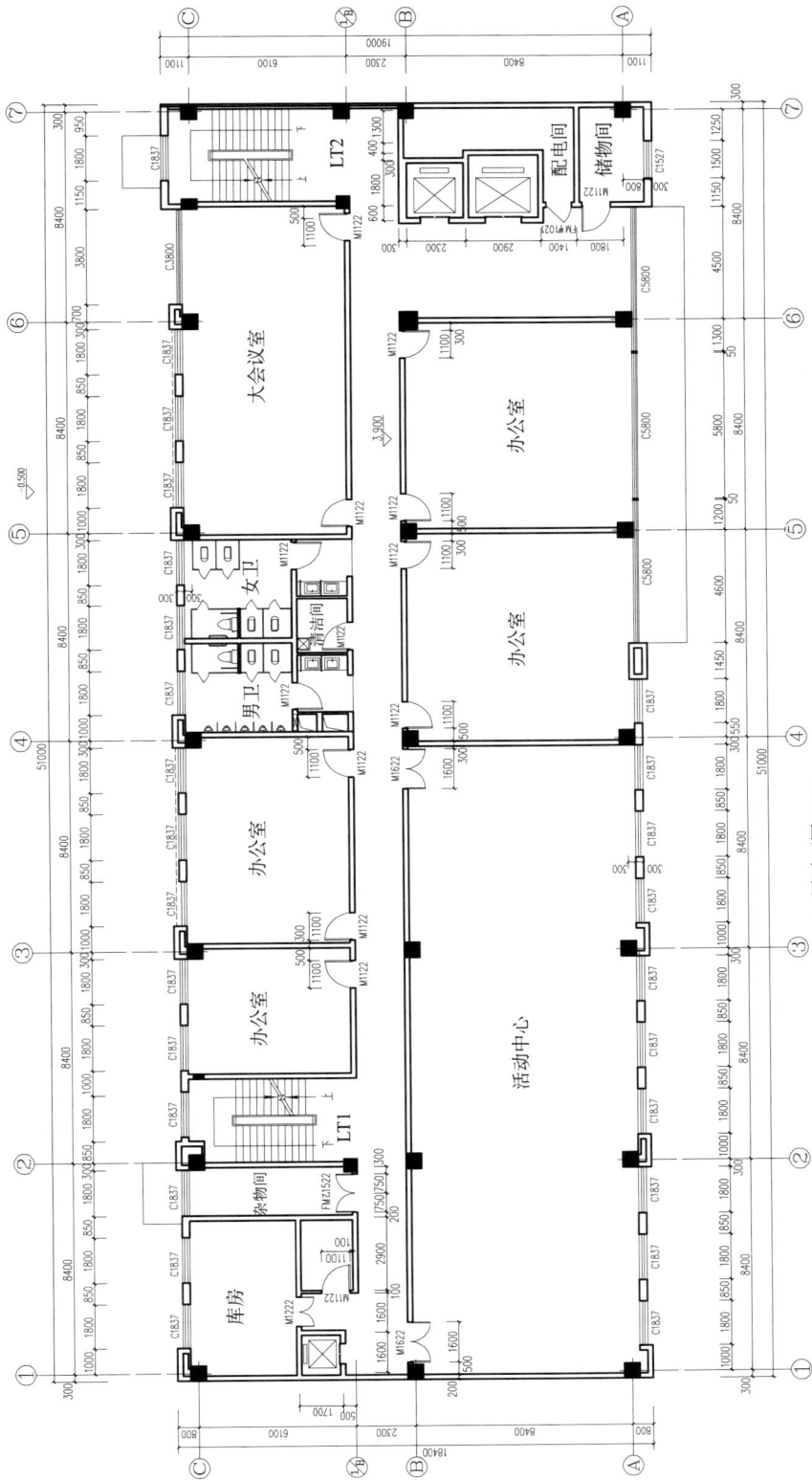

二层平面图 1:100

图13-19 二层平面图

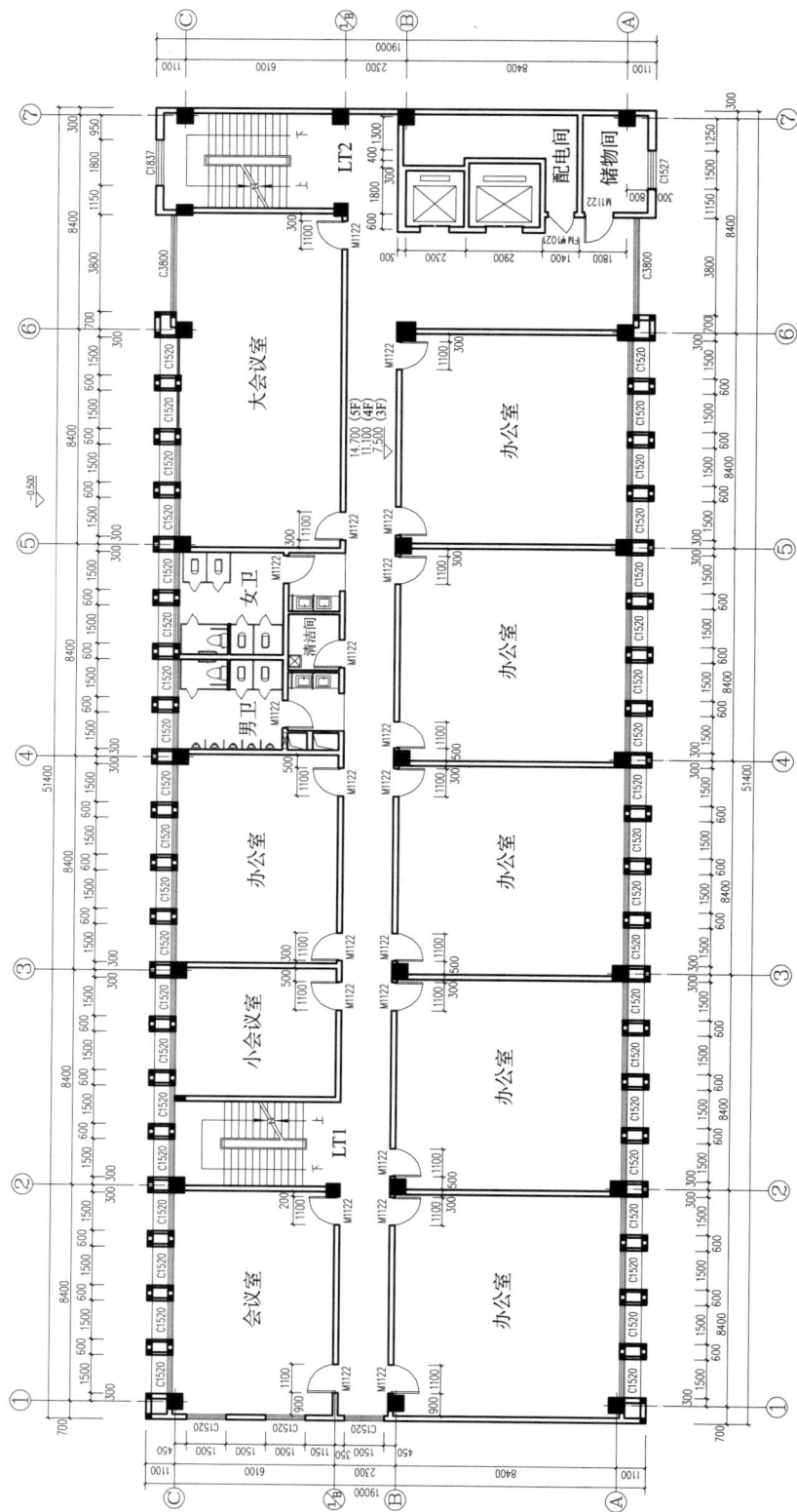

三~五层平面图 1:100

图13-20 三~五层平面图

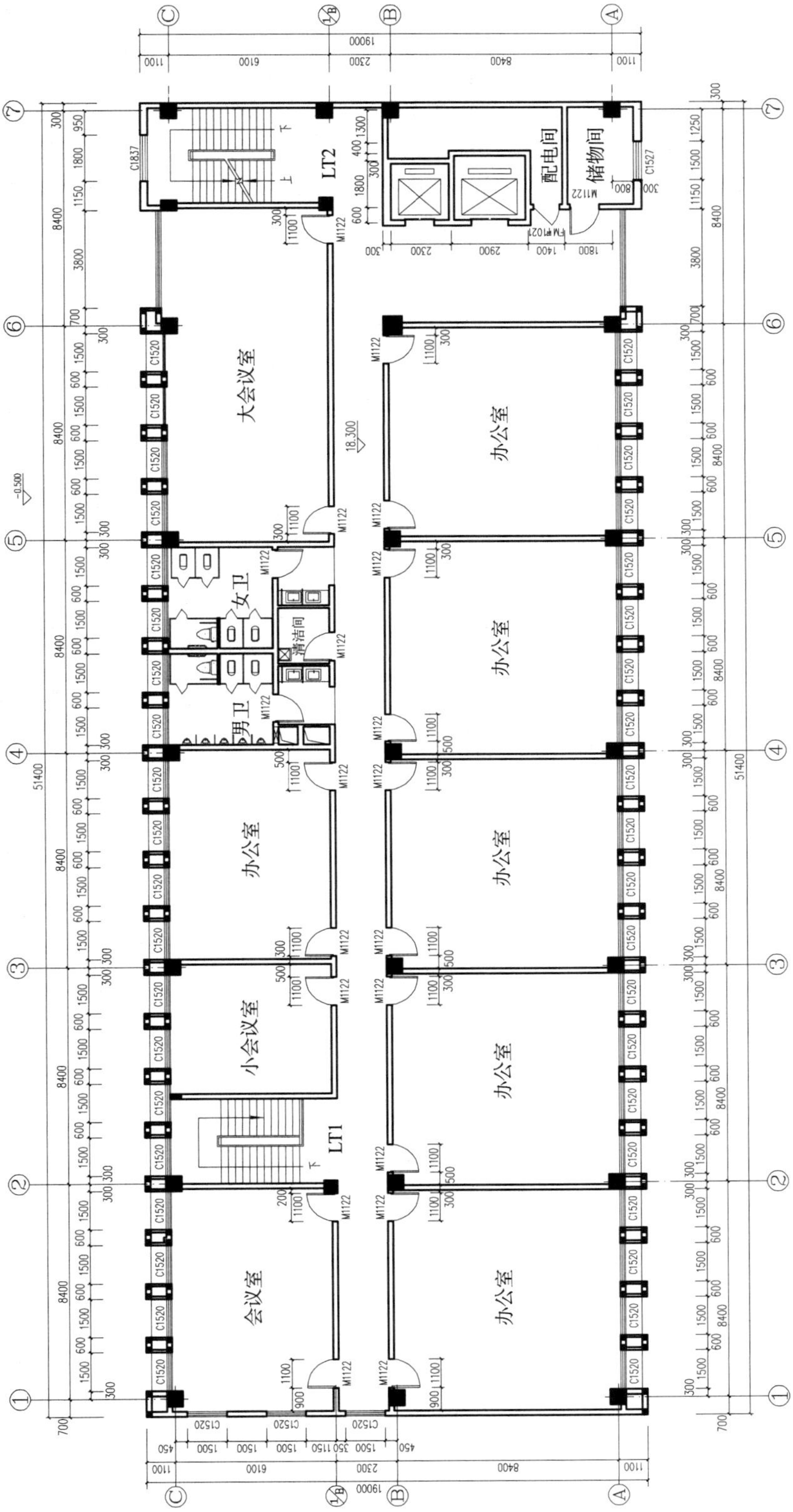

六层平面图 1:100

图13-21 六层平面图

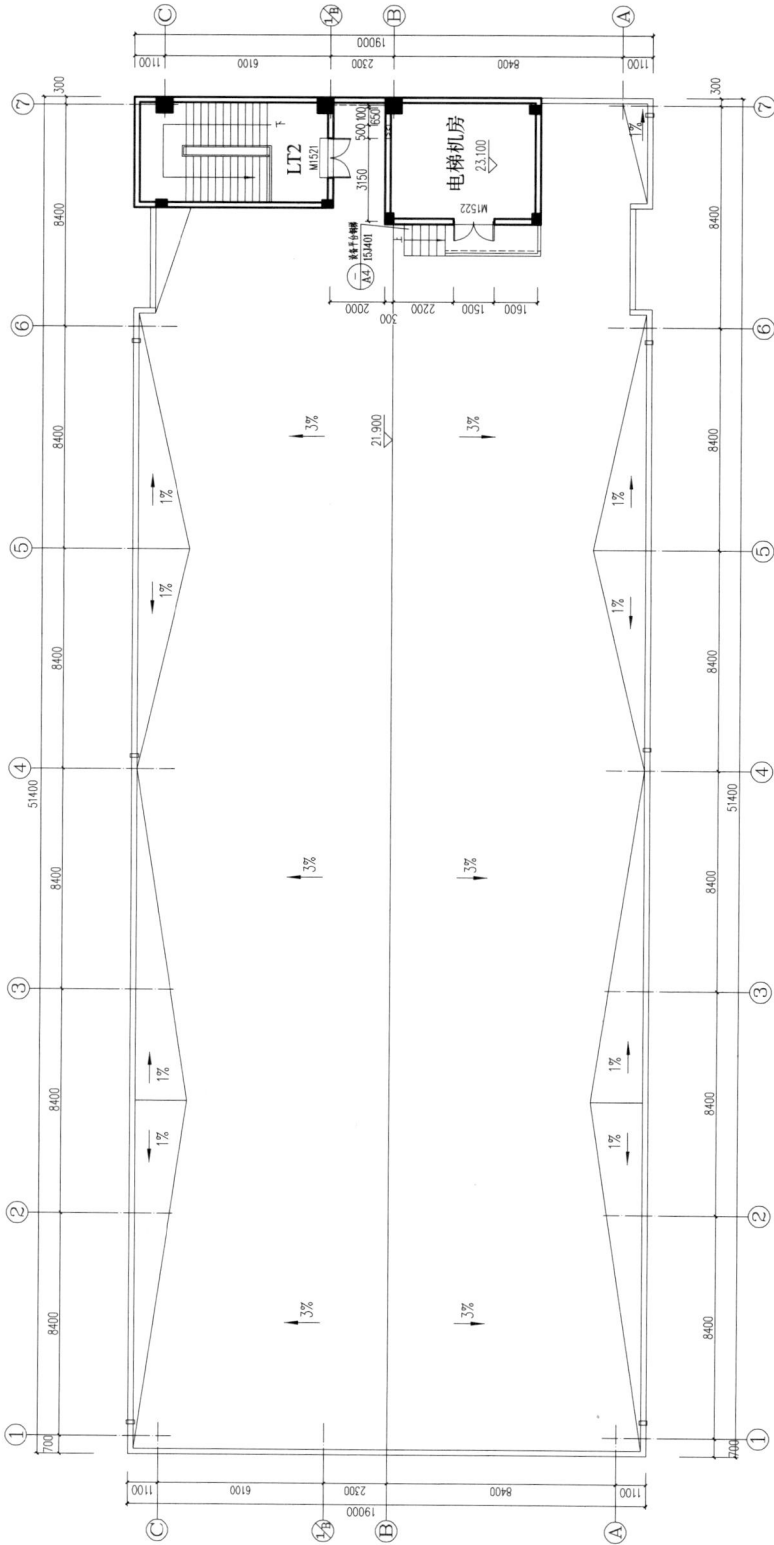

屋顶平面图 1:100

图13-22　屋顶平面图

第四节　建筑立面图

建筑立面图是平行于建筑各方向的正投影图。建筑立面图主要用来表明建筑的外形外貌，反映建筑的高度、层数，材料、色彩、屋顶的形式、墙面的做法、门窗的形式、大小和位置，以及窗台、阳台、雨棚、檐口、勒脚、台阶、雨水管等构件的位置和标高。立面图的名称通常按建筑的不同立面朝向命名为东、南、西、北立面图，也可按所对应立面两端的轴号来表示，如①~⑩立面图、Ⓐ~Ⓜ立面图。平面形状曲折的建筑物，可绘制展开立面图，圆形或多边形平面的建筑物，也可分段展开绘制，但应在图名后加注"展开"字样。

一、图示内容

（1）地坪线及可见建筑的外轮廓线；

（2）建筑立面上一些构件投影：如阳台、雨棚、线角、勒脚、花池、落水管等；

（3）立面装饰材料、色彩及作法；

（4）绘制相应定位轴线、标高和详图索引符号。

二、图示要求

建筑立面图通常采用1:100、1:200的比例绘制，一般来说与平面图一致。通常包括以下内容：

1. 轴线及其编号

立面图只需绘出建筑两端的定位轴线和编号，用于定位和与平面图对照。

2. 构配件投影线

立面图是建筑物某一侧面在投影面上的全部投影。外墙和屋顶轮廓一般以真实投影绘制，其饰面材料以图例示意，如面砖、屋面瓦等。其他常见的构配件还有阳台、雨棚、立柱、花坛、台阶、坡道、勒脚、栏杆、水箱、室外楼梯、雨水管等。为了使立面图主次分明、轮廓清晰，立面图线型区分如下：室外地坪线为加粗实线，最外轮廓线为粗实线，其他凹、凸部分如阳台、雨棚、门窗洞等可采用中粗线，装饰线等则采用细实线。

3. 尺寸标注和标高

建筑立面图的尺寸标注也可以分为外部尺寸和内部尺寸两种。图样左右两侧应至少标注一侧，且应当标注三道尺寸：最靠近图样的一道显示外墙上的细部尺寸，主要是门窗洞口的位置和间距；中间一道标注地面、楼板的间距，用于显示层高，最外层为总尺寸，显示建筑总高。根据需要，建筑立面图还包括一定数量的内部尺寸，用于确定一些局部的建筑构配件的位置和形状；标高则需要标注室外地坪、楼面、阳台、雨棚、檐口、女儿墙、门窗等重要部位的高度。

4. 文字说明及索引符号

文字说明包括图名、比例和注释。立面图上应当使用引出线和文字表明建筑外立面各部位的饰面材料、颜色、装修作法等。如需另画详图或引用标准图集表达局部构造，应在图中的相应部位以索引符号索引。

三、绘图步骤

绘制建筑立面图与绘制建筑平面图一样，先选定比例和图幅，然后绘制底稿，最后上墨线加深。

（1）画基准线：绘制定位轴线和层高线；

（2）绘制立面轮廓线和门窗洞线，以及其他相应构筑物的轮廓线；

（3）立面材料装饰线及材料、颜色、作法；

（4）加粗一些必要线型；

（5）标注尺寸、标高、图名、比例等。

四、识读举例

现以办公楼项目为例，进行建筑立面图的识读。

建筑立面图可以视为复杂几何体的投影，识读时应当把各立面图以及平面图结合起来看，而不能孤立地看一张图。

如图13-23～图13-25所示，分别为建筑的4个立面图，绘图比例均为1:100。从图中可以看出，建筑主体近似于长方体，共六层。该"长方体"又被三层窗台下的腰线分为上、下两部分，下部可视为建筑的"基座"，外墙根据材质分别为白色、灰色和深灰色仿石涂料。建筑主体最高处标高23.5m，电梯间屋顶标高26.8m。

主入口为二层玻璃幕墙，右边南北均为通高玻璃幕墙。一、二层每开间均匀开三扇窗，三至六层每开间均匀开四扇窗。东立面除了材质处理外，基本没有开门窗等构件，西立面在三至六层每层均开三扇窗。

立面图两侧三道尺寸分别显示了外廓总尺寸、层高和门窗或色带的定位及宽度。局部尺寸则分别显示各构配件的高度尺寸，如门窗、墙体、楼梯、台阶等。尺寸最外层表示每层层高，屋顶部分重点标注最高处和凹凸部位的标高。

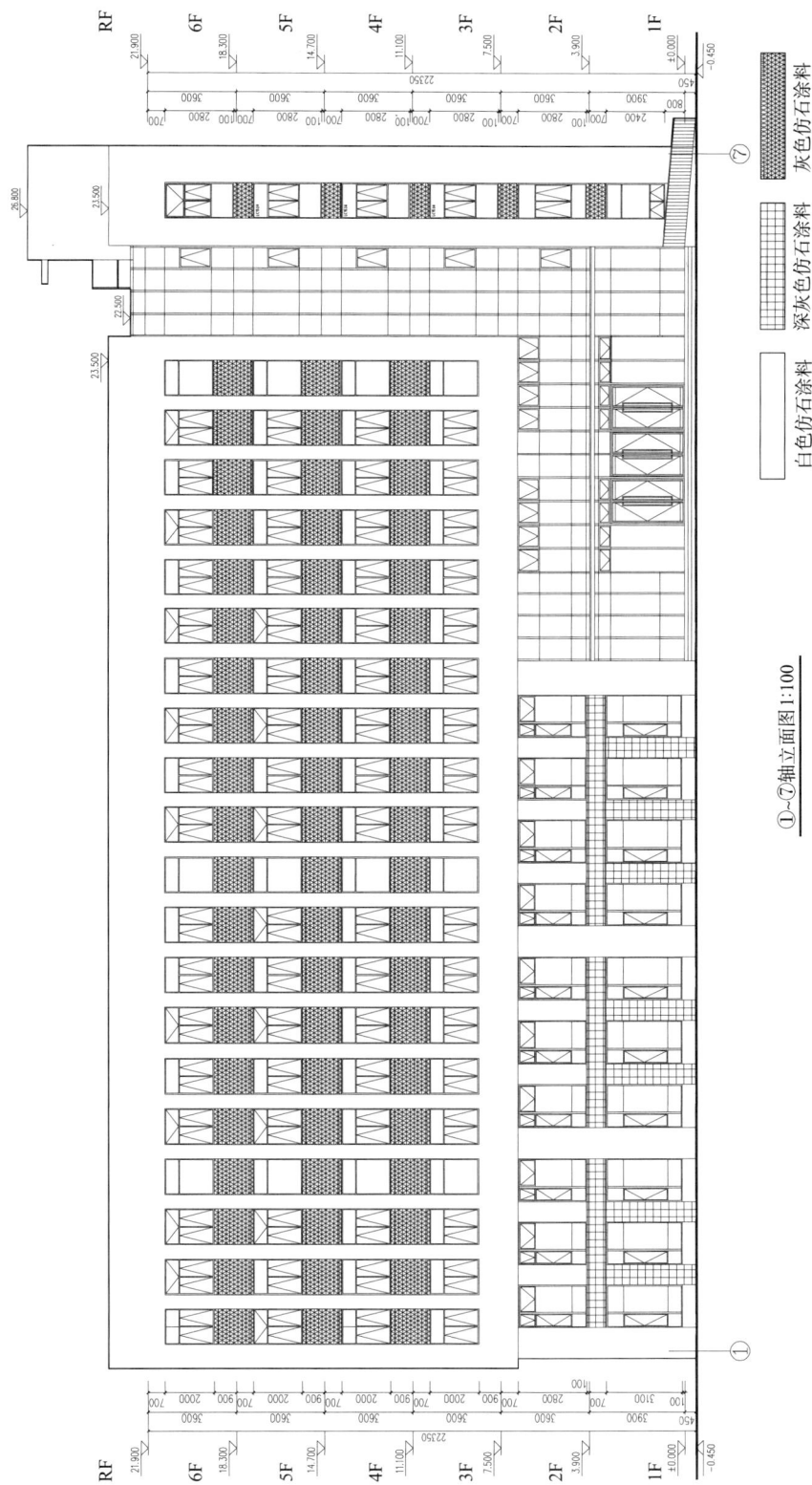

RF 21.900

6F 18.300

5F 14.700

4F 11.100

3F 7.500

2F 3.900

1F ±0.000

-0.450

① ~ ⑦轴立面图 1:100

① ~ ⑨轴立面图

图13-23　① ~ ⑦轴立面图

灰色仿石涂料

深灰色仿石涂料

白色仿石涂料

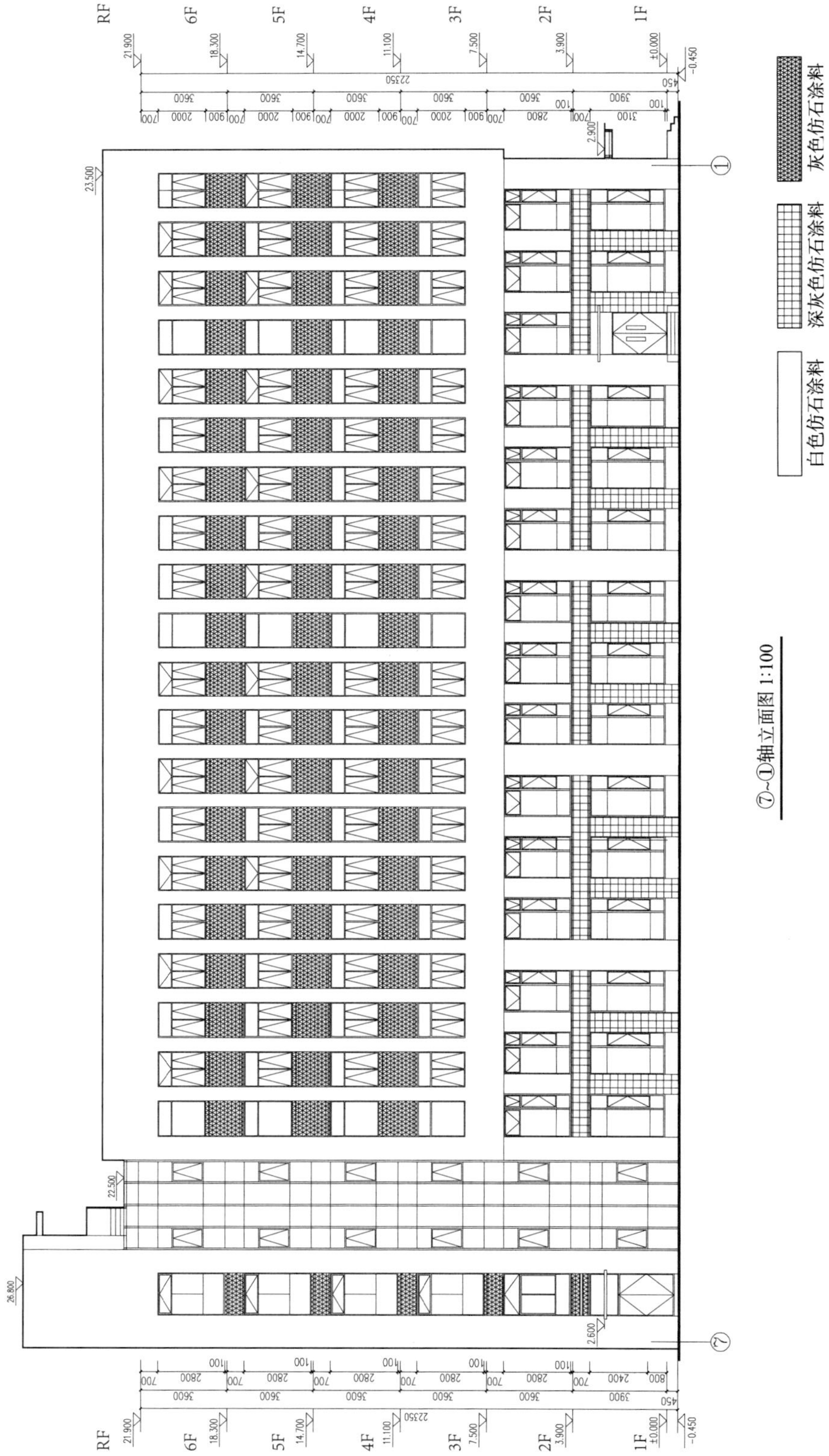

环境艺术制图

图13-24 ⑨~①轴立面图

⑦~①轴立面图 1:100

灰色仿石涂料

深灰色仿石涂料

白色仿石涂料

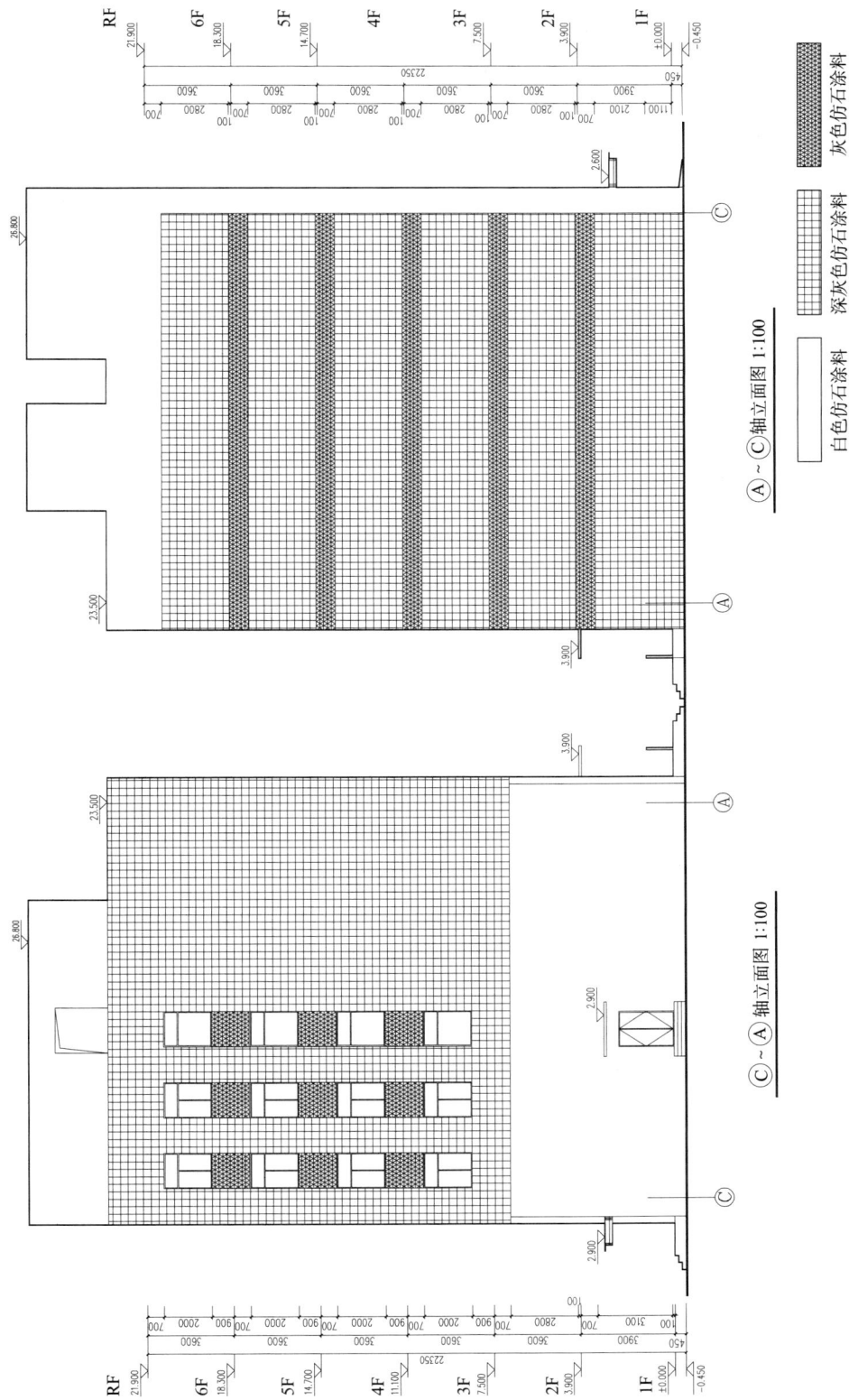

图13-25 Ⓒ~Ⓐ轴立面图、Ⓐ~Ⓒ轴立面图

灰色仿石涂料

深灰色仿石涂料

白色仿石涂料

Ⓐ~Ⓒ轴立面图 1:100

Ⓒ~Ⓐ轴立面图 1:100

第五节　建筑剖面图

建筑物仅通过平面图和立面图，并不能完全表达内部构造，为了显示出建筑的内部结构，需要绘制剖面图。剖面图主要用来表示建筑内部的竖向分层、结构形式、构造方式、材料、作法、各部位间的联系及高度、尺寸等情况。它与建筑平面图、立面图相配合，是建筑施工图中不可缺少的基本图样。

剖面图剖切位置的选择应以能反映建筑全貌、内部空间状况、构造比较复杂，并有代表性的部位为主，诸如门窗洞口和楼梯间。一幢建筑可以根据复杂程度和空间状况绘制一个或若干个剖面图，剖面图的图名、剖切位置和剖视方向，均需在底层平面图中用阿拉伯数字进行编号，如1–1、2–2等。

一、图示内容

（1）重要承重构件的定位轴线及编号；
（2）剖切到的墙、梁、楼板、地坪、楼梯等用粗实线绘制；
（3）未剖切到但可见的部分，如门、窗、阳台等用细实线绘制；
（4）图名、比例、尺寸、标高等符号的标注。

二、图示要求

建筑剖面图的比例视建筑的规模和复杂程度选取，一般采用与平面图一致的比例绘制。通常包括以下内容：

1. 轴线及其编号

在剖面图中，凡是被剖到的承重墙、柱都应标出定位轴线及其编号，以便与平面图对照识读和定位。

2. 梁、板、柱和墙体

作为水平承重构件的框架梁、过梁、圈梁、楼板、屋面板以及地坪与墙、柱的相互位置关系是剖面图表达的重要内容。室外地坪用加粗实线绘制，梁、板、柱和墙体的投影图线分为剖切部分轮廓线（粗实线）和可见部分轮廓线（中实线），都应按真实投影绘制。墙体和柱在最底层地面之下以折断线断开，基础可忽略不画。

3. 门窗

剖面图中的门可分为两类，一是被剖切到的门窗，一般都位于被剖切的墙体上，显示其竖向位置和尺寸，应按图例要求绘制；二是未剖切到的可见门窗，其实质是该门窗的立面投影。

4. 楼梯

凡是有楼层的建筑，至少要有一个通过楼梯间剖切的剖面图，并且在剖切位置和剖切方向的选择上，应尽可能多地显示出楼梯的构造组成。楼梯的投影线一般也包括剖切和可见两部分。从剖切部分可以清楚地看出楼梯段的倾角、板厚、踏步尺寸、踏步数以及平台板的竖向位置等。可见部分包括栏杆扶手和梯段，栏杆扶手一般简化绘制；梯段则分为明步楼梯和暗步楼梯，暗步楼梯常以虚线绘出不可见的踏步。

5. 其他建筑构配件

主要包括台阶、坡道、雨棚、挑檐、女儿墙、阳台、踢脚、吊顶、水箱、花坛、雨水管等。

6. 尺寸及标高标注

建筑剖面图的尺寸标注要求同立面图。标高需要注明的部位一般包括室内外地坪、楼面、平台面、屋面、门窗洞口以及吊顶、雨棚、挑檐、阳台等。楼地面和门窗标高通常紧贴三道尺寸线的最外道注写，并竖向成直线排列。其他标高可直接注写于相应部位。

7. 文字说明和其他符号

常见的文字说明有图名、比例、构配件名称、作法引注等。如需另画详图或引用标准图集表达局部构造，应在图中的相应部位标注索引符号。其他符号还包括箭头、折断线、连接符号、对称符号等。

三、绘图步骤

（1）确定轴线、室内外地坪线、层高线、女儿墙线及突出屋面楼梯间、水箱、烟囱的标高线；

（2）墙体、楼板（梁板）、屋面板等剖切到的部分轮廓线；

（3）门窗、阳台、梁板等可见部分的轮廓线；

（4）检查无误后，加粗必要线条，擦除一些不必要线条；

（5）注写图名、比例、文字说明、尺寸、标高、索引和构造说明。

四、识图举例

现对办公楼项目进行建筑剖面图的识读。

在识读建筑剖面图之前，应当先翻看首层平面图，找到相应的剖切符号，以确定该剖面图的剖切位置和剖切方向。在识读过程中，不能离开各层平面图，应随时对照。

如图 13-26 所示为建筑的 1-1 剖面图，绘图比例是 1:100。据图 13-18 一层平面图可知，剖切位置在 A～B 轴线间的水平剖切。从 1-1 剖面图中可以看出，建筑共六层，屋顶标高 21.9m，女儿墙高 1.6m（局部高 0.6m），电梯间屋顶标高 26.3m，电梯间女儿墙标高 26.8m。建筑室内外高差为 450mm，楼板及屋面为钢筋混凝土现浇板，图上标注出了梁板位置。图上未被剖切但可见的部分主要为房间的内门。

图上绘出了电梯井的位置，具体电梯尺寸要根据选定的电梯来定，在此无须表达具体尺寸。电梯间地面标高为 23.1m，通过屋顶钢梯进入。

如图 13-27 所示为建筑的 2-2 剖面图，绘图比例是 1:100。据首层平面图可知，剖切位置在 4～5 轴线间垂直剖切。从 2-2 剖面图中可以看出外墙开窗、窗台、空调架的大概造型，具体尺寸将在详图中表达。

剖面图两侧三道尺寸分别显示了外廓总尺寸、层高和门窗等的定位及宽度。局部尺寸则分别显示各构配件的高度尺寸，如门窗、墙体、楼梯、台阶等。尺寸最外层表示每层的标高，屋顶部分重点标注最高处和凹凸部位的标高。

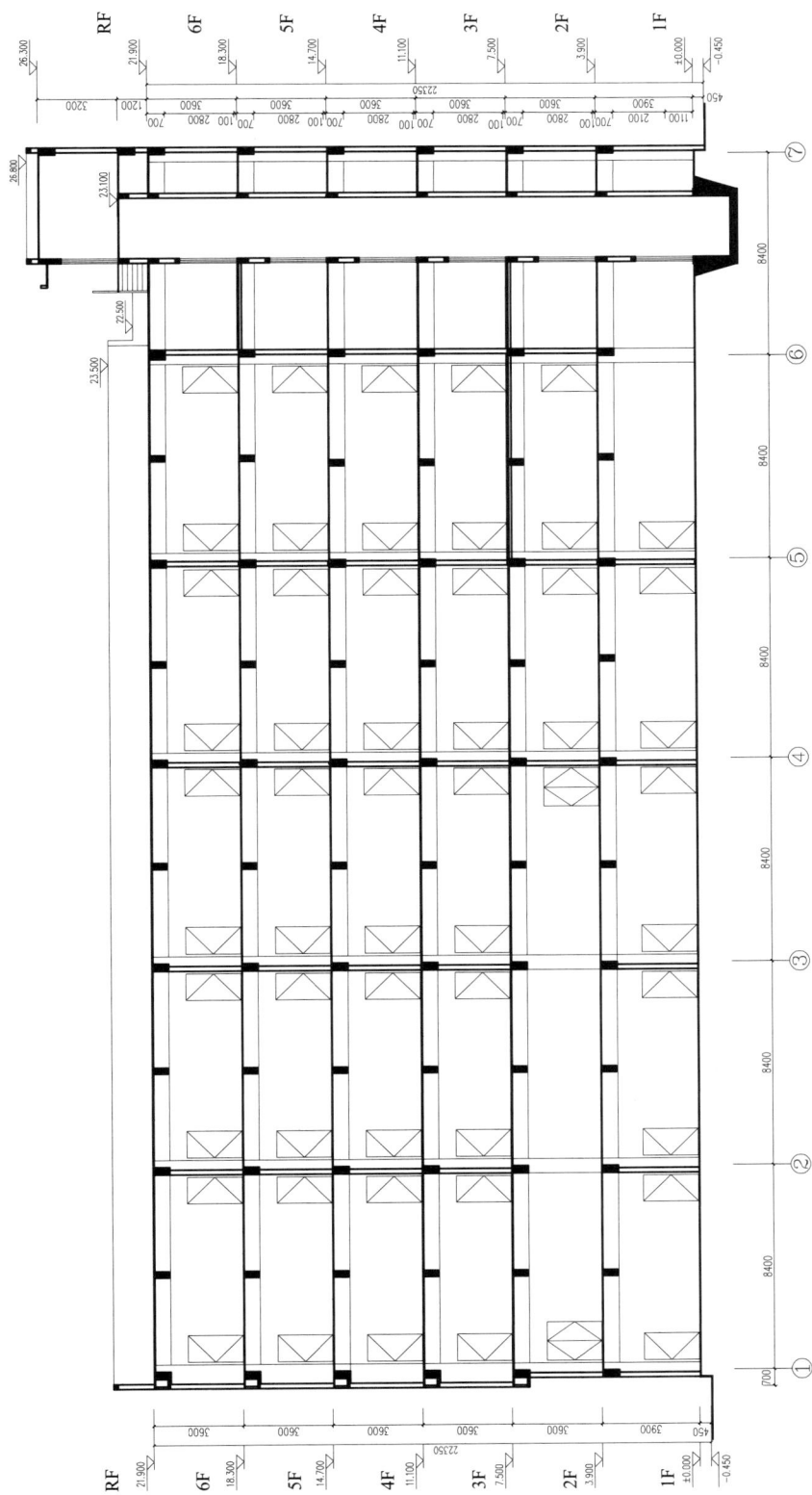

1-1剖面图 1:100

图13-26 1-1剖面图

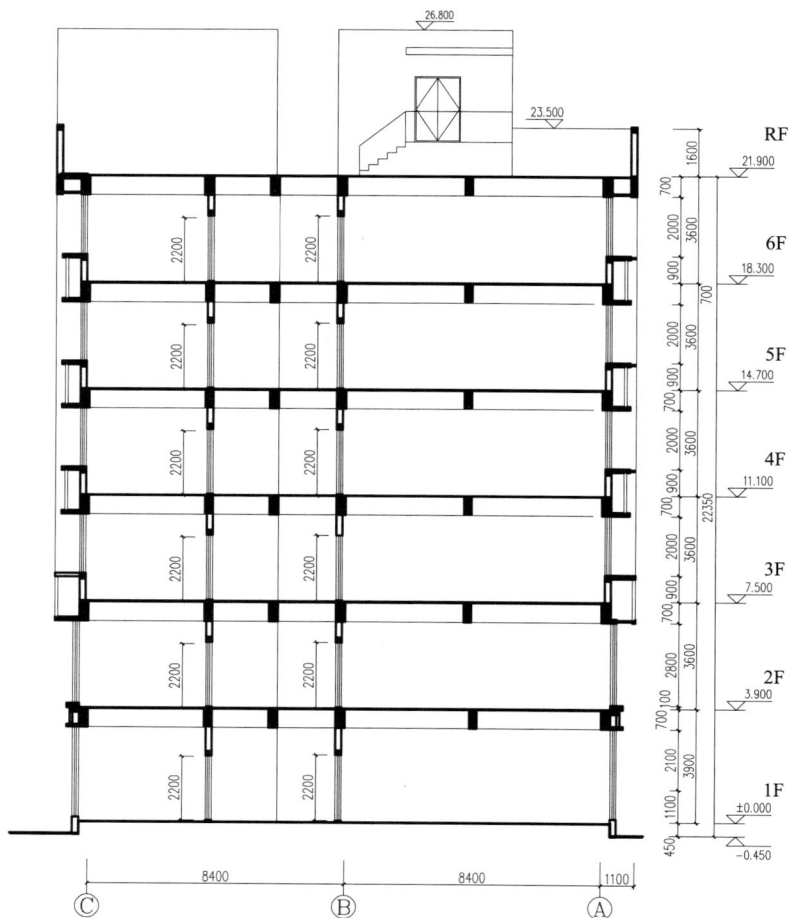

2-2剖面图 1:100

图 13-27　2-2剖面图

第六节　建筑详图

　　建筑中一些建筑构配件（如门窗、楼梯、阳台及各种装饰等）和节点（如檐口、窗台、散水以及楼地面面层和屋面面层等）详细的构造无法在平、立、剖面图上表达清楚。为了满足施工要求，必须将这些细部和构配件用较大的比例绘制出来，以便清晰表达构造层次、作法、用料和详细尺寸等内容，这种图样称为建筑详图，也称为大样图或节点详图。对于采用标准图或通用详图的建筑构配件和节点，只要注明所采用的图集名称、编号或页次，则可不必再画详图。

在建筑详图中，同样能够继续用索引符号引出详图，凡是不易表达清楚的建筑细部，均需绘制详图。常用的详图有外墙剖面详图、楼梯详图、卫生间详图、厨房详图、雨棚详图、台阶详图、节点详图等。其中节点详图应在有关建筑平、立、剖面图中绘出索引符号，并在详图上绘制详图符号且注写详图名称、比例。常用的比例有1:10、1:20、1:0等。本书仅对较为常见的楼梯详图、外墙剖面详图和卫生间详图进行介绍。

一、楼梯详图

楼梯详图主要用以表示楼梯类型、结构以及楼梯段、栏杆扶手、防滑条等构造方式、尺寸、材料和作法。楼梯详图由楼梯一层平面图、楼层平面图（标准平面图）、顶层平面图、剖面图以及栏杆、踏步等节点详图组成。常用比例为1:50、1:60。线型要求与剖面图要求一致。

楼梯平面图是沿楼地面以上1m左右作一水平剖切后所得到的水平投影图，应标注必要的轴号、尺寸、标高及上、下方向和箭头，并用45°方向折断线作为楼梯段剖切位置的标志。楼梯剖面图是选择一竖直方向的剖切平面后所作的剖面图，应标明各楼层及休息平台的标高、尺寸，梯段尺寸表示方法为：踏步数 × 踏步宽度（高度）=总长（总高）。楼梯节点详图（踏步、栏杆、扶手、防滑条等）主要表明构造节点的形式、材料、作法、尺寸等。

现以办公楼项目的楼梯LT1详图为例进行讲解。楼梯详图由平面图和剖面图两种图样组成，绘图比例都是1:50。

如图13-28所示，楼梯平面图是各层楼梯间的局部平面图，相当于建筑平面图的局部放大。因为一般情况下，楼梯在中间一些楼层的平面几乎完全一样，仅仅是标高不同，所以中间各层可以合并为一个标准层表示，又称为中间层。这样，楼梯平面图通常由底层、中间层和顶层三个图样组成。该项目由于一层层高不同，所以采用四个平面图表达。

从图中可以看出，LT1楼梯为双跑平行楼梯，开敞式楼梯间。楼梯间净宽3300mm，梯段宽1550mm，踏面宽260mm，梯井宽200mm。一层至两层每梯段踏步数都是12步，其余楼层每梯段踏步数都是11步。地面、楼层平台及休息平台的标高见相应标注。此外，图中还标出了剖面详图的剖切符号。

如图13-29所示，根据平面详图中的剖切符号，可知剖面详图的剖切位置和剖切方向。楼梯剖面详图相当于建筑剖面图的局部放大，其绘制和识读方法与剖面图基本相同。由于比例较大，致使图样过长，此时，常沿高度方向将完全相同的部分断开略去，中间以连接符号相连，但简化绘制的构件仍应按原尺寸进行标注。屋顶部分将会在屋面详图表达，在此也断开省略。

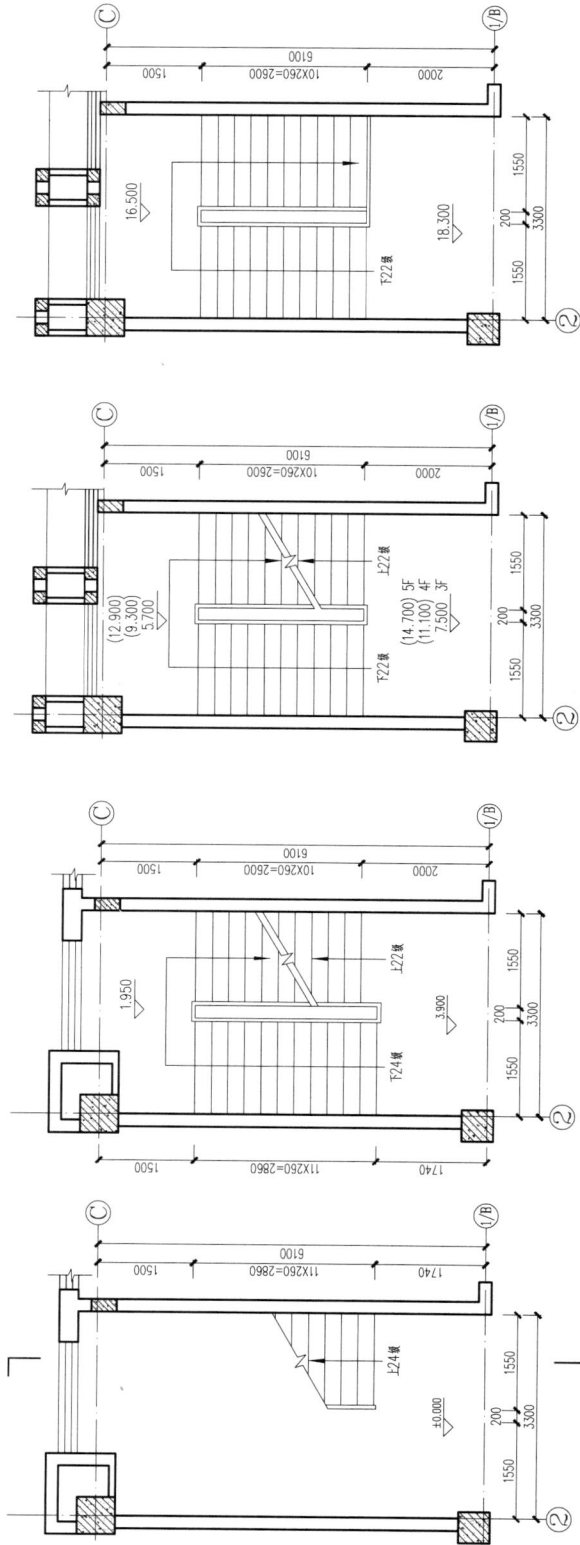

LT1一层平面图 1:50

LT1二层平面图 1:50

LT1三~五层平面图 1:50

LT1六层平面图 1:50

图13-28 楼梯平面详图

从图 13-29 中可以看出楼层和休息平台的标高，一层至两层每梯段踏步高为 162.5mm，其余楼层每梯段踏步高为 163.6mm。楼梯为钢筋混凝土现浇的板式楼梯。此外，楼梯剖面图中还显示了楼梯间外窗的竖向位置和尺寸。

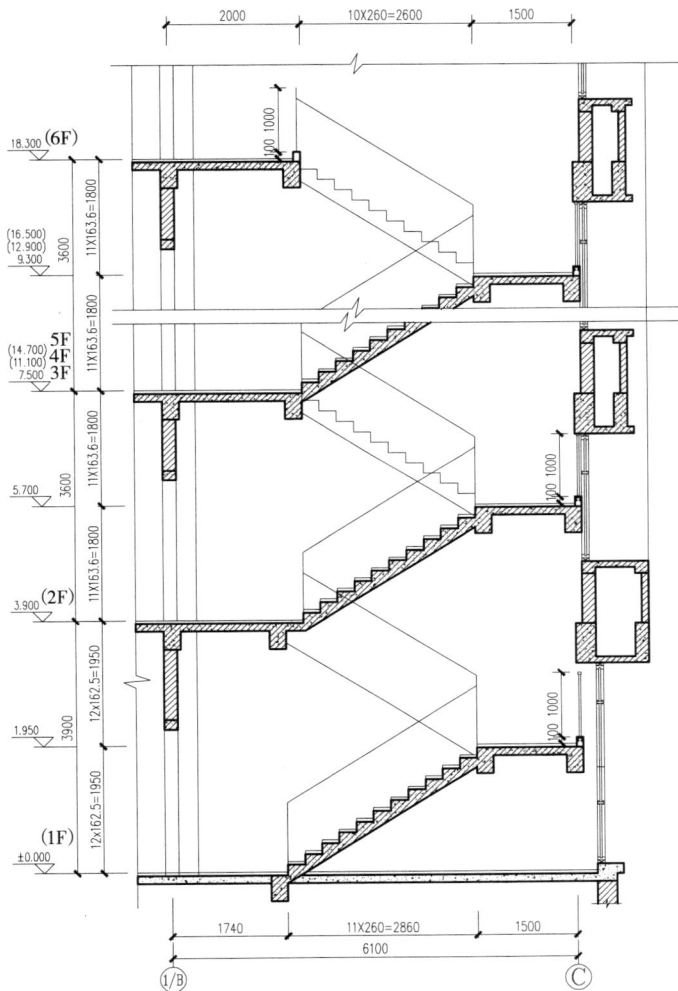

楼梯剖面详图 1:50

图 13-29　楼梯剖面详图

二、外墙节点详图

外墙节点详图是建筑墙身在竖直方向的节点剖面图，主要表示建筑的屋面、楼面、地面、檐口、门、窗、勒角、散水等节点的尺寸、材料、作法等构造情况，以及与楼板、屋面的连接情况。常用比例为 1:20、1:25，线型要求与剖面图要求一致，剖切到的断面轮廓线用粗实线绘制，未剖切到的和图例线用细实线绘制，注明必要的标高、尺寸和作法。

如图13-30所示，为办公楼工程的外墙剖面详图，绘图比例是1:25。据图上的详图符号可知，该详图是平面图A轴（C轴）墙身剖面详图，向东剖视。由于比例较大，致使图样过长。此时，常将门窗等处沿高度方向完全相同的部分断开略去，中间以连接符号相连，但简化绘制的构件仍应按原尺寸进行标注。

此外墙剖面详图的左侧以一条竖直的折断线断开，表明是建筑物的一个局部，墙身下的轴线编号指明了图示的主体是A轴、C轴的外墙，图样右侧为具体外墙构件尺寸及标高。图中主要表达室内外高差、外墙开窗形式及女儿墙具体作法和尺寸。

三、卫生间详图

卫生间详图主要表示卫生间内各种固定设施、设备、构筑物的位置、布置形式、尺寸、固定方法及装修要求，是一种水平剖面图。

卫生间详图的比例一般为1:50，墙体轮廓线等剖切到的部分用粗实线绘制，门窗等用中粗线，其他设施等用细实线绘制，要注明详细尺寸、标高、材料和作法。

如图13-31所示，为办公楼工程的卫生间详图，选择的绘图比例是1:50。根据图示的定位轴线和编号，可在各层平面图中确定此图样的位置。因为比例稍大，图中清楚地绘出了墙体、门窗、主要洁具的形状和定位尺寸。其中，洁具为采购成品，不用标注详细尺寸，只需定位即可。

图中的两处标高符号，不但指明了卫生间室内和门外走廊的建筑标高，而且表明该平面图对各层都适用。箭头显示了排水方向，坡度为1%。

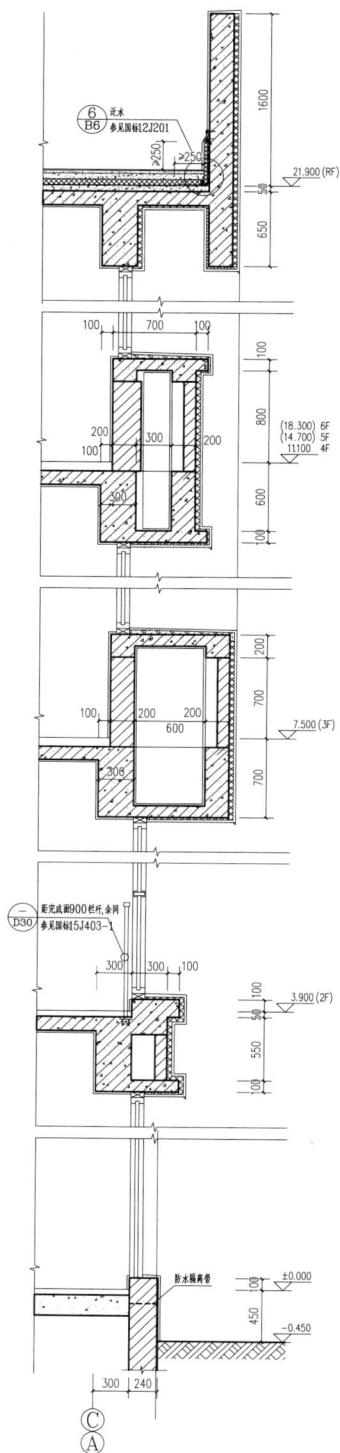

A轴墙身大样 1:25

图13-30 墙身大样

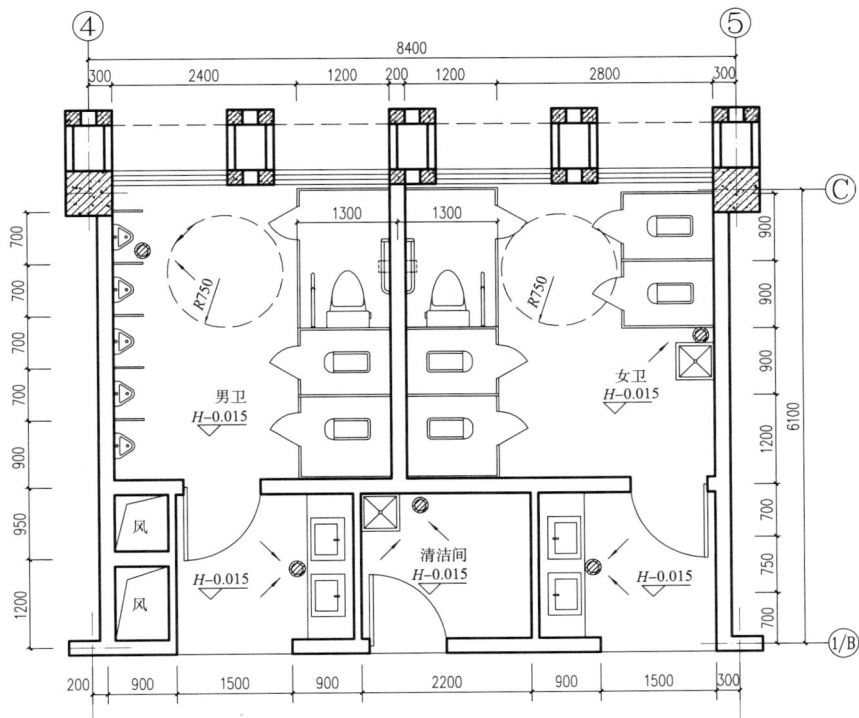

卫生间大样图 1:50

图 13-31 卫生间大样

第十四章

室内设计制图

第一节　引言

　　室内设计制图是为室内设计和施工服务的，在室内设计的不同阶段，要绘制不同内容的设计图，它需要表达房屋的结构、功能、设施、工艺和装饰材料等内容。

　　室内设计制图是根据制图理论和方法，按照国家统一的制图规范，将设计思想和意图准确地表现出来的一套图纸。室内设计图纸首先要求规范化，其次是标准化，以提高制图工作的效率。

　　室内设计制图一般在已有建筑平面图（施工图）的基础上进行，详尽地表达室内空间的整体效果，并图示家具、设施、织物、绿化的布置及墙面、地面、顶面的施工工艺及选材等。如果没有现成的建筑平面图，就必须对现场进行测绘，在弄清楚现场平面情况的基础上进一步绘制室内设计图。该图一般包括室内平面布置图、铺装图、立面图、顶面图以及局部详图等，除此之外还会根据设计需要增加开关布置图、插座布置图、水电改造图、灯具布置图、家具布置图等。

　　在室内设计制图中，一套完整规范的设计图纸数量比较多，为方便快速地查阅、归档，需要编制相应的图纸目录，它是设计图纸的汇总。不同的设计要求，其图纸内容也就各不相同。可根据项目要求或公司规范进行编排，编排次序原则为先平面、后立面、先底层、后上层、先整体、后局部，编排次序不允许颠倒，以免造成查找图纸不便、混乱等现象。

第二节　室内平面图

　　室内平面图用于表达室内设计规划、功能布局、家具位置、建筑构件、固定设施和指导施工等整体的布置，采用正投影绘制，是建筑功能、技术、艺术、经济在平面上的具体体现。室内平面图主要包括室内平面布置图、室内地面铺装图和室内顶面布置图。

一、室内平面布置图

　　室内平面布置图主要表达建筑结构、功能布局、设施与家具设施位置尺寸等。图中用以表示各种陈设品和设备的图例目前也没有统一的规定，绘图时可根据各种陈设品和设备的外观形象及尺寸，用细实线按比例大致画出它们的投影轮廓即可。对于形象比较逼真的图例可不必加注说明；对形象特征不明显的图例最好标注出所表示对象的名称，如图14-1所示。

1. 图示内容

（1）房屋结构，注明墙体结构以及承重结构（承重结构用黑实体填充表示）和非承重结构等（非承重结构可直接用线型表示）；

（2）房间的平面功能和尺寸，门、窗的位置、编号及开启方向，装修结构在室内的平面位置、形状、材料、工艺要求和尺寸（由于尺寸较多，多数尺寸在详图中表达，以免图面杂乱）；

（3）室内设备、家具（如卫生洁具、厨房用品、家用电器、装饰陈设、室内绿化等）的位置、尺寸、数量、规格和要求；

（4）各立面图视图投影的关系和位置编号（也可在立面索引图上表达）；

（5）比例、图例名称及必要的文字说明，标明剖面图、详图、通用配件等的位置及编号等。

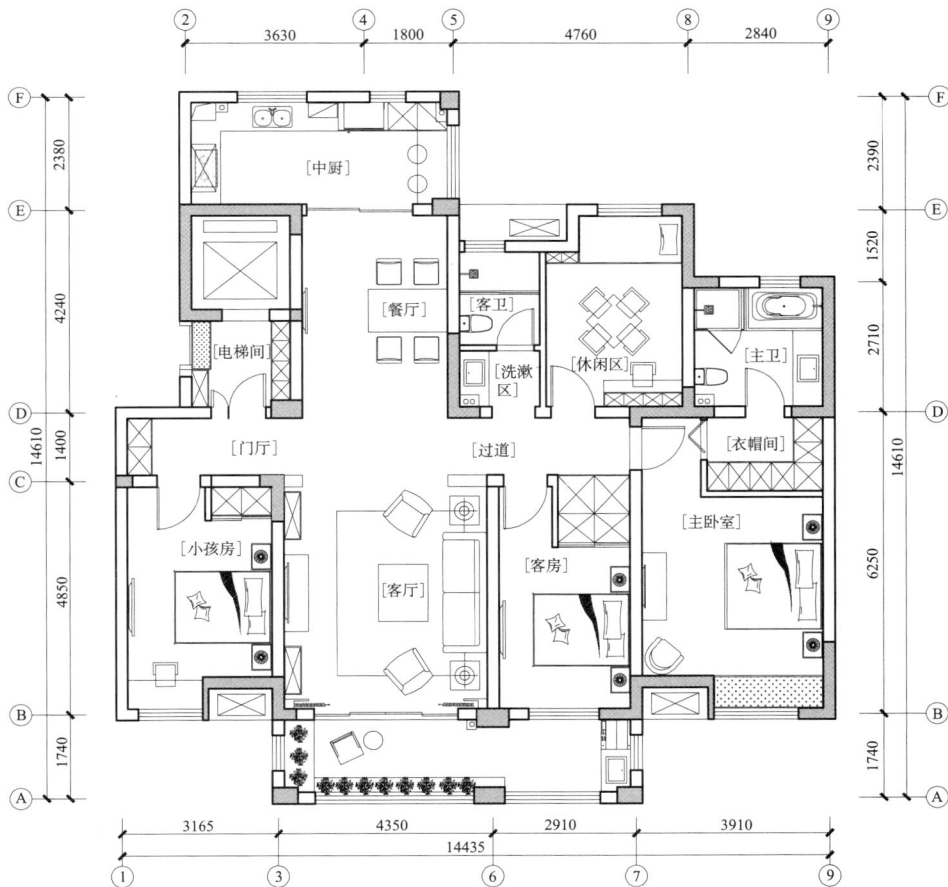

平面布置图 1:100

图14-1 室内平面布置图

2. 图示方法

（1）粗实线用于平面中被剖切的主要部分，如墙、柱断面的轮廓线；

（2）中实线用于被剖切前次要部分的轮廓线，如踢脚、轻质隔墙、窗台、楼梯、家具、织物、绿化、摆设、设施等；

（3）细实线用于引出线、尺寸标注线；

（4）虚线用于没有剖切的窗、墙洞、吊起的家具设施、门窗开启方向等不可见的轮廓线。

绘制室内装饰平面图常采用的比例是1:50或1:30、1:40、1:60、1:100等。

二、室内地面铺装图

室内地面铺装图的主要内容是根据建筑功能和平面布置设计提出的需要，明确地表示出楼地面各个部位所铺的材料及铺装后所达到的要求，如图14-2所示。

1. 图示内容

（1）地面材料在室内的位置、大小、颜色以及形状；

（2）地面材料名称、规格，艺术拼砖要表现拼砖样式、图案等；

（3）各地面材料的文字说明和各种必要的尺寸和标高；

（4）比例、图例名称及必要的文字说明。

2. 注意事项

（1）铺砖绘图比例要达到与实际地砖尺寸无误差，一般地面铺砖图与平面图的比例一致，以方便查阅图纸；

（2）地面材料图例简洁、概括、材料文字说明要详细；

（3）标高、文字大小、标注及数据大小要协调。

三、室内顶棚平面图

顶棚平面图，用于表达室内设计顶棚装修设计方案、顶棚使用材料名称、规格、造型样式、施工工艺要求以及灯具位置、类型等。顶棚按构造方式的不同，分为直接式顶棚和悬吊式顶棚。

直接式顶棚是指直接在钢筋混凝土楼板下表面喷、刷、粘贴装修材料的一种构造方式。一般建筑中没有特殊要求的顶棚大都采用直接式装修。悬吊式顶棚是借预埋于楼板内的吊筋将龙骨悬吊固定在某一高度的位置上，然后在龙骨底面铺设装饰面板或铺钉木板条后抹灰而形成。

顶棚平面图实质上是楼板最底层的构造装修图。成套的顶棚装修图通常包括顶棚平面图、节点构造详图和装饰详图等。下面仅介绍顶棚平面图的画法，像地面铺装图一样，顶棚平面图也是利用该层的平面图改画而成的，不过顶棚平面图所采用的是镜像投影法，如图14-3所示。

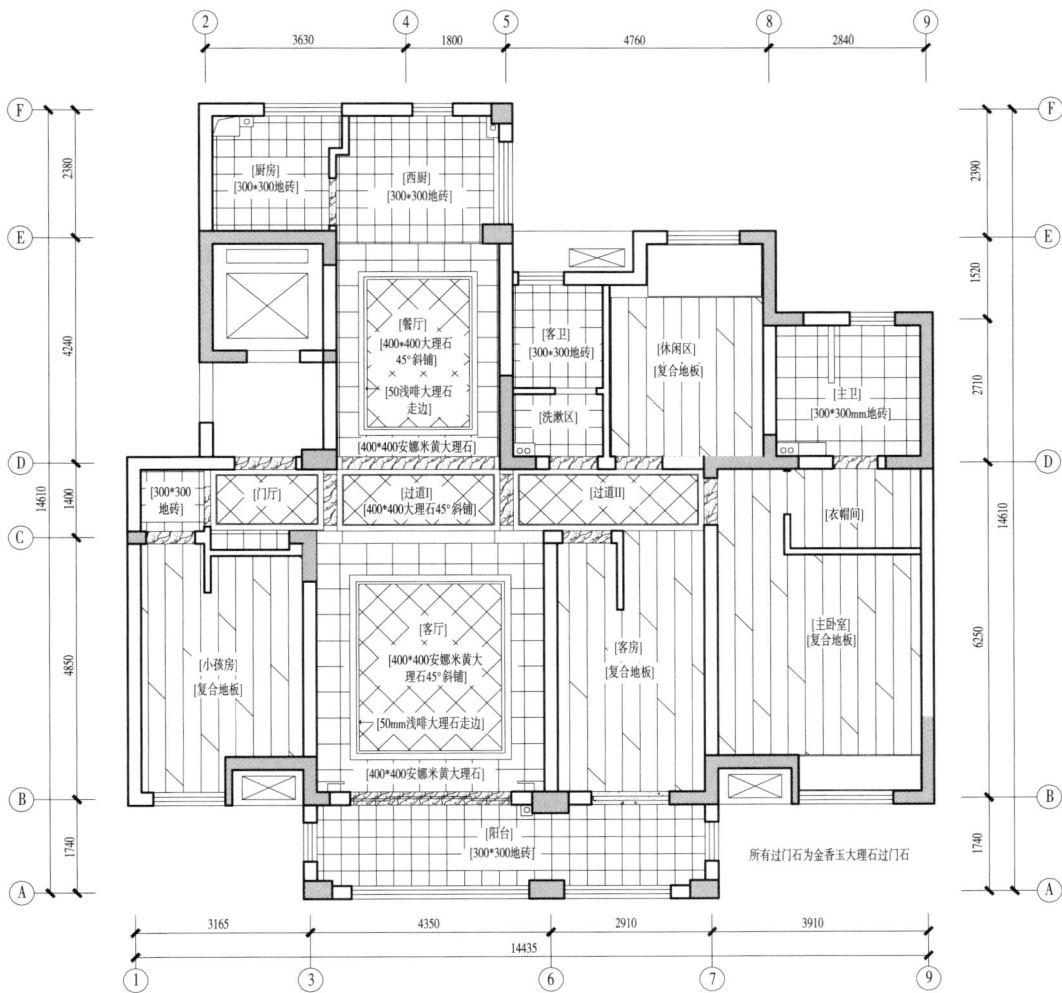

地面铺装图 1:100

图 14-2　室内地面铺装图

1. 图示内容

（1）室内顶棚的造型、形状、尺寸；

（2）顶棚装修所用材料的名称、规格和施工工艺要求；

（3）灯具在顶棚的位置、尺寸和类型；

（4）各种必要的尺寸及设计的标高；

（5）比例、图例名称以及必要的文字说明。

2. 注意事项

（1）顶棚平面图应与平面图的比例一致，以方便查阅图纸；

（2）灯具表示方法采用简图形式即可；

（3）一般只绘制墙体线、门窗的边线，不绘制门窗的开启线；

（4）标高、文字大小、标注及数据大小要协调，材料及施工工艺文字说明要详细；

（5）图中无法给出灯具类型的文字说明，可采用表格形式表现，见图14-3中图例说明。

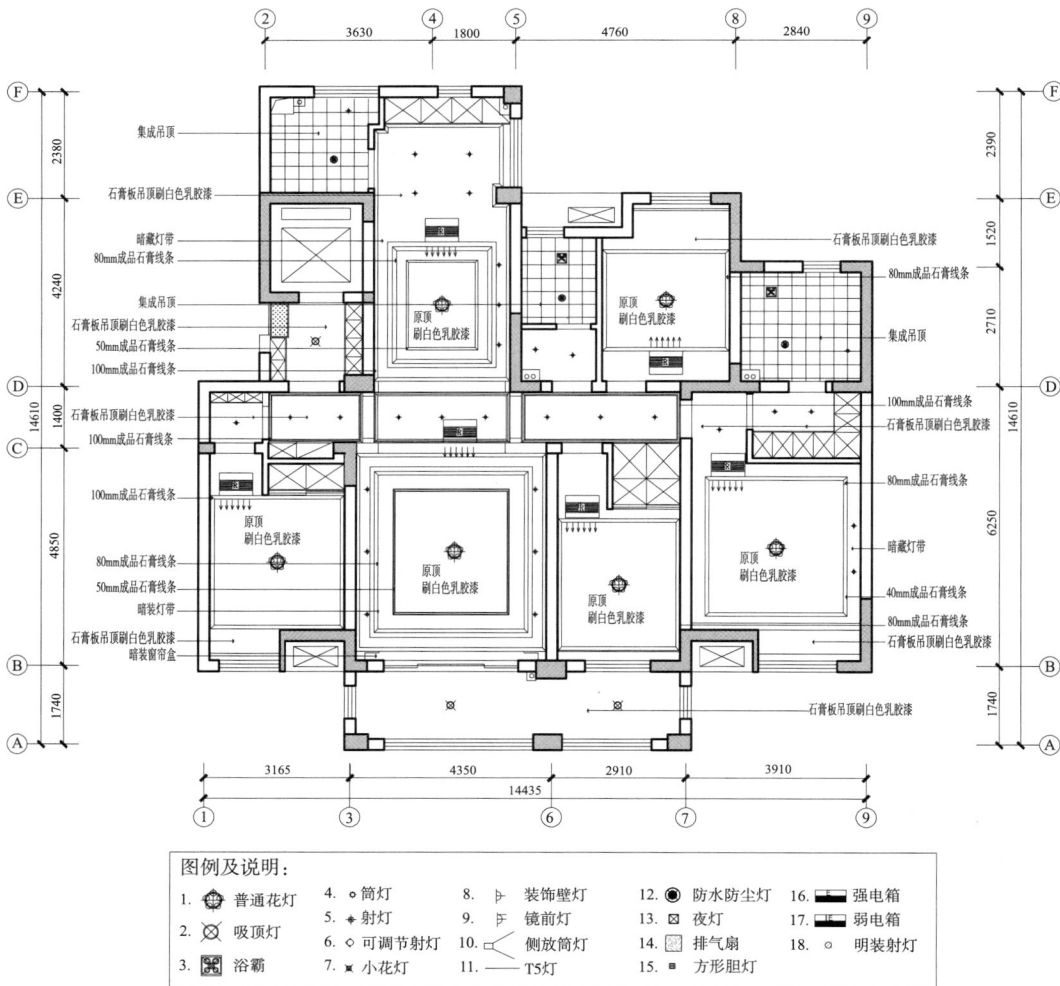

图例及说明：

1. 普通花灯　　4. 筒灯　　　8. 装饰壁灯　　12. 防水防尘灯　16. 强电箱
2. 吸顶灯　　　5. 射灯　　　9. 镜前灯　　　13. 夜灯　　　　17. 弱电箱
3. 浴霸　　　　6. 可调节射灯　10. 侧放筒灯　　14. 排气扇　　　18. 明装射灯
　　　　　　　7. 小花灯　　11. T5灯　　　　15. 方形胆灯

顶棚平面图（镜像）1:100

图14-3　室内顶棚平面图（镜像）

第三节　室内立面图

　　室内立面图不但直观地体现了室内或其他物体的外观形象，而且反映它们竖向的空间关系及建筑结构、构造、构件、设施、家具、造型. 设备、装饰及施工工艺等内容，体现了建筑功能、艺术、技术、经济等内涵。室内立面图是用假想的垂直面对建筑物室内某个方向剖切后形成的正投影。究其本质，是与建筑设计中的剖面图一样，只是所表现的重点不同而已，如图14-6～图14-9所示。

　　为表示室内立面在平面图上的位置，应在平面图上用内视符号注明视点位置、方向及编号。符号中的圆圈应用细实线绘制，内视符号中的圆直径一般可选8~12mm。编号宜用英文字母或阿拉伯数字表示，内视符号的绘制方法如图14-4所示。如果用四面内视符号表示单面、双面或三面，可在要表示的方向格内注明编号，其余为空格即可。室内立面图以"X向"命名，根据实际情况的需要，确定出需画立面装修图的数目，然后按所处的方位，在相应的室内平面布置图、地面铺装图或立面索引图中画入内视符号，如图14-5所示。

| 单面内视符号 | 双面内视符号 | 四面内视符号 | 平面剖切索引符号 | 节点剖切索引符号 |

图14-4　内视和索引符号

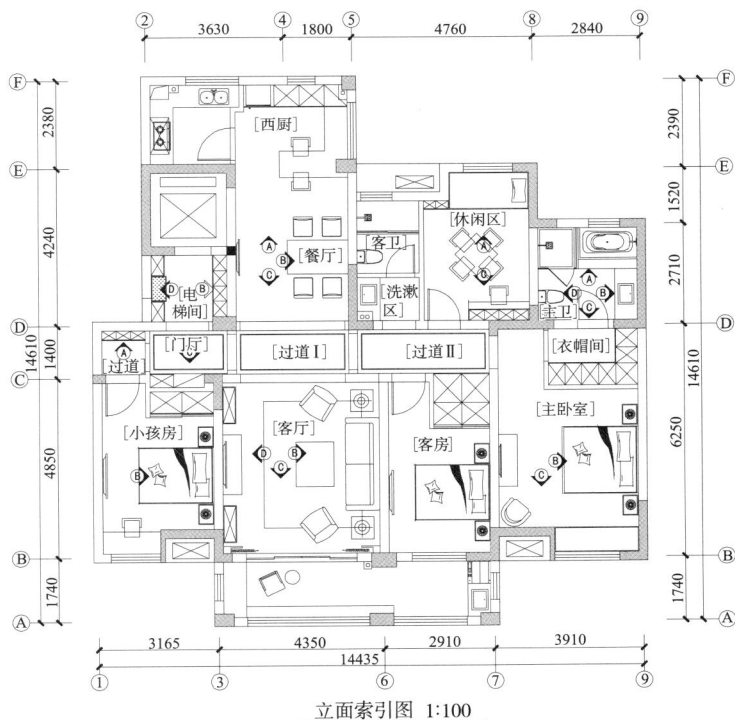

立面索引图 1:100

图14-5　室内立面索引图

一、图示内容

（1）标高及尺寸，即以室内地坪为标高零点，并以此为基点标示地台、踏步的标高；

（2）吊顶天花的高度尺寸、叠级造型互相关系尺寸、位置、材料和施工工艺；

（3）设备、家具、门、窗、隔墙、装饰物等设施的位置、形状、大小尺寸；

（4）绿化、组景设置的高低错落位置尺寸；

（5）楼梯踏步高度和扶手高度，以及所用装饰材料、位置、形状和工艺要求等；

（6）墙面造型的式样、名称、材料、规格、颜色和施工工艺等；

（7）各灯具的位置、形状和类型（如吊灯、筒灯、射灯、台灯、壁灯、地灯等）；

（8）踢脚线的材料、位置、规格等；

（9）比例、图例名称以及必要的文字说明。

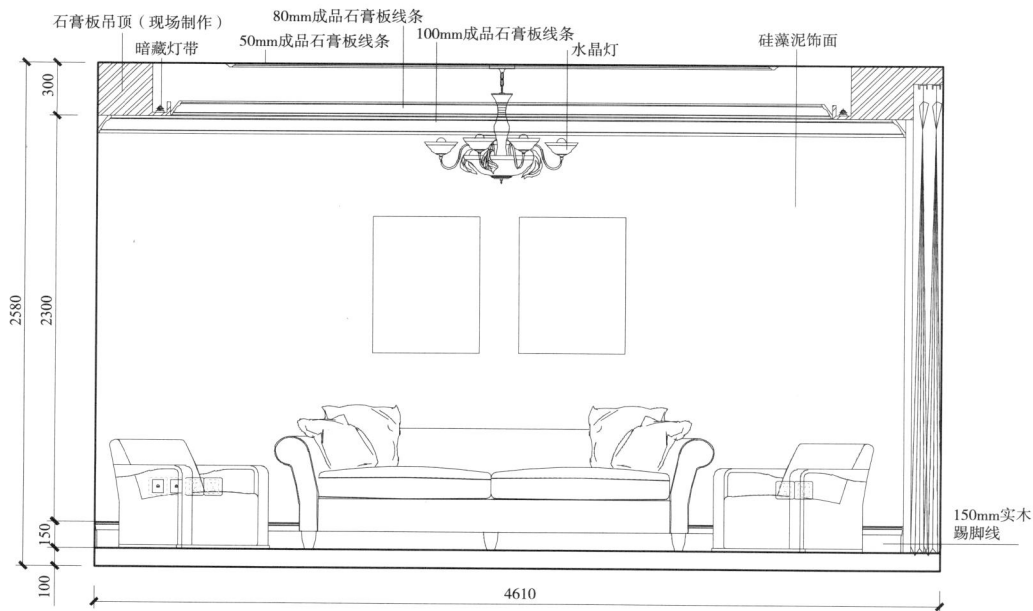

客厅B立面图 1:50

图14-6 室内客厅立面图

石膏板吊顶（现场制作）　50mm石膏线条　80mm石膏线条　100mm石膏线条　100mm门套　　T4灯管　硅藻泥

300

2850

2450

150mm实木踢脚线

150 230 100　　　　　　　3140　　　　　　　100 400

4120

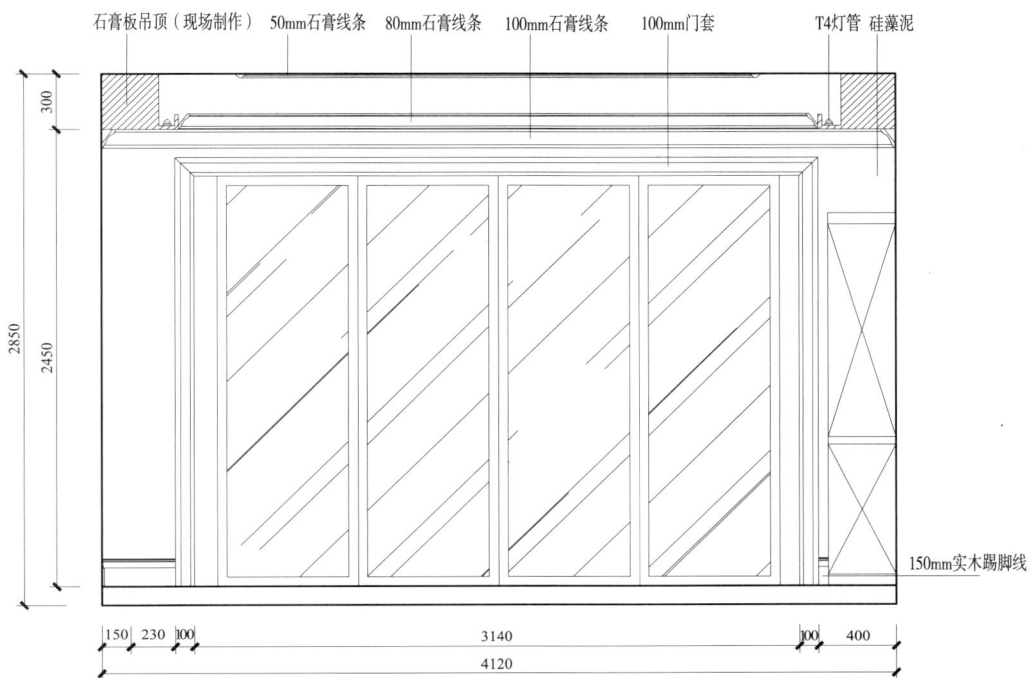

客厅C立面图 1:50

图14-7　室内客厅立面图

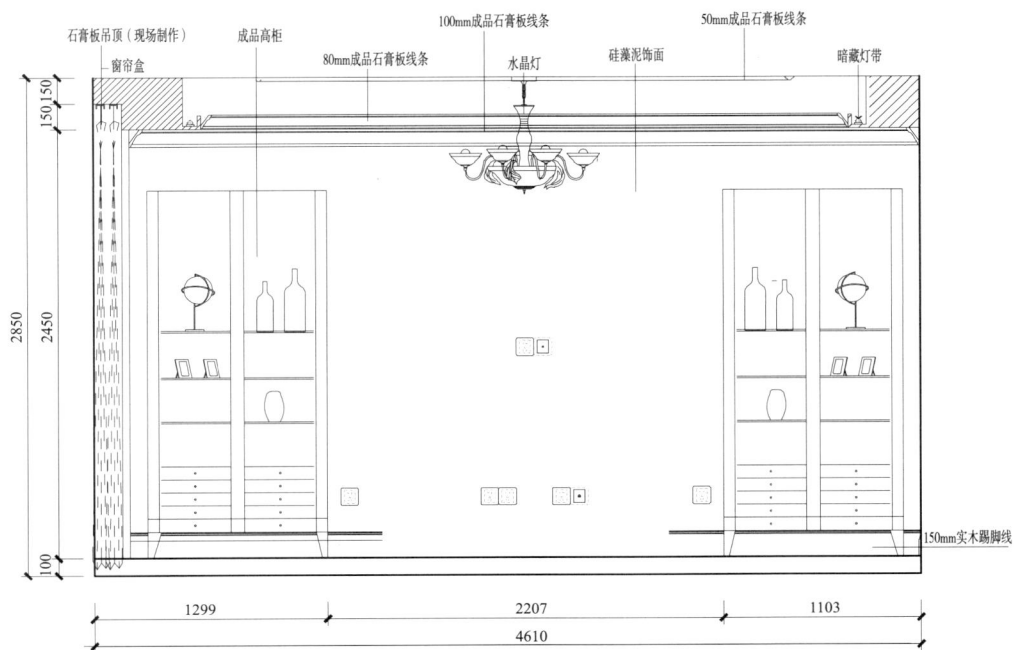

石膏板吊顶（现场制作）　成品高柜　　　100mm成品石膏板线条　　　50mm成品石膏板线条

窗帘盒　　　　80mm成品石膏板线条　水晶灯　　硅藻泥饰面　　暗藏灯带

150 150

2850

2450

100

150mm实木踢脚线

1299　　　　　2207　　　　　1103

4610

客厅D立面图 1:50

图14-8　室内客厅立面图

集成吊顶　马塞克　　　　百叶窗帘

300

2830
2430

820　　450

20

1550

900

225

100

2600

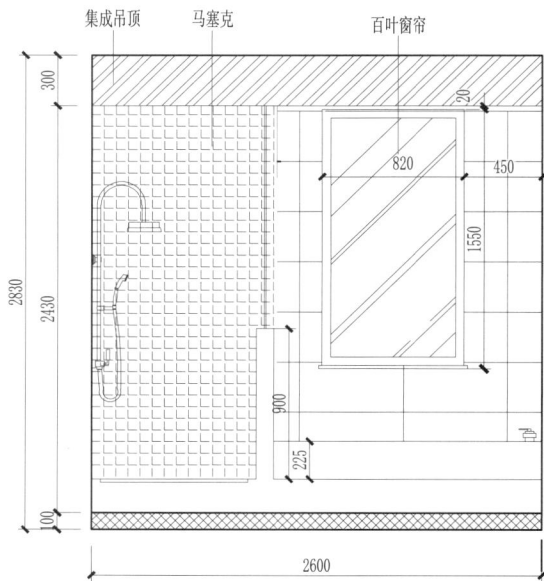

主卫A立面图 1:50

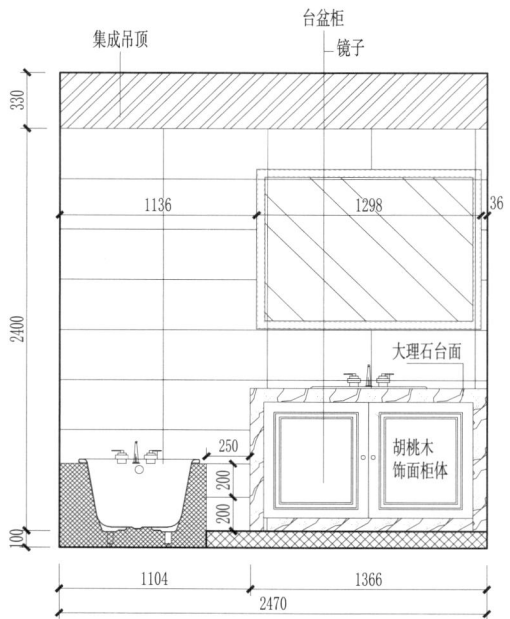

集成吊顶　　　台盆柜
　　　　　　　　镜子

330

1136　　　1298　　36

2400

大理石台面

250

200
200　200

胡桃木
饰面柜体

100

1104　　　1366
2470

主卫B立面图 1:50

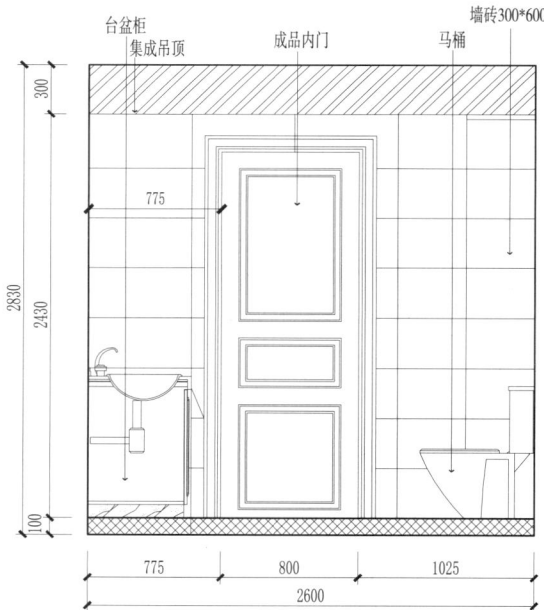

台盆柜
集成吊顶　　成品内门　　马桶　墙砖300*600

300

775

2830
2430

100

775　　800　　1025
2600

主卫C立面图 1:50

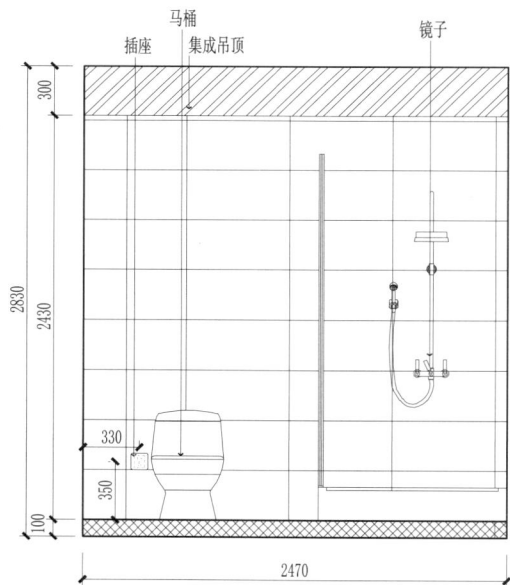

插座
　　集成吊顶
马桶　　　　　　　　镜子

300

2830
2430

330

350

100

2470

主卫D立面图 1:50

图14-9　室内卫生间立面图

二、立面图的类型

立面图有外视立面图、内视立面图和立面展开图三种。

外视立面图多见于建筑物及建筑物配件的外观表现，在室内装修制图中较少见。但有些建筑的室外设计及装饰也常由室内设计人员来完成。

内视立面图有两种表现方式：一是建筑物内部存在着室外空间（如三合院、四合院）的内庭院，站在庭院内看内环墙面即有内视立面之感，用剖面图示之即成内视立面图；二是单纯在室内空间见到内墙面的图示。

立面展开图是设想把构成室内空间所环绕的各个墙面拉平在一个连续的立面上，用于表现各墙面的统一和反差效果、相互衔接关系及各墙面的工艺要求。它对于室内装修设计与施工有着特殊的作用。

第四节　节点详图

节点详图是对平面图、立面图最为具体的补充。在室内装修设计制图中，节点详图是整个设计过程重要的组成部分，是完善建筑质量的重要步骤。由于平面图、立面图等设计图纸采用的绘图比例较小，许多造型的细部结构、尺寸、材料等无法详细地表达出来，不能满足施工或制作时的需要，所以将局部放大或用较大比例单独绘制出来，主要表现某节点的详细构造和制作要求，这种图样称为详图。

所谓详图，其"详"有三：一是图形详，图示的形象要真实正确，曲直不苟；二是数据详，凡表达尺寸、规格、轴线及索引符号等，都必须准确无误，极尽其详；三是文字详，凡是不能以图示表达，需要用文字表述的要表达的完善、简洁、明了。标注方法沿用建筑施工详图的索引符号和详图符号来表示，如图14-10、图14-11所示。

一、图示内容

（1）各部分构造的连接方法、详细结构、造型样式、所用材料及相互对应的位置关系；

（2）造型面层、胶缝及线角的图示；

（3）详细的尺寸数据和文字说明；

（4）比例、图名、施工要求及制作方法的说明。

二、详图的类型

　　将室内设计制图的详图分成三类，即局部放大图、构配件详图和节点详图三种。

　　局部放大图包括局部的平面放大图、立面放大图、立面展开放大图三类。平面放大图以建筑平面图为依据，除按放大比例图示平面结构形式、大小及门窗位置外，必须作出家具、卫生设备、电器设备、摆设、绿化、织物等的平面布置，并标明尺寸。立面放大图则以建筑剖面图为基础，按放大比例图示出室内围护结构的构造形式，进而将墙面上的附加物装饰性地表现出来，体现室内空间的装饰效果。立面展开放大图与其大同小异，此处不再赘述。

　　建筑物所属的室内构配件项目繁多，不胜枚举。因而构配件详图的绘制设计就要求设计师在施工之前切实弄清详图在建筑物中所处的确切位置，注意构配件与建筑物相衔接的构造关系，以及对所用材料的合理选择。构配件平、剖、立面详图的比例一般采用1:10、1:20、1:30等。

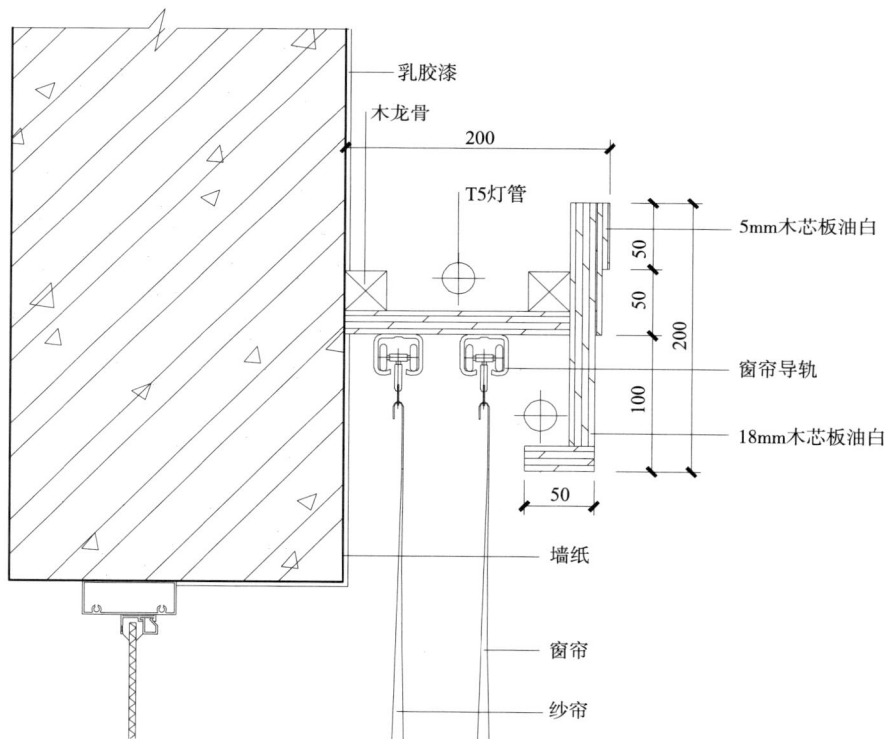

窗帘盒详图　1:10

图14-10　窗帘盒节点详图

膨胀螺栓　　　　　　　　　　　　楼板

龙骨垂直吊挂件
　　　次龙骨吊挂件　　　　　主龙骨

铝扣板　　　次龙骨　　　　　　　　　　边龙骨

300

次龙骨吊挂件剖面

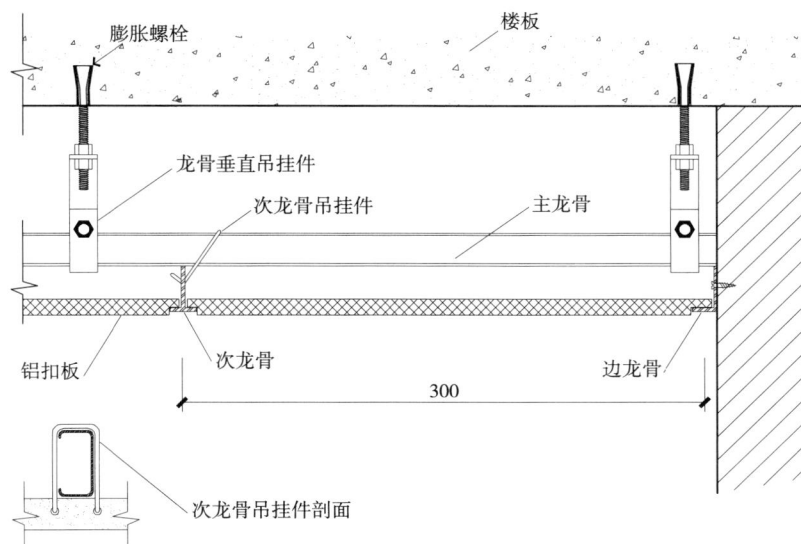

集成吊顶详图 1:5

图14-11　集成吊顶节点详图

景观设计制图

第一节 引言

景观设计制图是设计者在具备景观艺术理论、设计原理、有关工程技术及制图基本知识下所绘制的专业图纸。它是设计者设计成果的展现,同时也是施工、监理、经济核算等工作的重要依据。景观设计制图的目的是运用图样和标识清晰地表达设计内容和施工方法,它不仅是按照规范进行作图的施工工艺表达,也是创造思维的一种体现,在整个项目实施过程中有着举足轻重的作用。

景观设计图纸的内容比较复杂,包含多个专业领域的知识,如建筑、结构、绿化、给排水、电气等,一般由封面、目录、设计说明、总体规划设计图、竖向设计图、植物种植设计图、景观立面图、剖面图和详图等组成。在景观设计制图中,一套完整规范的设计图纸数量比较多,为方便快速地查阅、归档,图纸的编排次序原则为先平面,后立面,先底层,后上层;先整体,后局部,编排次序不允许颠倒,以免造成查找图纸不便、混乱等现象。

景观设计制图应根据设计要求,参照相应规范,编制设计文件。图纸的设计深度应满足根据图纸编制施工图的预算安排材料、设备订货及非标准材料的加工,并进行施工、安装及验收。图纸在编制中应因地制宜,正确选用国家和地方的行业规范标准,并在设计文件说明中注明引用的图集名称和页次。

第二节 景观设计总体规划图

景观总体规划图又称为总平面图,它是景观工程在基地范围内的总体布置图,是反映总体设计意图的图纸,同时也是绘制其他图纸、施工放线、土方工程及编制施工组织设计的依据。如图 15-1 所示为某广场景观的总体规划图,该景观为一公共建筑前的小广场规划,以规则式景观布置为主。图纸主要表现了一个包含道路、铺地、水体、假山、植物、花架等景观要素的布局位置以及平面关系。

一、图示内容

景观总体规划图一般由图样、标注、图例及经济技术指标等内容组成,主要表示出规

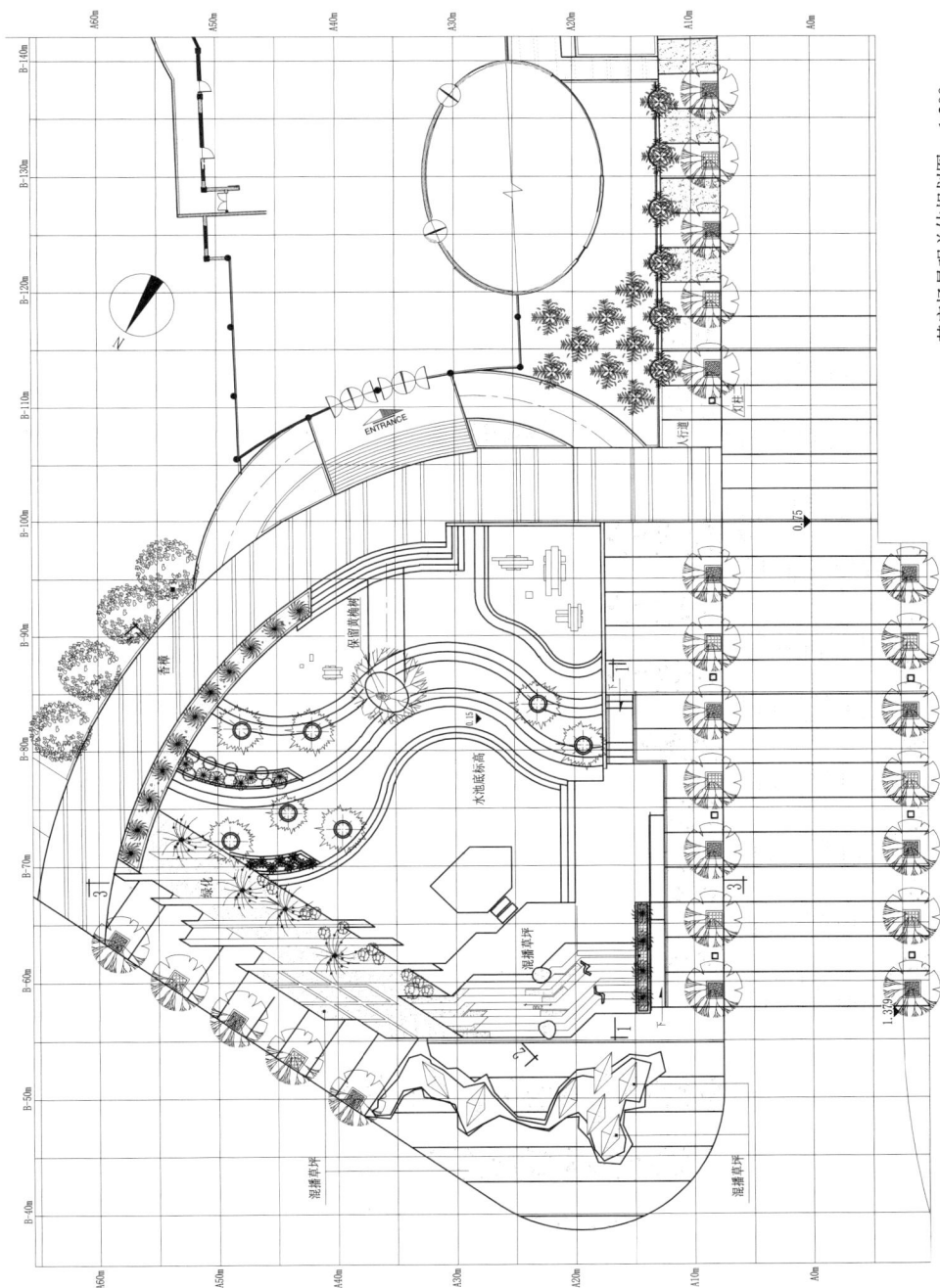

某广场景观总体规划图 1:200

*设绝对标高503.00为相对标高±0.000
本图小网格每格为5m

图15-1 广场景观总体规划图

划用地的现状和范围，用地范围内各景观组成要素的位置和外轮廓线。具体要素表达内容如下：

1. 地形

地形的高低变化通常用等高线表示。原地形等高线用细虚线绘制，设计等高线用细实线绘制，设计平面图中的等高线可以不注高程。

2. 植物

一般采用"图例"区分出针叶树、阔叶树、常绿树、落叶树、乔木、灌木、花卉、草坪、水生植物等。在图例中对常绿植物应以间距相等的细斜线表示。但实际绘图中，有时为了更清晰简便地表示植物，只把它分为三类，即地被植物、灌木、乔木。绘制植物平面图时，要注意曲线过渡自然，图形应形象、概括。树冠的投影要按成龄以后的树冠大小表达。

3. 山石

山石均采用其水平投影轮廓线表示，以中粗实线绘出边缘轮廓，以细实线概括绘出纹理。

4. 水体

水体一般用两条线表示，外面的一条表示水体边界线（驳岸线），用特粗实线绘制，里面的一条表示水面，用细实线绘制。

5. 建筑

以建筑为主体的景观环境中多采用平面图表达，以环境为主体的多采用屋顶平面图。

6. 道路及铺装

用细实线画出路缘、场地的划分线，铺装路面及场地可按设计图案简略绘出。

二、注意事项

（1）根据用地范围的大小与总体布局情况，选择适宜的绘图比例。一般情况下绘图比例的选择主要根据规划用地的大小来确定，若用地面积大，总体布置内容较多，可考虑选用较小的绘图比例；反之，则考虑选用较大的绘图比例。

（2）确定图幅，做好图面布局。绘图比例确定后，可根据图形的大小确定图纸幅面，并进行图面布置。在进行图面布置时，应考虑图形、植物配置表、文字说明等内容所占用的图纸空间，使图面布局合理，并保证图面均衡。

（3）确定定位轴线，或绘制直角坐标网。景观平面图中的定位方式有两种：一种是用尺寸标注的方法，以图中某一原有景物为参照物，标注新设计的主要内容与原景物之间的尺寸，从而确定它们的相对位置，常用于对规则式平面（如景观建筑设计图）的绘制；另一种是采用直角坐标网定位，按一定距离绘制出方格网。坐标网均用细实线绘制，常用于对自然式园路、景观植物种植的绘制。

（4）绘制现状地形与预保留的地物。

（5）绘制设计地形与各造园要素，如山石、水体、建筑、植物等。

（6）注写图例说明与设计说明，标注尺寸和标高。图例说明是对图纸中出现的图样进行标注，注明含义。为了使图面清晰，对图中的建筑应用英文字母A、B、C、D等进行编号，然后再注明相应的名称。由于在图纸中不要求区分植物的品种，因此，不用编制景观植物配置表。图纸中需要强调的部分以及未尽事宜应用文字进行说明。平面图上的坐标、标高均以"m"为单位，小数点后保留两位有效数字，不足的以"0"补齐。

（7）绘制指北针或风玫瑰图等符号，注写比例。

第三节　景观竖向设计图

景观竖向设计图是根据总体设计平面图及地形图绘制的地形详图，它借助标注高程的方法表示地形在竖直方向上的变化情况，是造园工程土方调配预算和地形改造施工的主要依据。它是根据总体规划平面及原地形绘制的地形设计详图，它借用等高线在水平图面上标注地形竖直方向上的变化，如图15-2所示。

一、图示内容

景观竖向设计图主要表现地形、地貌、建筑物、植物和景观道路系统等各种造园要素的高程，主要包括地形现状及设计高程、建筑物室内控制标高、道路及出入口的设计高程，园路主要转折点、交叉点、变坡点的设计标高和纵坡坡度坡向，挡土墙、外墙护坡等构筑物的坡顶和坡脚的设计标高，水体驳岸的标高，水面水位以及各景点的控制标高等。除此之外还应包括指北针、图例、比例、图名、文字说明等，必要时还应绘制重点地区或坡度复杂地段的地形断面图帮助表达竖向地形的变化。

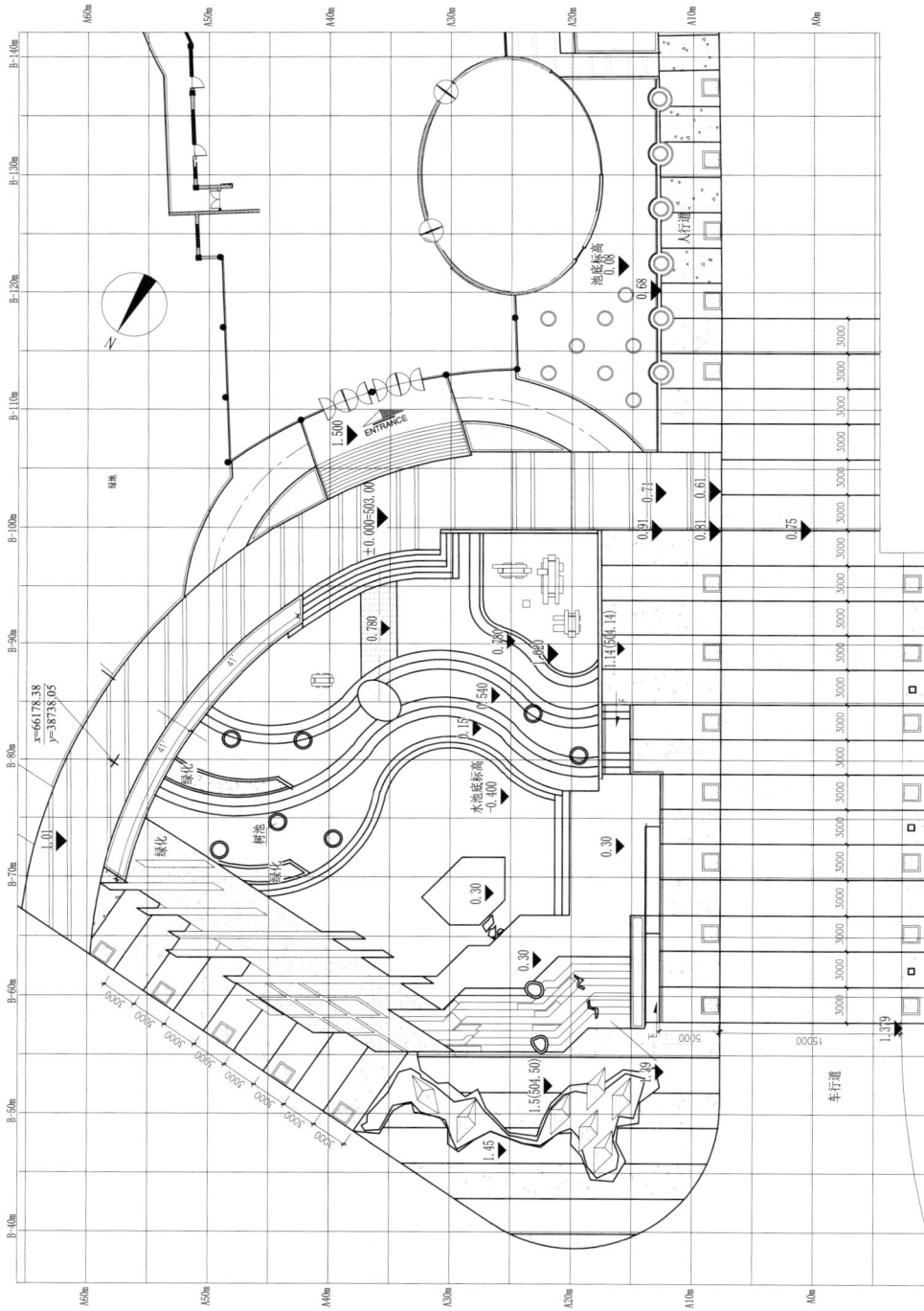

某广场景观竖向设计图 1:200

*设绝对标高503.00为相对标高±0.000
本图小网格每格为5m

图15-2 广场景观竖向设计图

二、注意事项

1. 绘制等高线

在绘制竖向设计图时一般要根据地形在竖向上的变化情况，选定合适的等高距，常用的等高距是1m。在竖向设计图中一般用细实线表示设计地形的等高线，用细虚线表示原地形的等高线。

等高线上应标注高程，高程数字处的等高线应断开，高程数字的字头应朝向山头，数字要排列整齐。周围平整地面的（相对零点）高程标注为 ±0.00。高于相对零点为正，数字前注写"+"号，一般情况省略不写；低于相对零点为负，数字前应注写"–"号。高程单位为m，要求保留两位小数。

对于水体，用特粗实线表示水体边界线（即驳岸线）。当水底为缓坡时，用细实线绘出水底的等高线，同时均需标注高程，并在标注高程的数字处将等高线断开。当湖底为平面时，用标高符号标注湖底高程。如图15–2所示，小广场的中部下挖水池，水体池底为平底，标高为 –0.40m，周边采用逐层跌落设计。

2. 标注建筑、山石、道路高程

竖向设计图要求将总体规划设计图中的建筑、山石、道路、广场等景观组成要素按水平投影轮廓绘制到竖向设计图中。其中，建筑用中实线，山石用粗实线，广场、道路用细实线。具体的标注要求为：建筑应标注室内地坪标高；山石用标高符号标注最高部位的标高；道路高程一般标注在交叉、转向、变坡处，标注位置以圆点表示，圆点上方标注高程数字。

3. 标注排水方向

根据坡度，用单箭头表示雨水排除的方向。

4. 绘制方格网

为了便于施工放线，在竖向设计图中应设置方格网。设置时尽可能使方格的某一边落在某一固定建筑设施的边线上，每一网格边长可根据需要确定为5m、10m、20m等，其比例应与图中比例保持一致。

5. 绘制局部断面图

若设计地形比较复杂，必要时可绘制出某一截面的断面图，以便直观地表达该截面上竖向变化的情况。有时为了更清楚地反映出地形变化和景观效果也可绘制出剖面图。

三、绘制方法与步骤

（1）根据用地范围的大小和图样复杂程度，结合总体规划图选定合适的绘图比例。

（2）确定合适的图幅，合理布置图面，确定定位轴线或绘制直角坐标网。

（3）根据地形选定合适的等高距，并用细实线绘制出等高线。

（4）根据总平面绘制出其他造园要素对应的高程和位置。

（5）标注排水方向、尺寸，注写标高。

（6）绘制局部断面详图。

（7）注写设计说明，绘制指北针或风玫瑰图。

第四节　景观种植设计图

景观种植设计图又称景观植物配置图，是组织种植施工、养护管理和编制预算的重要依据，是景观规划中重要的一环，更是改善生态、美化环境的重要途径。同时，它也是反映规划用地范围内所设计植物的种类、数量、规格、位置、种植方式和要求的平面图，如图15-3所示。

一、图示内容

（1）用相应的图例在图纸上表示设计植物的种类、数量、规格和位置。一般为了便于区分植物种类，计算种植数量，可使用阿拉伯数字对不同的树种进行编号，并附以文字说明。

（2）苗木统计表：在图中适当位置列表详细说明具体植物的编号，树种，单位，图例，数量，规格（包括树干直径、高度、树冠冠幅）等，如表15-1所示。

表15-1　广场景观苗木配置表

编号	图例	植物名称	学名	胸径 (mm)	冠幅 (mm)	高度 (mm)	数量	单位
1		黄桷树	*Ficus lacor*	250~300	4000~5000	5000~6000	1	株
2		香樟	*Cinnamomum camphora*	100~120	3000~3500	5000~6000	8	株
3		垂柳	*Salix babylonica*	120~150	3000~3500	3500~4000	4	株
4		水杉	*Metasequoia*	120~150	2000~5000	7000~8000	7	株

编号	图例	植物名称	学名	胸径 (mm)	冠幅 (mm)	高度 (mm)	数量	单位
5		栾树	*Koelreuteria*	120~150	3000~4000	4000~6000	25	株
6		棕榈	*Trachycarpus*	120~150	3000~3500	5000~6000	14	株
7		马蹄莲	*Zantedeschia*	—	400~500	500~500	25	丛
8		玉簪	*Hosta plantaginea*	—	300~500	300~500	30	丛
9		迎春	*Jasminum nudiflorum*	—	1000~1500	600~800	16	丛
10		杜鹃	*Rhododenron simsii*	—	300~500	300~600	7	m^2
11		红叶小檗	*Berberis thunbergii*	—	350~400	400~600	14	m^2
12		四季秋海棠	*Begonia cucullata*	—	350~400	300~500	16	m^2
13		平户杜鹃	*Rhododen dron*	—	500~800	900~1000	23	m^2
14		黄金侧柏	*Platycladus orientalis*	—	300~500	300~500	10	m^2
15		鸢尾	*Iris tectorum*	—	300~500	300~500	5	m^2
16		时令花卉	—	—	300~500	300~500	3	m^2
17		混播草坪	—	—	—	—	100	m^2

说明 ①绿化施工时苗木除达到设计规格要求外，植株应健康无病虫害，且株型饱满完整，没有明显的造型缺陷。②设计中所列的灌木和草本植物数量，特别是成片种植灌木及草本植物数量仅为参考值，在实际施工中应根据具体情况做适当的调整，并以适当密植为度。③当选用的乔木不能满足设计要求时，应优先满足树高。④为了加强环境气氛，种植池及道路边适当栽植时令花卉，品种据季节而定，花谢后改种其他草花或灌木。

（3）植物种植的定位尺寸：在绘制自然式植物种植图时，应用坐标网格确定种植位置；绘制规则式植物种植图时，应在图样上用具体尺寸表示植株行距以及端点植物与参照物之间的距离。

（4）具体施工说明：对于部分有具体种植、选苗、养护等要求的植物，根据苗木表里的图例和编号进行具体要求的说明标注。

第十五章 景观设计制图

239

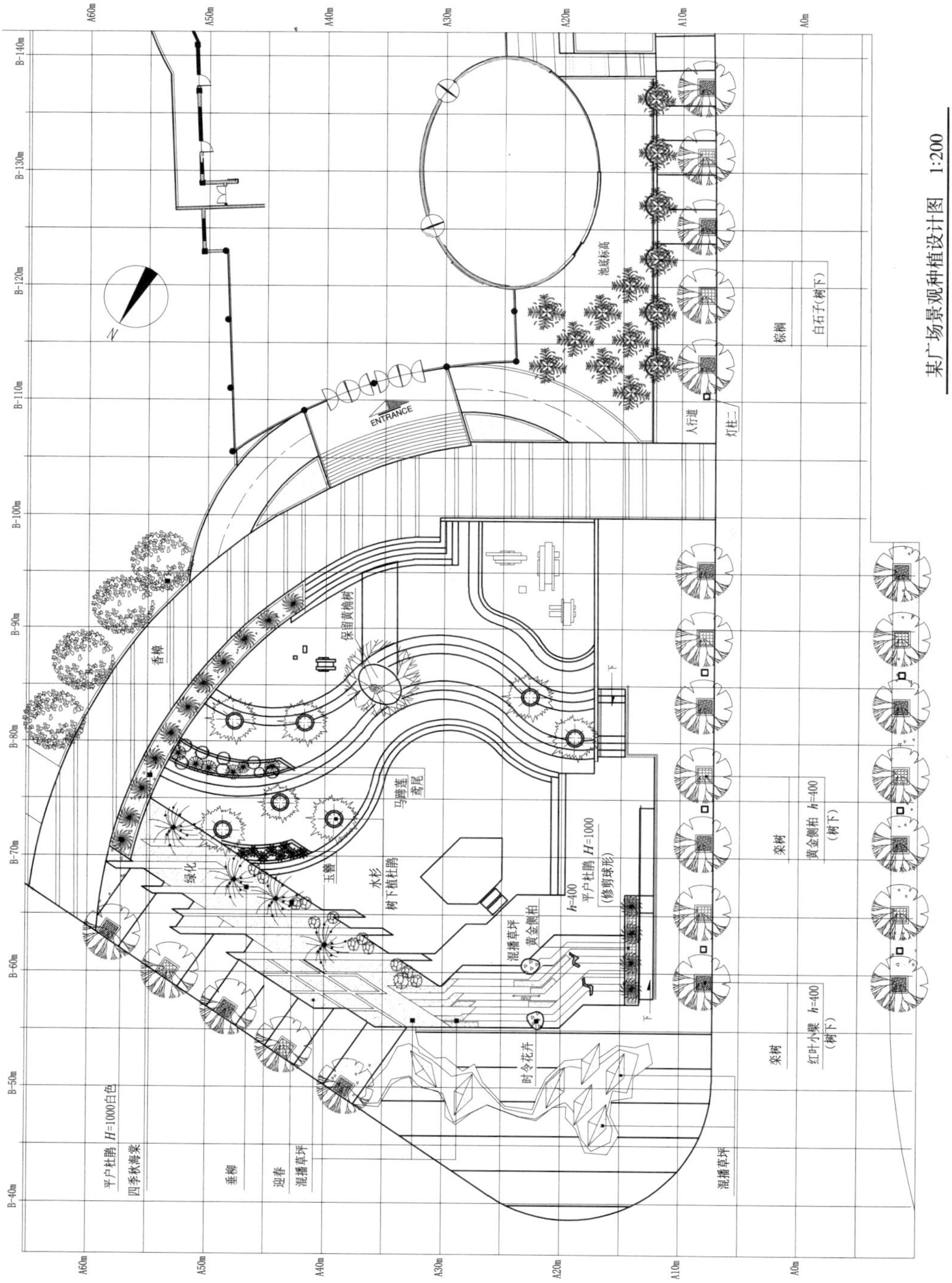

某广场景观种植设计图 1:200

图15-3 广场景观种植设计图

ENTRANCE

N

池底标高

棕榈

白石子(树下)

人行道

灯柱二

香樟

保留黄角树

马蹄莲

鸢尾

栾树

黄金侧柏 h=100
(树下)

绿化

玉簪

水杉

树下植夜香树

栾树

红叶小檗 h=400
(树下)

平户杜鹃 h=400

平户杜鹃 H=1000
(修剪球形)

混播草坪

黄金侧柏

时令花卉

平户杜鹃 H=1000白色

四季秋海棠

垂柳

迎春

混播草坪

混播草坪

二、注意事项

在景观种植设计图上，要求绘制出植物种类及名称、行距和株距尺寸、群栽位置范围、与建筑物、构筑物、道路或地上管线的距离尺寸、各类植物数量（列表或旁注）。

在景观种植的设计图中，宜将各种植物按平面图中的图例，绘制在所设计的种植位置上，并应以圆点表示出树干位置。树冠大小按成龄后效果最好时的冠幅绘制。为了便于区别树种、计算株数，应将不同树种统一编号，标注在树冠图例内。

在规则式的种植设计图中，对单株或丛植的植物宜以圆点表示种植位置；对蔓生和成片种植的植物，用细实线绘出种植范围，草坪用小圆点表示。小圆点应绘得疏密有致，凡在道路、建筑物、山石、水体等边缘处应密，然后逐渐稀疏，作出退晕的效果。

同一树种尽量以粗实线连接，并用索引符号逐一对树种编号。索引符号用细实线绘制，圆圈的上半部注写植物编号，下半部注写数量，做到排列整齐，使图面清晰。

三、绘制方法与步骤

（1）选取合适的制图比例，确定图幅，绘制坐标网格。一般种植设计图的制图比例不宜小于1:500，否则会影响不同植物种类的表现。设计者应合理判断，确定合适比例后进行绘制。

（2）确定定位轴线，绘制直角坐标网，进行画面的布置。

（3）根据景观设计总体规划图，确定其他造园要素，如建筑、水体、园路、广场、山石等的位置并按比例绘制，辅助确定植物种植的位置。绘制过程中应注意不同要素线型的区分。

（4）标明需要保留的树木，再绘出种植设计的内容。

（5）编制苗木统计表。

（6）编写具体的施工说明，对具体植物的选苗、种植、培育等的相关要求附图进行标注。

（7）绘制指北针或风玫瑰图、比例。

第五节　景观设计立面图、剖面图与详图

在景观设计制图中，立面图、剖面图和详图能有效显示设计元素的细部及其相互间的关系。景观设计立面图是场地范围内的所有设计元素在垂直方向上的正投影图，如同建筑的立面图一样，可根据设计需要绘制多个立面图。景观设计剖面图是指对景观进行垂直剖切后沿某一剖视方向作正投影所得到的视图。景观设计详图可以表达景观设计的细节、构造、材料、规格、详细尺寸、标高以及有关的施工要求和做法。景观设计详图是景观设计图纸中平、立、剖面图的深入和补充，是进行景观施工的重要依据。

如图15-4所示，剖面图表达出平面图无法显示的元素和地形立体高差关系。如图15-5所示，详图主要表现水池边跌落台阶的细部结构。

一、图示内容

景观设计的立、剖面图和详图主要由各个景观元素的立面和详细造型形态、尺寸标注和文字标注等内容组成。根据景观设计平面图中的剖切位置，将剖切线经过的所有景观元素的立面造型按照比例绘制清楚。

二、注意事项

（1）地形的立、剖面图地坪线应与平面图的坡度形成对应，并用光滑的曲线绘制。

（2）植物的立面图按照不同植物的平、立面对应画法绘制，注意植物的前后压盖关系。

（3）根据立、剖面图与平面图的对应关系，确定各景观元素在立面图中的位置、宽度和高度，描绘各景观元素的细部造型，并按照前挡后的原则，擦去被遮挡的部分。

（4）在景观设计的立、剖面图下方进行尺寸和文字的标注。

（5）详图需要表示出设计、施工节点的详细构造，构件的连接和固定方式、材料名称、规格以及施工工艺要求的文字说明、定形和定位尺寸，并用图例表示所用的装饰材料。

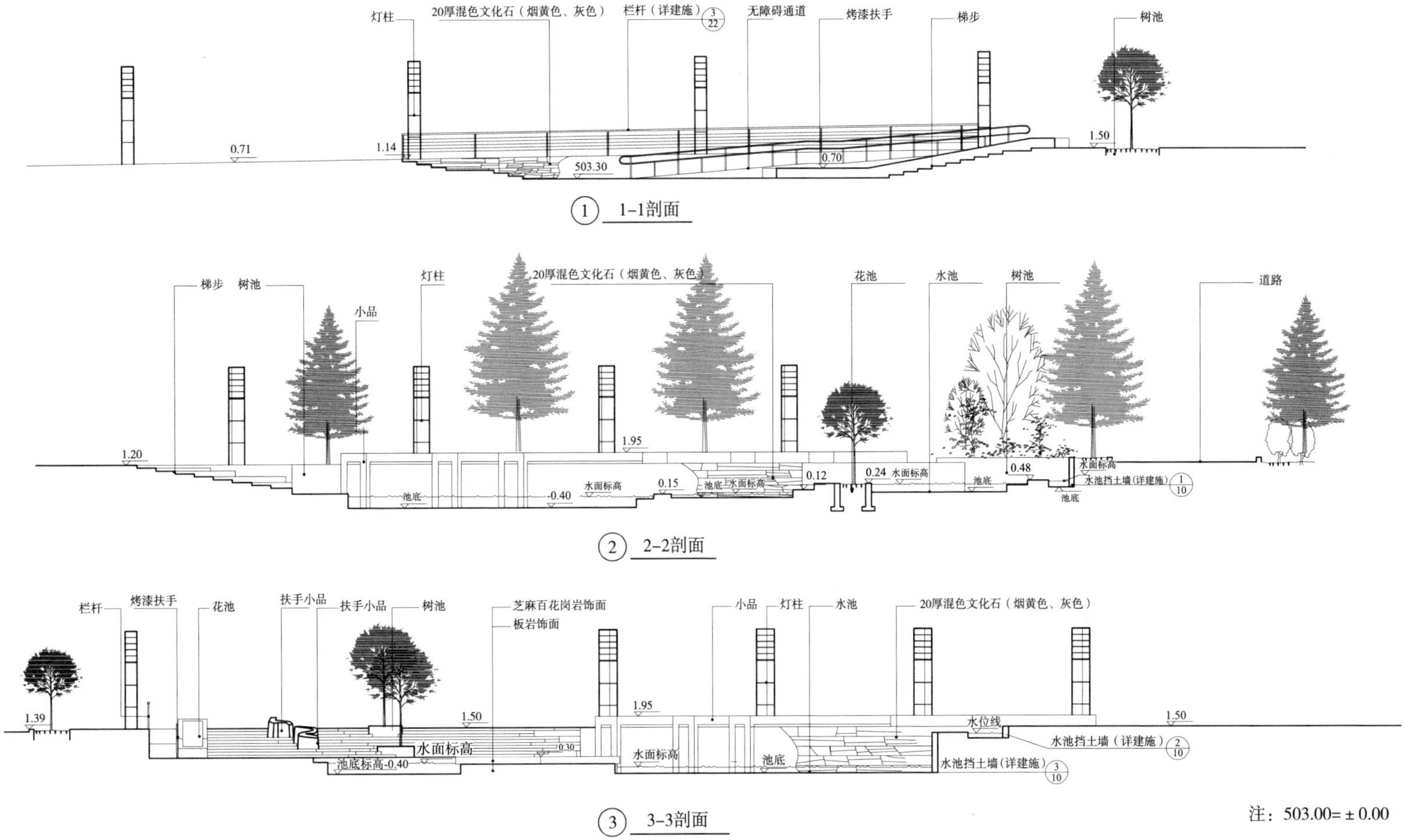
灯柱
20厚混色文化石（烟黄色、灰色）
栏杆（详建施）3/22
无障碍通道
烤漆扶手
梯步
树池
0.71
1.14
503.30
0.70
1.50
① 1-1剖面
梯步 树池
小品
灯柱
20厚混色文化石（烟黄色、灰色）
花池
水池
树池
道路
1.20
1.95
-0.40
水面标高
池底
0.15
池底
水面标高
0.12
0.24
水面标高
池底
0.48
水面标高
水池挡土墙（详建施）1/10
池底
② 2-2剖面
栏杆
烤漆扶手
花池
扶手小品
扶手小品
树池
芝麻百花岗岩饰面
板岩饰面
小品
灯柱
水池
20厚混色文化石（烟黄色、灰色）
1.39
1.50
水面标高
池底标高-0.40
0.30
1.95
水面标高
池底
水位线
1.50
水池挡土墙（详建施）2/10
水池挡土墙（详建施）3/10
③ 3-3剖面
注：503.00=±0.00

图15-4 广场景观设计剖面图

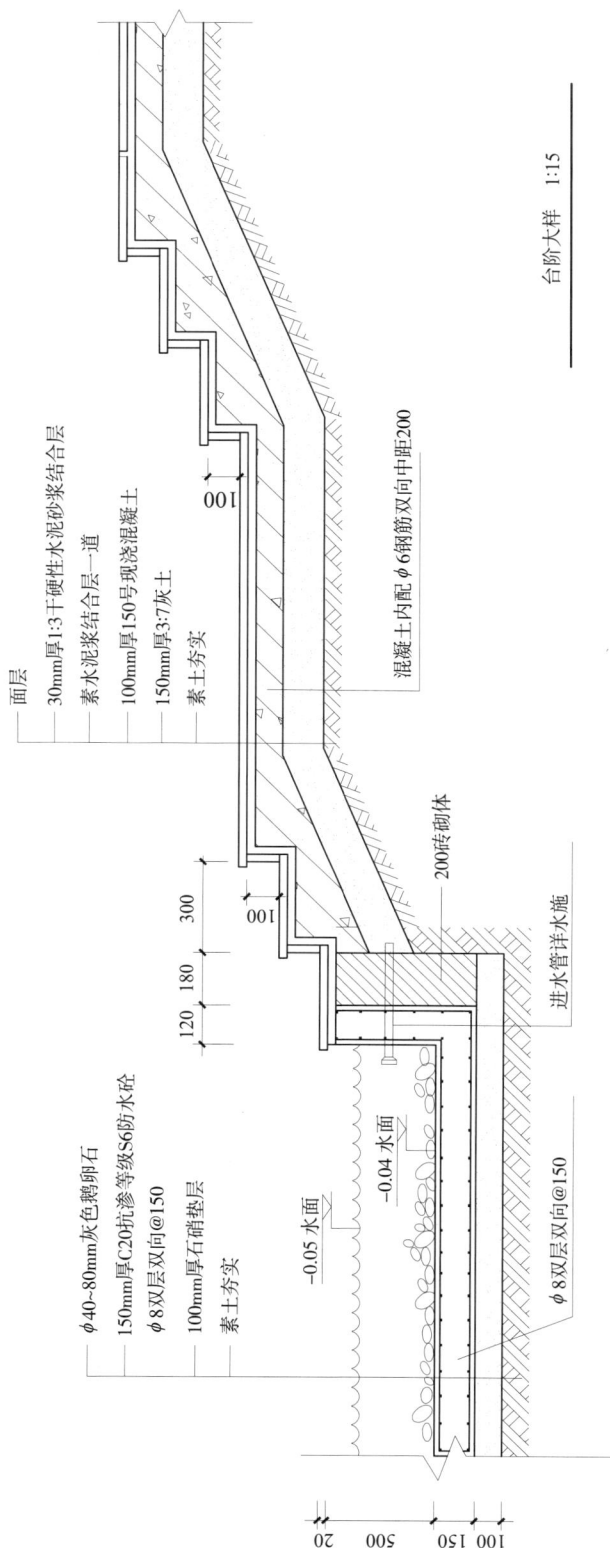

台阶大样 1:15

面层
30mm厚1:3干硬性水泥砂浆结合层
素水泥浆结合层一道
100mm厚150号现浇混凝土
150mm厚3:7灰土
素土夯实

混凝土内配φ6钢筋双向中距200

100

300

100

120 180

200砖砌体

进水管详水施

φ40~80mm灰色鹅卵石
150mm厚C20抗渗等级S6防水砼
φ8双层双向@150
100mm厚石硝垫层
素土夯实

−0.05 水面

−0.04 水面

φ8双层双向@150

20
500
150
100 150

图15-5 广场景观设计详图

习题集

环境艺术制图

1. 已知点的两面投影，补作第三投影。

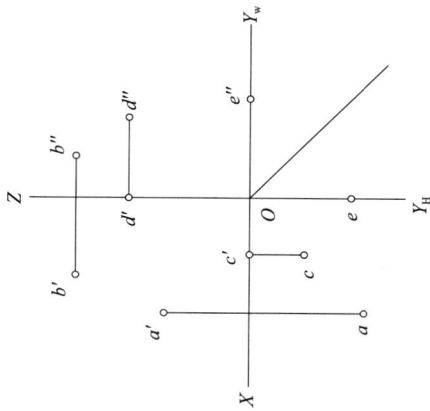

2. 设B点在A点的正前方10mm，C点在A点的正上方5mm，D点在A点的正左方15mm，作出B、C、D三点的三面投影。

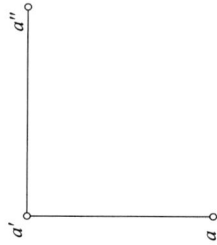

3. 补作下列各直线的第三投影。

（1）

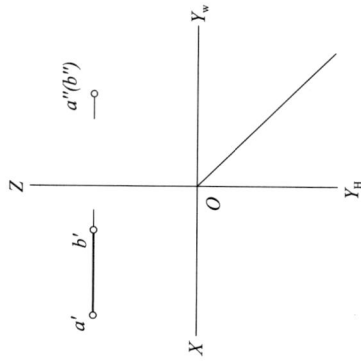

（2）

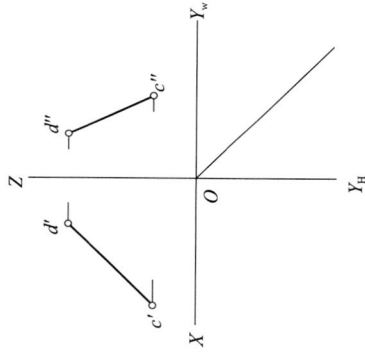

（3）

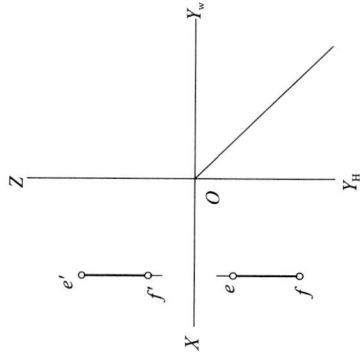

| 班级 | 姓名 | 学号 | 成绩 | 1 |

246

1. 已知正平线 AB 距 V 面为 10mm，B 点在 A 点右上方，α=30°，实长 10mm；铅垂线 CD 距 W 面为 5mm，D 点在 C 点下方，实长为 10mm，补作 AB 和 CD 的三面投影。

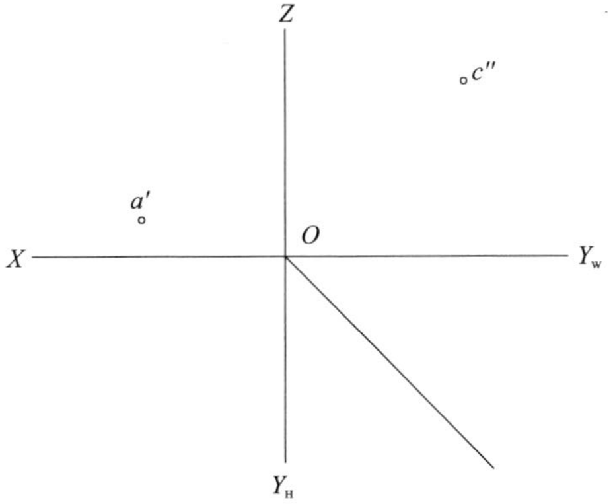

2. 已知直线 AB 的 V 面投影和 B 点的 H 投影，且 ab=30mm，求 AB 的实长及 ab，有几解？

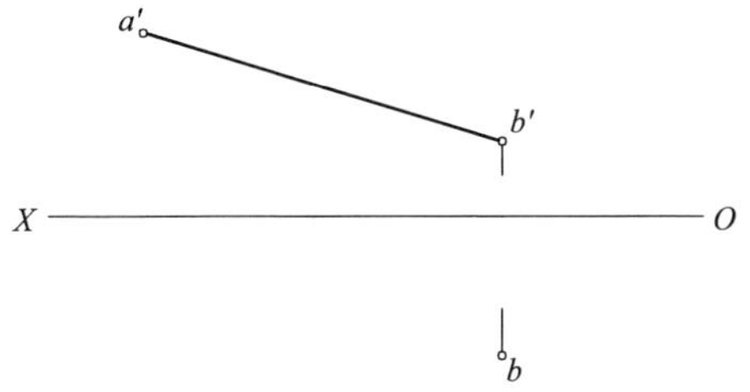

3. 判断并写出两直线的相对位置关系（平行、相交、交叉、垂直）。

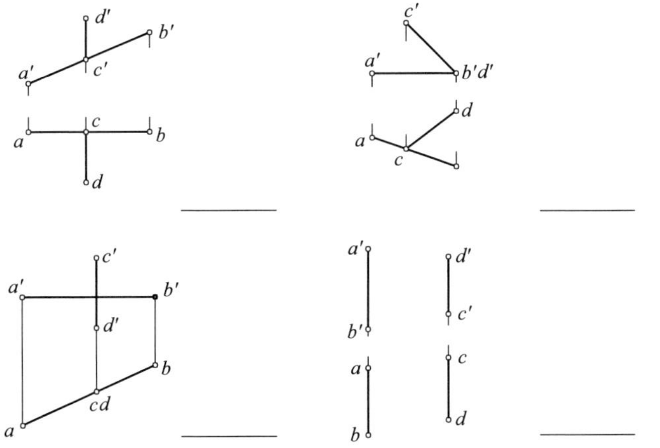

4. 作两交叉直线 AB 和 CD 的公垂线 EF。

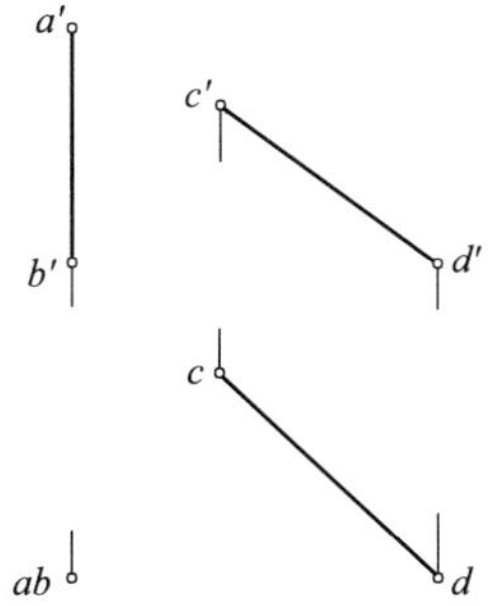

班级　　　　姓名　　　　学号　　　　成绩　　　　2

1. 已知平面 $ABCD$ 上 EFG 的 V 面投影，作出其 H 面投影。

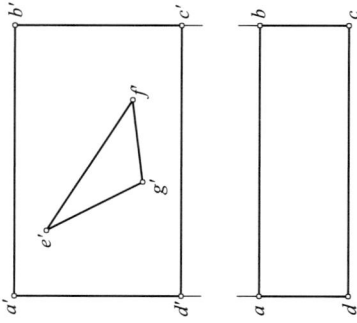

2. 补全平面五边形 $ABCDE$ 的两面投影。

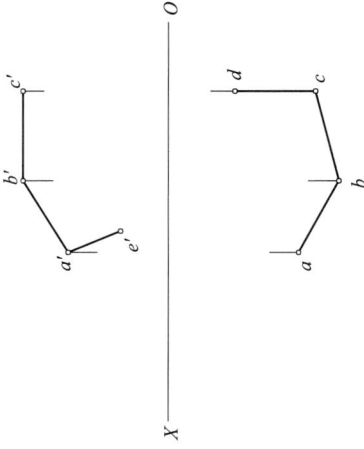

3. 补作平面的第三投影。

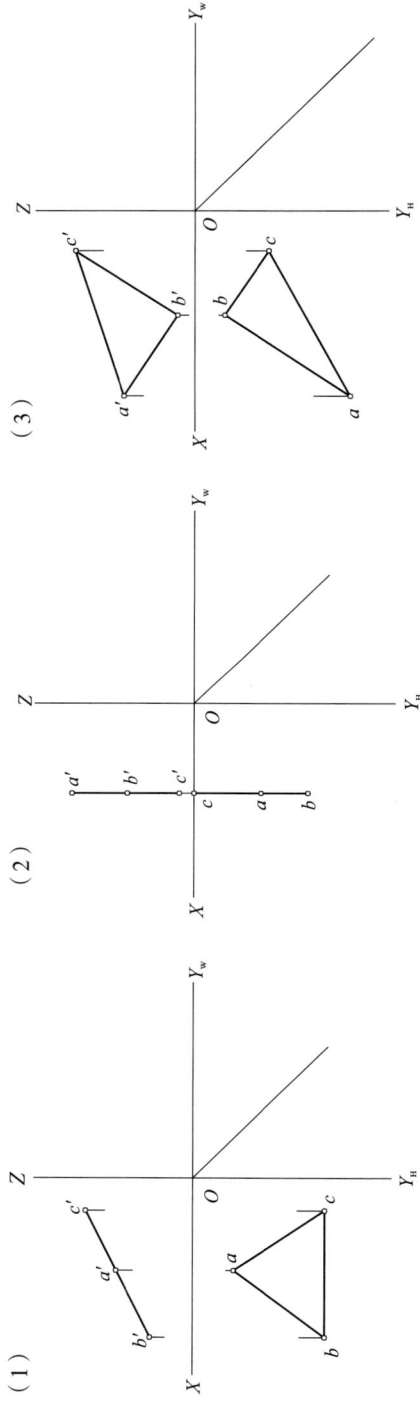

(1)

(2)

(3)

| 班级 | 姓名 | 学号 | 成绩 | 3 |

1. 已知直线 DE 和平面 ABC 的两面投影，作 DE 与 ABC 的交点，并判定可见性。

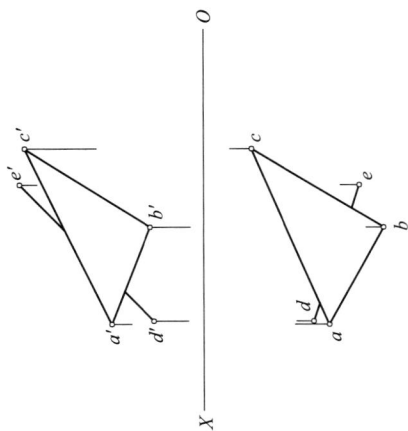

2. 作出题中两平面的交线 KL，并判定可见性。

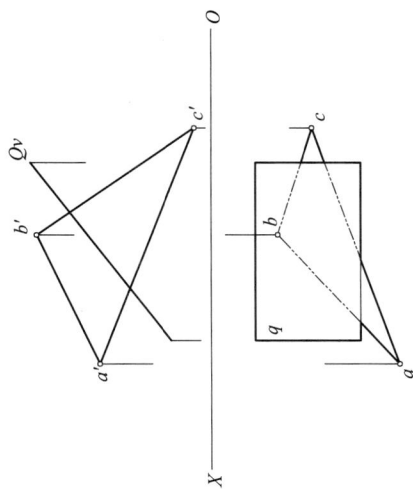

3. 求平面 ABC 与 DEFG 的交线 KL，并判定可见性。

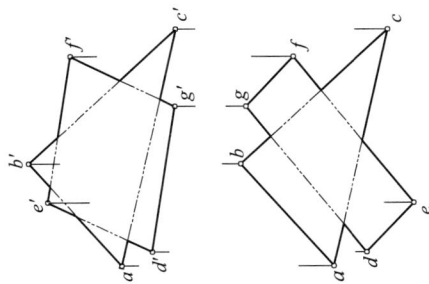

4. 作出底边为 AB，顶点落在直线 DE 上的等腰三角形 ABC 的两面投影。

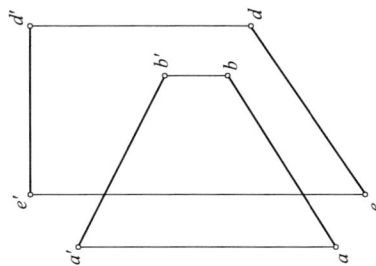

班级　　　　　姓名　　　　　学号　　　　　成绩　　　　　4

环境艺术制图

250

5

1. 画出下列各回转面的第三面投影，并补齐H面上各点、线投影。
(1)
(2)

2. 已知直线与圆锥相交，作出它们的贯穿点。

3. 作出圆锥被P面截断后下半部的H面投影。

4. 作出正平面P与圆锥面截交线的V面投影。

5. 已知两半圆柱相贯，作出相贯线的投影。

班级　　姓名　　学号　　成绩

6

1. 作出直线与长方体贯穿点。

2. 已知两三棱柱相贯，作出相贯线。

（1）

（2）

3. 已知带缺口三棱柱的V面投影，补齐三面投影。

4. 根据屋顶平面图，完成同坡屋顶的平面图和立面图，屋面坡度为30°。

（1）

30°

（2）

30°

班级　　　　姓名　　　　学号　　　　成绩

习题集

251

根据两面投影，补作形体的第三投影。

（1）

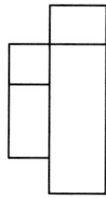

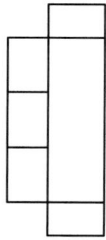

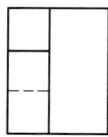

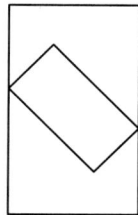

（2）

（3）

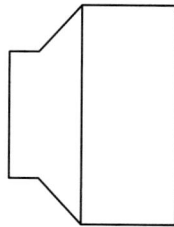

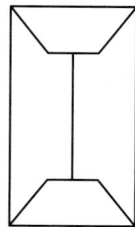

（4）

班级　　　姓名　　　学号　　　成绩　　　7

根据两面投影，补作形体的第三投影。

（1）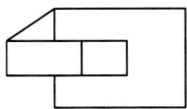
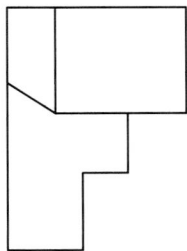
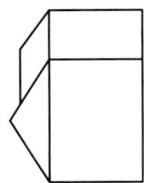

（2）

（3）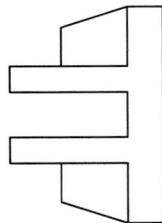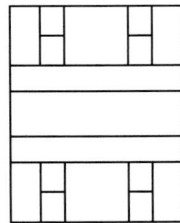

（4）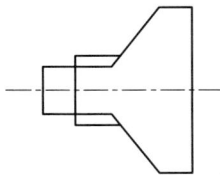
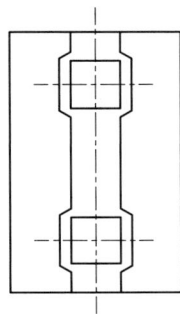

成绩　　学号　　姓名　　班级

根据轴测图作出三视图，沿坐标轴方向的尺寸可以直接在轴测图上量取。

（1）

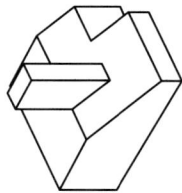

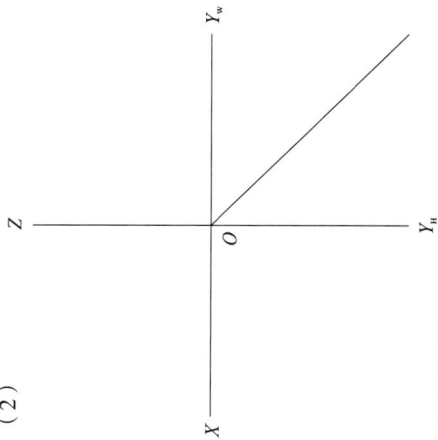

（2）

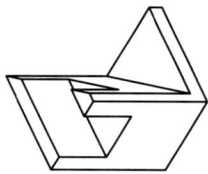

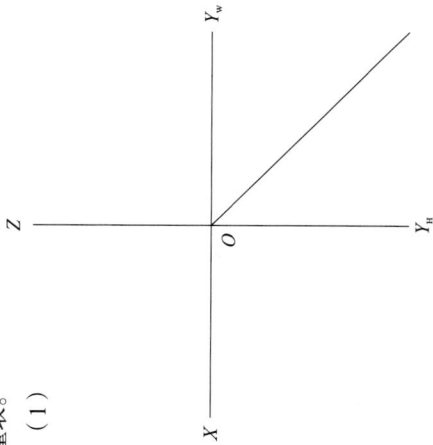

（3）

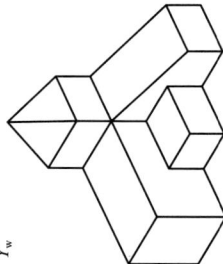

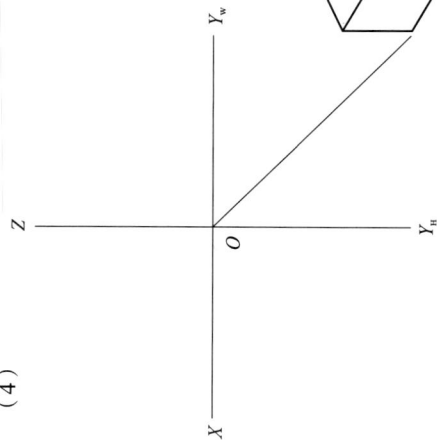

（4）

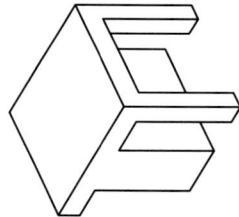

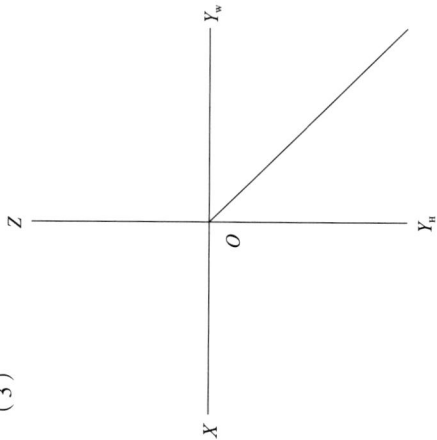

班级	姓名	学号	成绩	9

1. 根据三面投影，作出形体的正面斜二等轴测投影。

2. 根据三面投影，作出形体的水平斜等轴测投影。

3. 根据两面投影，作出台阶的正等轴测投影。

4. 根据两面投影，作出斗拱节点的正面斜二等轴测投影。

班级　　　姓名　　　学号　　　成绩　　　10

1. 作出点A在投影面上影子和假影。

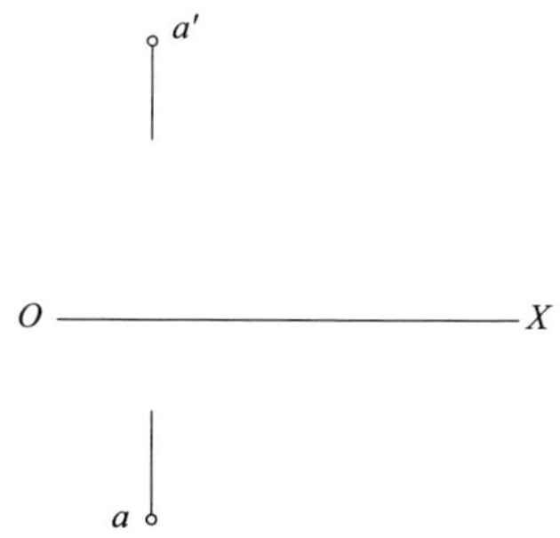

2. 作出直线AB落于平面P和Q上的影子。

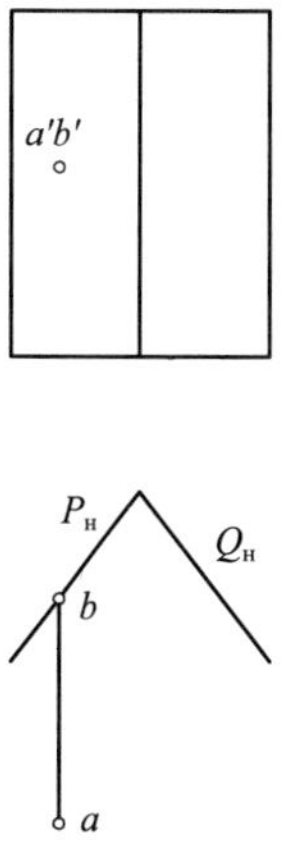

3. 作出铅垂线AB落于线脚上的影子。

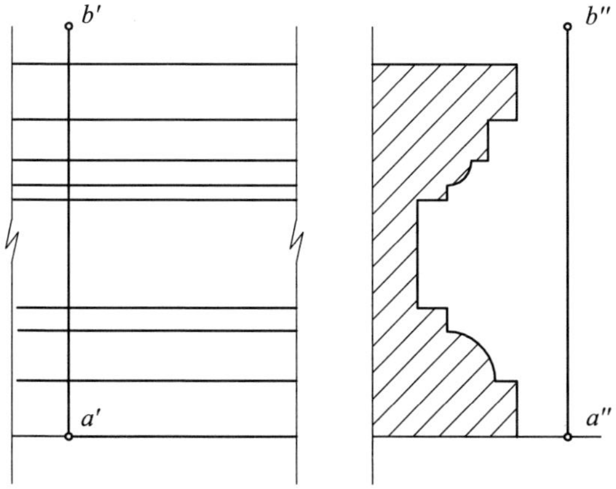

4. 分别作出下列直线的影子。

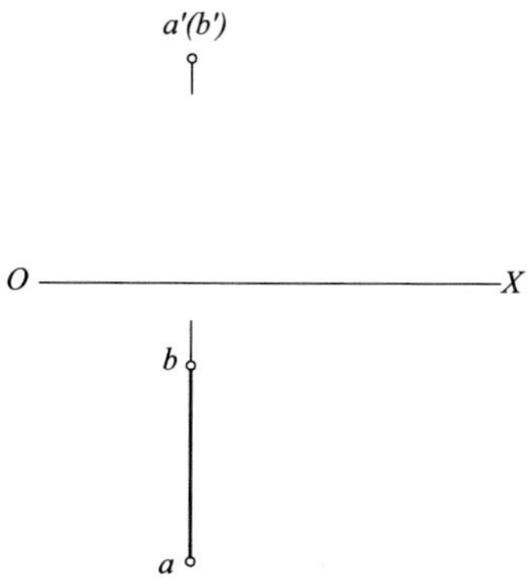

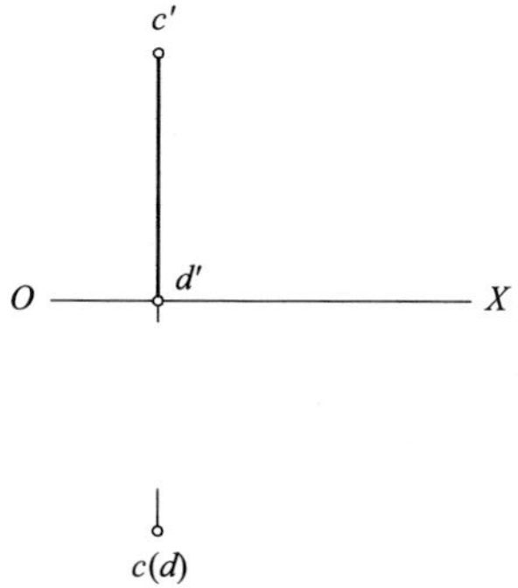

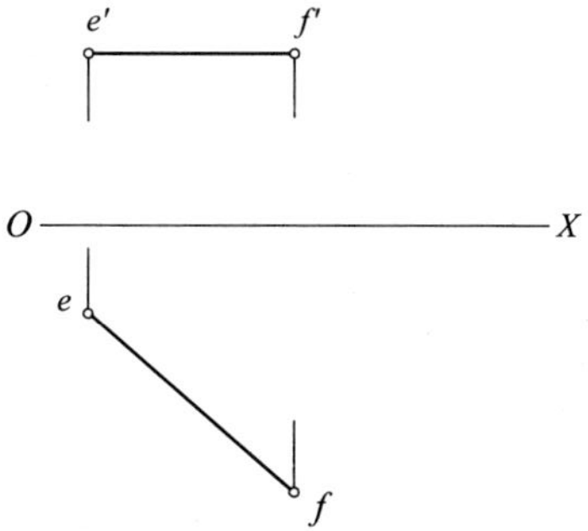

| 班级 | 姓名 | 学号 | 成绩 | 11 |

1. 作出下列四边形的阴影。

2. 作出下列圆形的阴影。

3. 作出三角形ABC和直线MN的阴影。

4. 作出铅垂面的阴影。

12

1.根据V面投影和阴影，求立体的H面投影。

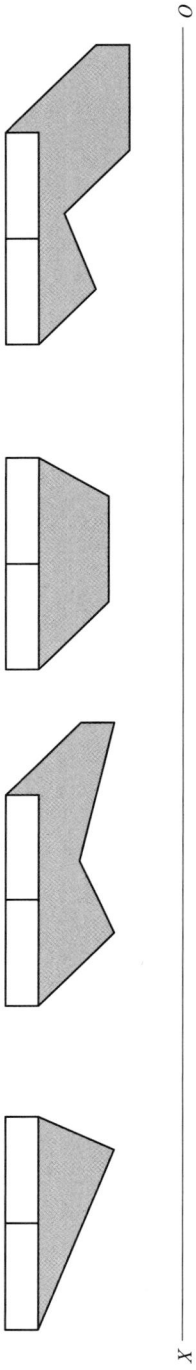

2.分别求下列立体的阴影。

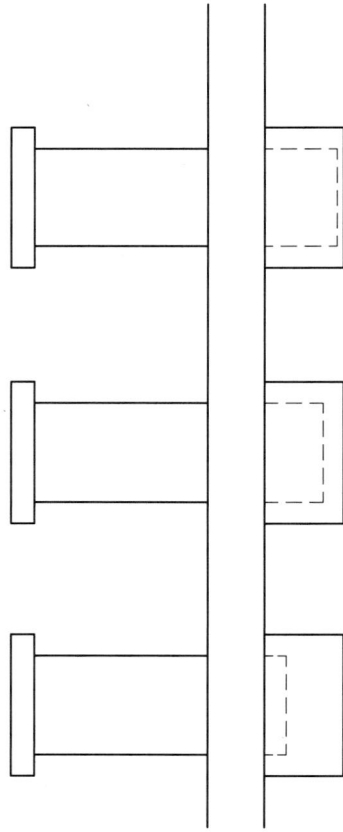

3.求平面组合体的阴影。

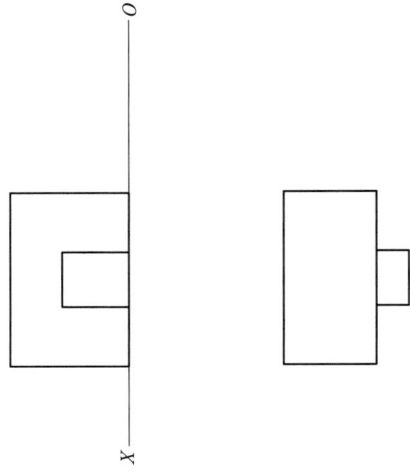

| 班级 | 姓名 | 学号 | 成绩 | 13 |

2.作出六角型房屋的立面轮廓上的阴影。

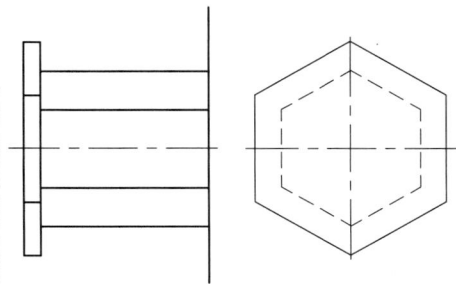

4.作出建筑门廊的阴影。

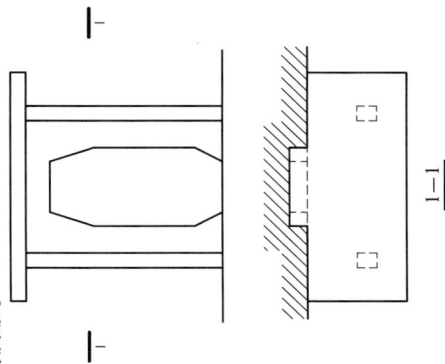

1—1

I—I

1.作出房屋在地面及立面上的影子。

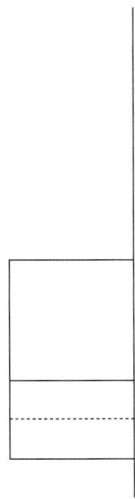

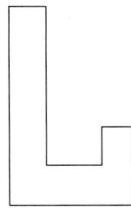

3.作出阳台的立面和侧面的阴影。

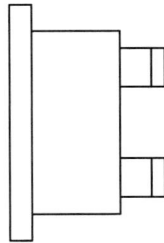

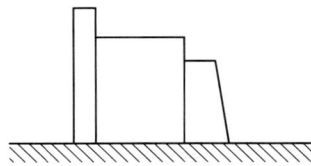

2.作出歇山顶房屋的阴影。

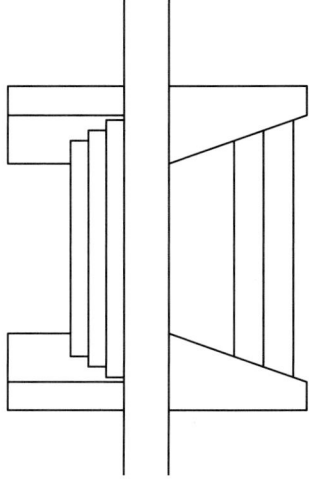

（2）

15

成绩　　　学号　　　姓名　　　班级

1.作出建筑门廊的阴影。

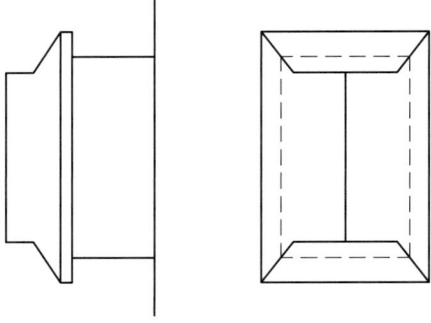

3.作出下列楼梯的阴影。
（1）

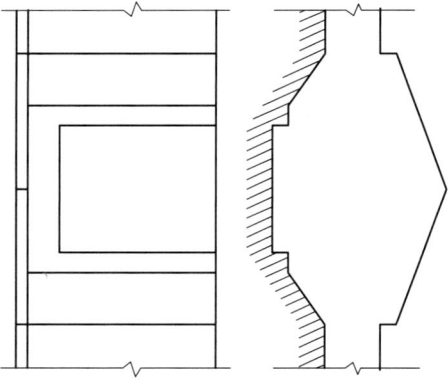

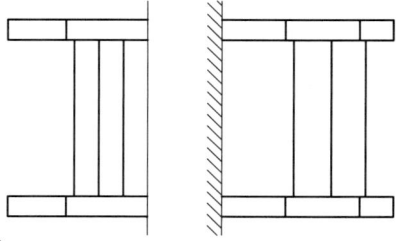

1. 作出圆窗的阴影。

2. 作出圆锥圆柱组合体的阴影。

3. 作出靠于墙面上的半个方帽圆柱的阴影。
（方帽四边出檐相同）

4. 作出靠于墙面上的半个圆帽圆柱的阴影。

班级　　　　　姓名　　　　　学号　　　　　成绩

262

1.用两点法作出H面上方格网的透视。

2.用一点法作出H面上正六边形的透视。

3.作出组合形体的透视。

4.作出纪念碑的透视。

作出坡顶房屋的透视。

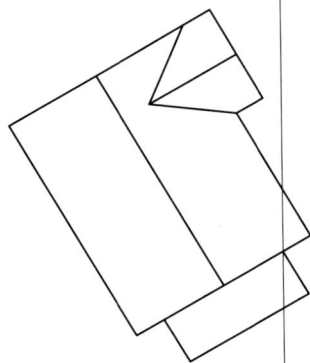

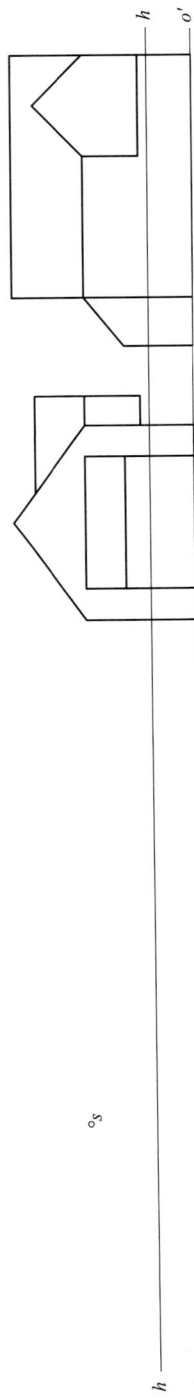

o

x

o'
h

h
x'

s°

18

成绩   学号   姓名   班级

习题集

263

环境艺术制图

作出建筑的透视。

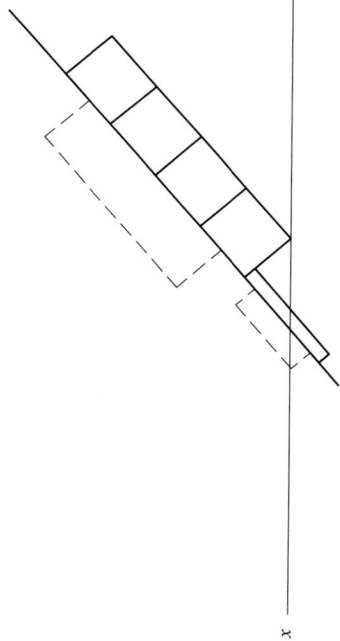

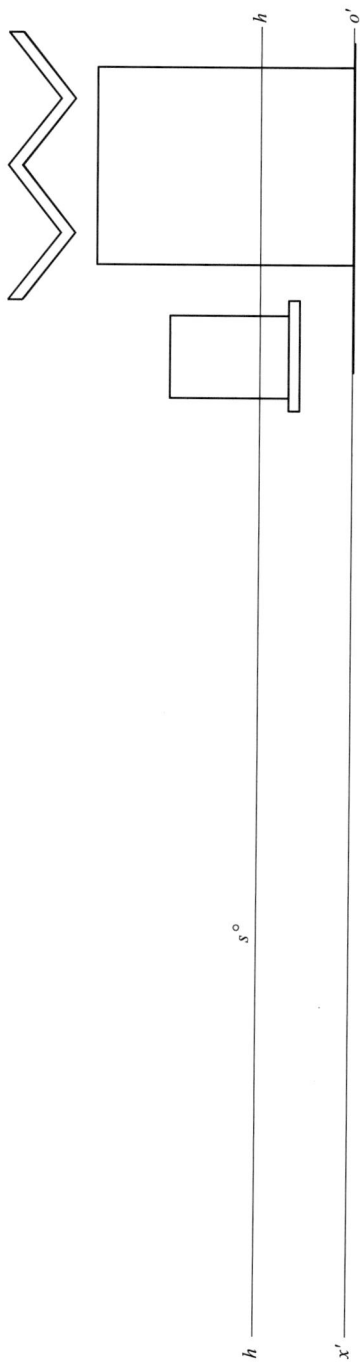

o

x

h

s°

h

x'

o'

19

成绩　　　　学号　　　　姓名　　　　班级

264

作出厂区大门的透视。

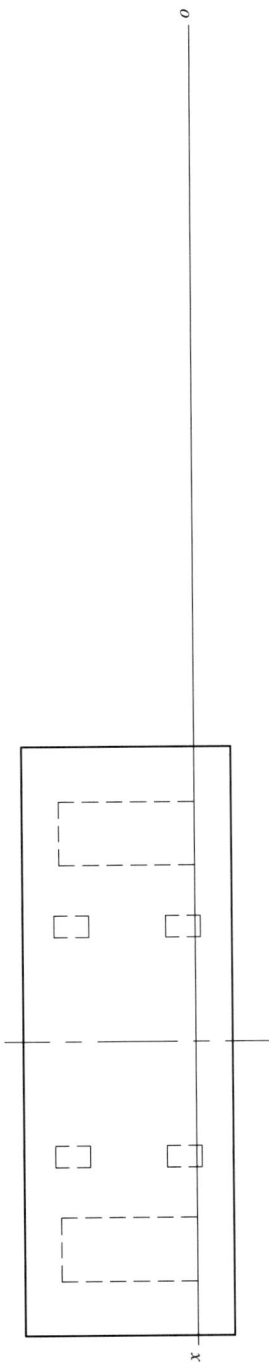

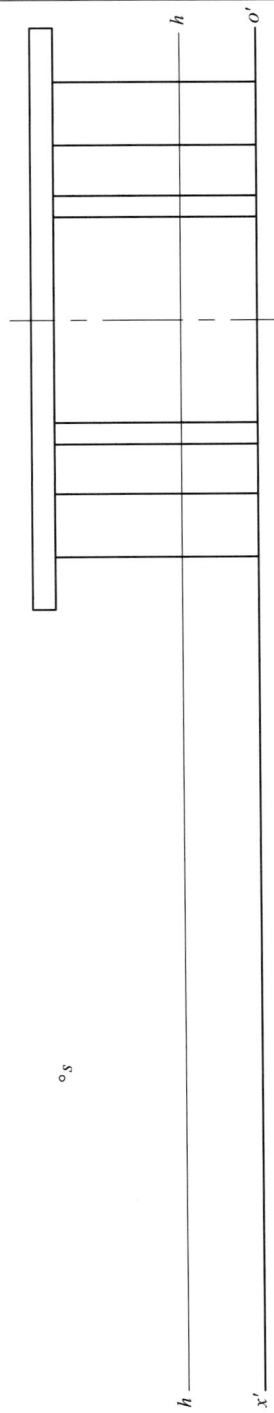

x

o

s

h

o'

h

x'

环境艺术制图

作出建筑的透视。

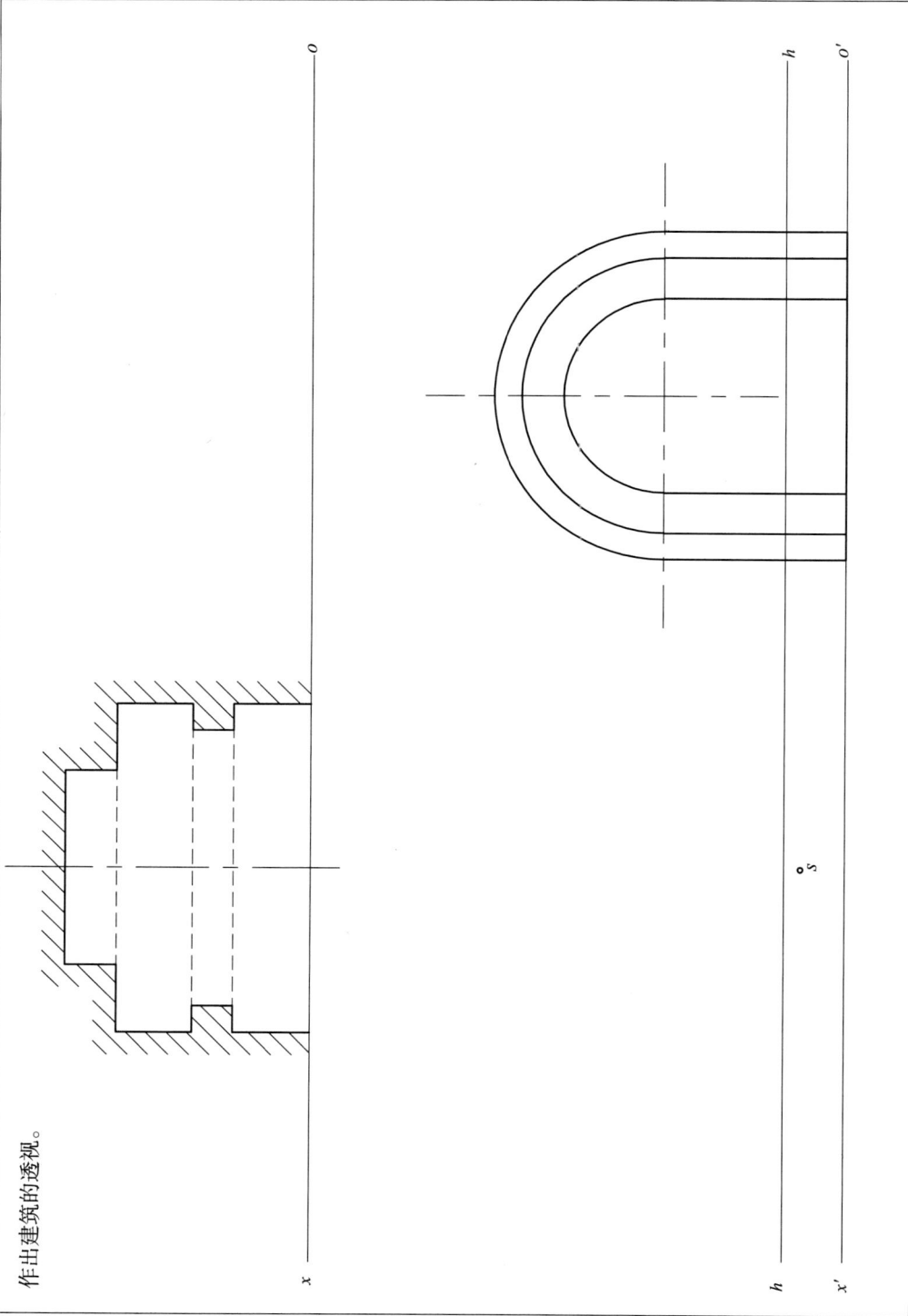

x

o

s

h

h

x'

o'

班级　　　　　姓名　　　　　学号　　　　　成绩　　　　　21

作出建筑形体的透视（自选视点、视高、视距，要求尽可能表现建筑特征）。

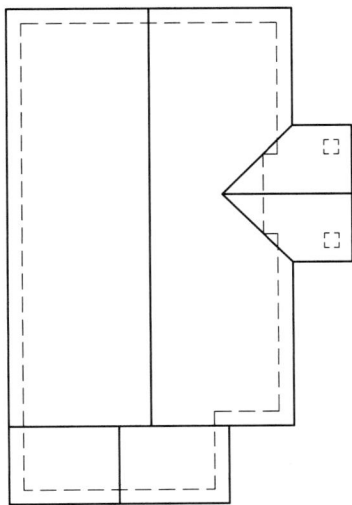

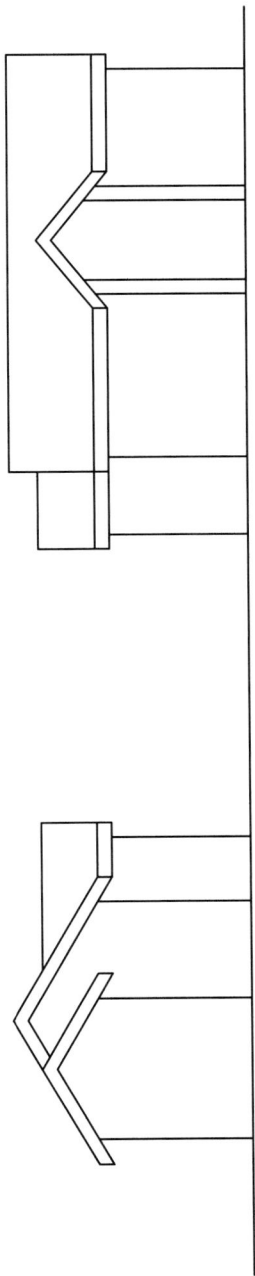

作出建筑形体的的透视（自选视点、视高、视距，要求尽可能表现建筑特征）。

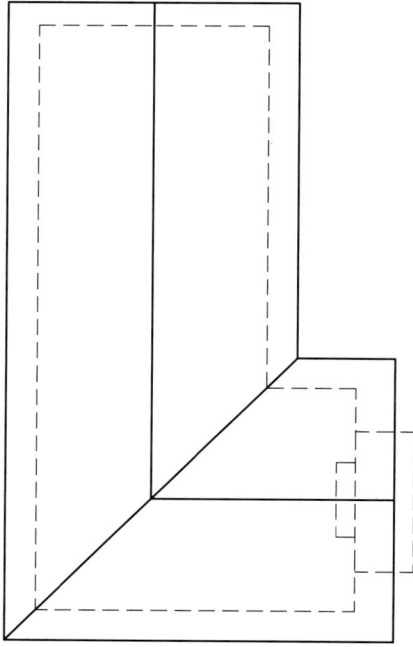

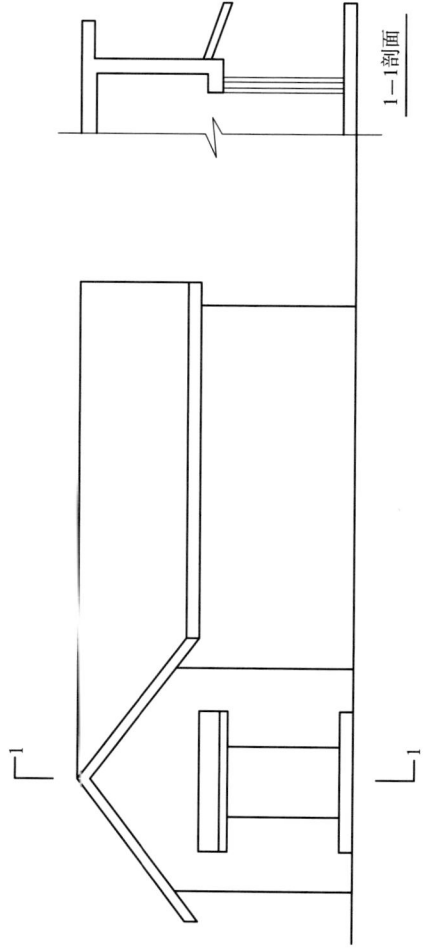

1—1剖面

班级	姓名	学号	成绩	23

1.根据正等轴测投影，补作下列图形的六视图。

(1)

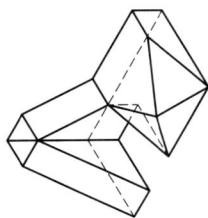

(2)

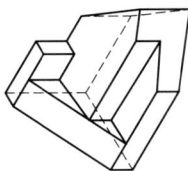

2.根据下面投影，补作2-2剖面图。

(1)

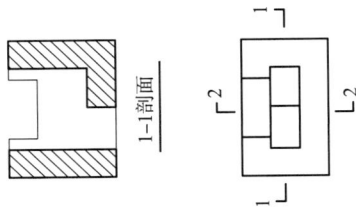

1-1剖面

(2)

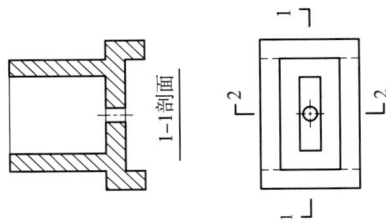

1-1剖面

(3)

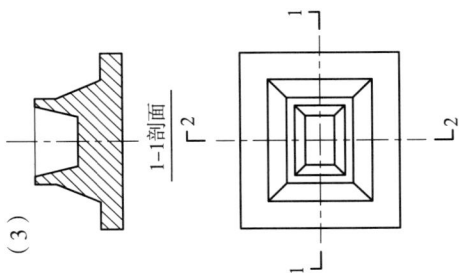

1-1剖面

班级　　　　　姓名　　　　　学号　　　　　成绩　　　　　24

环境艺术制图

3.根据投影，补作1-1阶梯剖面图。

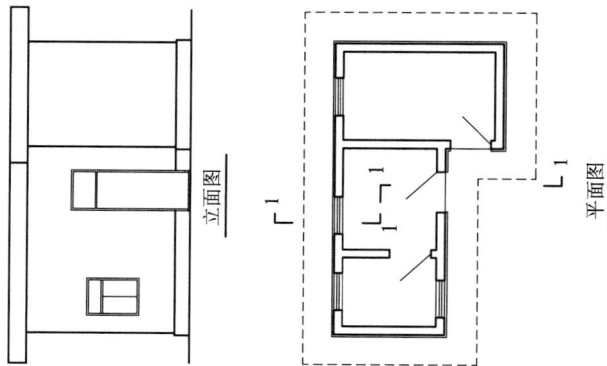

立面图

平面图

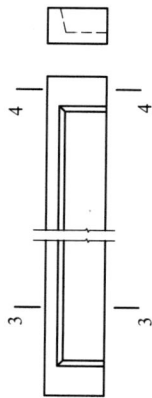

2.根据投影，补作2-2剖面图。

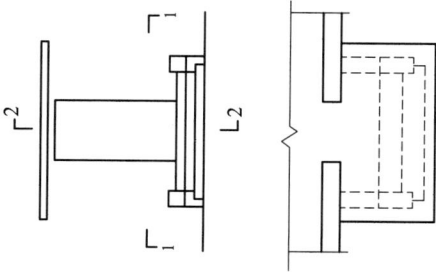

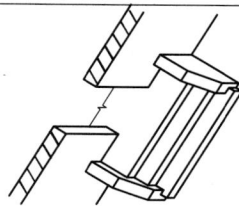

1.根据投影，补作断面图。

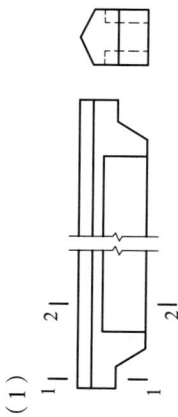

（1）

（2）

成绩　　学号　　姓名　　班级